建筑施工企业主要负责人、项目负责人和专职安全生产管理人员安全生产考核丛书

建筑施工企业专职安全生产管理人员（C1类）安全生产考核

国家安全生产专家组建筑施工专业组
首都经济贸易大学建设安全研究中心　组织编写

孟凡龙　主编
彭　展　周凯辉　李　丁　张广耀　副主编

U0391518

中国建筑工业出版社

图书在版编目（CIP）数据

建筑施工企业专职安全生产管理人员（C1 类）安全生产考核／国家安全生产专家组建筑施工专业组，首都经济贸易大学建设安全研究中心组织编写 . — 北京：中国建筑工业出版社，2018.10

（建筑施工企业主要负责人、项目负责人和专职安全生产管理人员安全生产考核丛书）

ISBN 978-7-112-22656-6

Ⅰ．①建…　Ⅱ．①国…②首…　Ⅲ．①建筑施工企业-安全生产-岗位培训-教材　Ⅳ．① TU714

中国版本图书馆 CIP 数据核字（2018）第 205434 号

　　本书是《建筑施工企业主要负责人、项目负责人和专职安全生产管理人员安全生产考核丛书》中的一本，全书共分为 13 章，包括：建筑施工安全生产管理概述、建筑施工安全管理基本理论、建筑施工安全法律法规和标准规范、工程建设各方主体安全生产法律义务与法律责任、建筑施工企业安全生产管理、建筑施工企业安全技术管理、建筑施工企业设备和设施安全管理、建筑施工企业安全生产资质资格管理、施工现场管理与文明施工、建筑施工安全技术、建筑施工生产安全事故调查与处理、国内外建筑安全生产管理经验以及建筑施工生产安全典型事故案例。本书内容全面，另配有二维码，扫码即可做题。

　　本书可供建筑施工企业机械类专职安全生产管理人员（C1 类）培训考核使用。

　　　　责任编辑：杨　杰　范业庶
　　　　责任校对：刘梦然

建筑施工企业主要负责人、项目负责人和专职安全生产管理人员
安全生产考核丛书
建筑施工企业专职安全生产管理人员（C1 类）安全生产考核

国家安全生产专家组建筑施工专业组
首都经济贸易大学建设安全研究中心　组织编写

孟凡龙　主编

彭　展　周凯辉　李　丁　张广耀　副主编

＊

中国建筑工业出版社出版、发行（北京海淀三里河路9号）
各地新华书店、建筑书店经销
北京建筑工业印刷厂制版
北京建筑工业印刷厂印刷

＊

开本：787×1092毫米　1/16　印张：18　字数：443千字
2019年4月第一版　　2019年4月第一次印刷
定价：**56.00**元
ISBN 978-7-112-22656-6
（32775）

丛书编写委员会

主　编：陈大伟　国务院安委会专家咨询委员会建筑施工专业委员会
　　　　　　　　国家安全生产专家组建筑施工专业组副组长
　　　　　　　　首都经济贸易大学建设安全研究中心主任
副主编：张英明　国务院安委会专家咨询委员会建筑施工专业委员会
　　　　　　　　国家安全生产专家组建筑施工专业组专家
　　　　　　　　山东省住房和城乡建设执法监察总队副队长
　　　　　王静宇　国务院安委会专家咨询委员会建筑施工专业委员会
　　　　　　　　国家安全生产专家组建筑施工专业组专家
　　　　　　　　中国建筑（一局）集团安全管理部部长
　　　　　王凯晖　国务院安委会专家咨询委员会建筑施工专业委员会
　　　　　　　　国家安全生产专家组建筑施工专业组专家
　　　　　　　　北京市建设机械与材料质量监督检验站站长
　　　　　陈　红　国务院安委会专家咨询委员会建筑施工专业委员会
　　　　　　　　国家安全生产专家组建筑施工专业组专家
　　　　　　　　原中国建筑（一局）集团科技部教授级高工
　　　　　王永华　国务院安委会专家咨询委员会建筑施工专业委员会
　　　　　　　　中铁建设集团北京指挥部总经理
　　　　　汤玉军　国家安全生产专家组建筑施工专业组专家
　　　　　　　　中建地下空间有限公司副总经理
　　　　　杨金锋　国家安全生产专家组建筑施工专业组专家
　　　　　　　　北京天恒建筑工程有限公司总工程师、副总经理
　　　　　曹一鸣　中国安全生产科学研究院理论法规标准研究所副所长
　　　　　解金箭　北京城建集团安全管理部部长、高级工程师
　　　　　乔　登　中国建筑股份公司安全生产监督管理局高级经理
　　　　　陈燕鹏　中建八局华北分局安全总监
　　　　　王维宇　中铁建设集团安全管理部部长
　　　　　孟凡龙　北京市政路桥股份有限公司安全管理部部长、高级工程师

3

黎　浩　广西建筑施工质量安全监督总站总工程师

伊同伟　中建二局第一建筑工程有限公司副总经理、高级工程师

韩建成　北京城建六公司副总经理、教授级高工

张　伟　中国建筑一局（集团）总承包公司项目经理

编　委：卢希峰　韩立军　高永虎　金柴君　彭展　王长海　尹仕辽　董建伟
　　　　高为全　郝正可　任冬　杨又申　王朝　高蕊　高磊　扈其强
　　　　康宸　李炳胜　王海洋　贺志　刘锦　罗贵波　董俊晨　吴硕鹏
　　　　李拓宏　曾庆江　熊新华　夏亮　李永琰　章鹏　张心红　万建璞
　　　　陈建新　王恒任　于强　王忻　魏征　李亚楠　戎建军　李哲
　　　　陈昕　吕北方　陈卫卫　齐志恩　刘华丽　李艳超

本书编写组

主　　编：孟凡龙
副 主 编：彭　展　周凯辉　李　丁　张广耀
编写人员：赵欢腾　杨又申　王　朝　高　蕊
　　　　　扈其强　康　宸　罗贵波　陈建新

丛书前言

建筑业独特的产业特征和生产方式，决定了其在世界各国都成为最危险的行业之一。近年来，我国建筑施工安全生产形势持续好转，自 2003 年起，事故起数和死亡人数持续下降。但 2012 年以后下降空间幅度趋于减小，尤其 2016、2017 年连续两年事故起数和死亡人数均出现上涨，并且期间造成重大人员伤亡的群死群伤事故仍时有发生，建筑业安全生产形势依然严峻，严重影响了我国建筑业的持续健康发展。

党和政府历来高度重视建筑施工安全生产工作，近年来出台了一系列法律、法规、技术标准和规范，不断加大监管力度，规范建设工程各方主体行为，尤其是针对直接从事施工生产活动、承担安全生产第一责任主体的建筑施工企业，从安全生产许可、人员资格、组织机构、管理制度、教育培训、技术保障、文明施工等方面，都做出了明确规定，这些举措为建筑施工企业不断提高安全管理水平起到了至关重要的作用。

近年来建筑施工生产安全事故调查结论中，施工单位安全责任不落实、安全管理不到位是经常被提及的原因。但是，之所以安全责任不落实，是施工企业的负责人（高层领导）缺乏安全责任心，而安全管理不到位，则是由于项目负责人（项目经理）不能有效落实各项安全管理制度，一线安全管理人员由于普遍欠缺安全管理知识，导致安全管理能力严重不足。因此，为全面提高建筑施工企业各级领导和安全管理人员的安全知识和安全管理能力，住房和城乡建设部出台了《建筑施工企业主要负责人、项目负责人和专职安全生产管理人员安全生产管理规定》（以下简称"三类人员"安全管理规定）（住房城乡建设部令第 17 号），并且将"三类人员"考核资格证书作为施工企业资质申请、安全生产许可证申请及延期、招投标、项目施工备案等活动的前提条件之一。可以说，"三类人员"安全资格证书已经成为关系到建筑施工企业生存发展的一项重要制度。

根据住房和城乡建设部《建筑施工企业主要负责人、项目负责人和专职安全生产管理人员安全生产管理规定实施意见》中的安全生产考核大纲内容，本届（第五届）国家安全生产专家组建筑施工专业组组织部分专家编写了本丛书。丛书针对当前我国建筑施工安全形势，紧密结合国家最新安全生产政策、建筑施工法律法规、技术标准、规范以及建筑业改革发展的最新要求，阐述了建筑施工安全管理的基本理论和方法，分析了工程建设各方主体安全责任，详细介绍了建筑施工企业安全生产责任制、安全管理制度，建筑施工安全技术、事故应急救援和调查处理等内容，借鉴了国外建筑施工安全生产管理经验，对近年来我国建筑施工生产安全典型事故案例进行了分析。

本丛书包括《建筑施工企业主要负责人（A 类）安全生产考核》、《建筑施工企业项目负责人（B 类）安全生产考核》、《建筑施工企业专职安全生产管理人员（C1 类）安全生产考核》、《建筑施工企业专职安全生产管理人员（C2 类）安全生产考核》、《建筑施工企业专职安全生产管理人员（C3 类）安全生产考核》，共计五本书。丛书内容翔实，覆盖了建筑施工企业安全生产管理的全过程。每本书均配复习试题，可扫二维码答题，以利于建筑施工企业各级管理人员掌握主要知识点并顺利通过考核。丛书除了可以满足建筑施工企业各级领导和安全管理人员使用，对政府安全监管人员、大专院校广大师生也是一套很有指导意义的参考书。

　　本丛书是我国建筑施工安全生产工作最新成果的阶段性总结，凝聚了业内诸多安全技术和安全管理专家的智慧和宝贵经验，期望能帮助包括建筑施工企业主要负责人、项目负责人和专职安全管理人员树立正确的安全理念、掌握科学的安全管理方法和安全技术知识，进而带动我国建筑业近 5000 万从业人员安全素质的全面提升，推动我国建筑业安全生产形势的根本好转。

丛书编写委员会

2019 年 2 月

本书前言

《建筑施工企业主要负责人、项目负责人和专职安全生产管理人员安全生产管理规定》（住房城乡建设部令第 17 号）中的专职安全生产管理人员，是指在企业专职从事安全生产管理工作的人员，包括企业安全生产管理机构的人员和工程项目专职从事安全生产管理工作的人员。

专职安全生产管理人员（通常称安全员）是建筑施工企业指派的全职管理施工企业的安全和事故预防事务，安全管理人员必须有权在现场及时地执行施工企业的安全管理制度。安全员的任务在于：协助企业和项目管理人员在无伤害事故的情况下完成并交付项目。因此，应当把安全员作为企业和项目管理人员识别危险的"第二双眼睛"，看作在安全方面向他们提供帮助的人。

为了履行安全员的安全职责，安全员必须履行许多不同的义务。他们保存包括伤害事故、近期发生的安全整改及违章行为等组成的现场安全记录。他们定期进行现场视察以确保职员的安全得到保证。由于政府规定的安全规章也可能常常改变，因此安全员必须掌握最新的安全规定，通用安全技术和其他安全知识。他们也应指导工人或不时地提供具体工作的培训。安全员应将更多的时间用在防范危险交流与沟通方面。安全员可能涉及的另一个领域是项目计划。在项目的计划阶段，安全方面的建议可能产生巨大的效益。安全员通过他们在各种施工操作安全的知识，可以在项目计划阶段提供有价值的建议。

住房和城乡建设部颁布的《建筑施工企业主要负责人、项目负责人和专职安全生产管理人员安全生产管理规定实施意见》中，将专职安全生产管理人员分为机械、土建、综合三类。机械类建筑施工企业专职安全生产管理人员（C1 类），可以从事起重机械、土石方机械、桩工机械等安全生产管理工作，本书内容主要涉及机械类专职安全生产管理人员（C1 类）在施工现场进行检查、巡查过程中，重点查处建筑起重机械、升降设备、施工机械机具等方面违反安全生产规范标准、规章制度行为，监督落实安全隐患的整改等内容。

由于编者水平有限以及时间仓促，书中肯定存在不当和疏漏之处，欢迎读者指正。联系邮箱：cuebcsrc@163.com，电话：010-83952632。

本书编写组

2019 年 2 月

扫码做题

1. 打开微信扫一扫，扫描下方的二维码，可以登录扫码做题。

2. 题目由国家安全生产专家组建筑施工专业组组织有关权威专家编写，与多省市"三类人员"考核题库贴合度高，全面、权威。

3. 题目分单项选择题、多项选择题、判断题三种题型，共有1000多道题。

4. 每做完一题即可查看参考答案和答题正确情况，方便理解掌握相关知识点。

5. 因专家老师辛勤劳动付出，扫码做题为低价有偿服务，敬请理解。

6. 有疑问请拨打热线400-818-8688，人工客服将为您解答（工作时间：每日9:00-21:30）。

（C1类人员）

目　　录

第 1 章 建筑施工安全生产管理概述

1.1 我国建筑施工安全生产形势

1.1.1 建筑业发展形势

改革开放以来，我国的建筑业持续快速稳定发展，在国民经济社会发展中发挥了不可替代的作用，其国民经济中的支柱地位凸显。党和政府历来高度重视建筑业发展，尤其近年来面对复杂多变的国际环境和国内艰巨繁重的改革发展任务，在以习近平同志为核心的党中央坚强领导下，建筑业深入贯彻党的十八大和十八届三中、四中、五中、六中全会以及中央城市工作会议精神，全面深化改革，加快转型升级，积极推进建筑产业现代化，整体发展稳中有进，发展质量不断提升。截至 2016 年底，全国建筑业企业（指具有资质等级的总承包和专业承包建筑业企业，不含劳务分包建筑业企业）完成建筑业总产值193566.78 亿元，同比增长 7.09%；完成房屋施工面积 126.42 亿 m^2，同比增长 1.98%；建筑业从业人数达到 5185.24 万人，是目前世界上最大的劳动群体。图 1-1 是 2007 ～ 2016年 10 年间我国建筑业总产值、施工面积和从业人员数量的增长变化图。

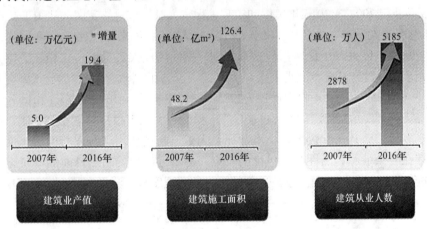

图 1-1 2007 ～ 2016 年建筑业产值、施工面积和从业人数增长图

1.1.2 建筑施工生产安全事故情况

（1）事故总体情况

伴随着我国建筑业的蓬勃发展，建筑施工安全生产问题日益严重。由于行业特点、工人素质、管理水平、文化观念、社会发展水平等因素的影响，我国建筑施工伤亡事故频发，令很多工人失去生命。据统计，自 2012 年起，建筑业已成为我国所有工业生产部门中死亡人数最多的行业（除交通运输业）。面对严峻的建筑施工生产安全形势，党和政府

高度重视，在广大建筑施工企业和各级政府主管部门的不断努力下，安全生产形势总体趋于好转。图 1-2 是我国 2007～2016 年房屋和市政工程领域总体事故统计。从图 1-2 可以看出，10 年间我国建筑施工事故总量呈逐年下降的趋势，其中，从 2007 年的最高纪录（事故起数 840 起、死亡人数 1012 人）下降直到 2015 年的最低纪录（事故起数 442 起，死亡人数 554 人）；但从图 1-2 也可以明显发现，2012 年以后事故下降趋势趋于平缓，事故下降区间变小且略有反弹，尤其是 2016 年事故起数和死亡人数比 2015 年分别上涨 43.44% 和 32.67%，保持了多年的事故呈连续下降的态势被打破。

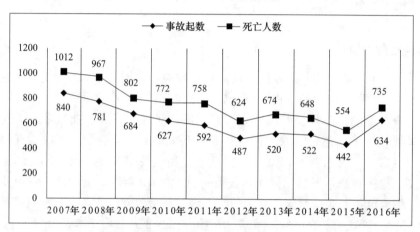

图 1-2　我国房屋和市政工程事故历年数据统计（2007～2016 年）

（2）较大以上（含较大）事故情况

图 1-3 是我国 2007～2016 年房屋和市政工程较大以上事故统计图。从图 1-3 可以看出，除 2008 年出现较大反弹之外（由 144 人增至 187 人），总体来看，10 年间我国建筑施工较大以上事故总体下降并趋于稳定，但必须看到，期间造成人员重大伤亡和社会重大影响的重大、特大事故并没有从根本上得到遏制：如 2012 年湖北武汉"9·13"施工升降机坠落事故（19 人遇难）、2014 年清华附中"12·29"钢筋坍塌事故（10 人遇难）、2016 年江西丰城"12·24"施工平台坍塌事故（74 人遇难）等。虽然较大以上事故总量得到控制，但重大事故仍然时有发生，而且每起较大以上事故死亡人数不断增加，这一方面说明建筑施工安全生产工作存在复杂性、偶然性和艰巨性的特点，另一方面也反映出目前的建筑施工系统所蕴含的能量越来越高，一旦发生事故，其规模、危害程度和经济损失更大、更严重。

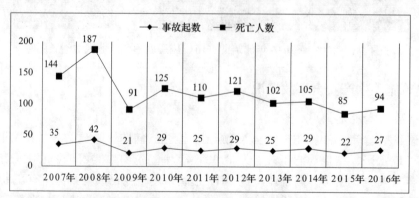

图 1-3　我国房屋和市政工程较大以上（含较大）事故统计图（2007～2016 年）

1.1.3　建筑施工生产安全事故类型

（1）总体事故类型

根据 2007～2016 年房屋和市政工程事故的统计分析，结果显示：高处坠落事故排在第一位，占 50.61%；坍塌事故（含基坑、模板支撑和脚手架等）排在第二位，占 15.73%；物体打击事故占 12.79%；起重伤害占 8.14%；其他类型事故（触电、中毒和窒息、火灾和爆炸等）总计占到 12.73%，见图 1-4。

高处坠落不仅在中国，在世界范围内都位居建筑业伤亡事故的首位。高处坠落之所以排在首位，是由建筑物主要往高空发展这个固有特点所决定的，即建筑施工作业绝大部分活动都在高空，这自然增加了高处坠落事故发生的几率。除非建筑施工生产方式或技术装备发生根本性的变化，否则，高处坠落事故仍然很难得到有效遏制。目前，我国正大力推广装配式建筑，装配式建筑的推广应用将会从一定程度上减少高处坠落事故发生几率，但相应的物体打击、起重吊装等机械伤害事故比例将会有所增加。

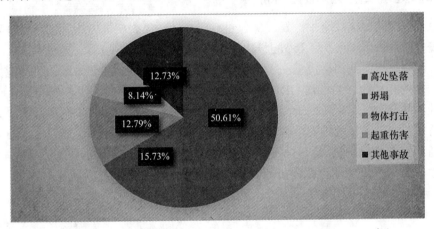

图 1-4　我国房屋和市政工程总体事故类型统计（2007～2016 年）

（2）较大以上（含较大）事故类型

虽然高处坠落事故在全部事故中是第一高发类型，但是，近年来造成群死群伤的事故类型当中，事故类型则有所变化。通对 2013～2016 年较大以上（含较大）事故的统计分析，模板支撑体系坍塌排在第一位，占 31.54%；起重伤害占 30.37%，排在第二位；土方、基坑坍塌占 19.08%，排在第三位，见图 1-5。这也反映出建筑施工的生产特点，即存在量大面广的高处作业，增加了个体高处坠落事故的几率；而作为危险性较大的分部分项工程的模板支撑坍塌、深基坑坍塌和起重机械等事故，由于作业人员比较集中，往往容易造成群死群伤。

为了有效遏制建筑施工群死群伤事故的发生，住房和城乡建设系统多年来一直将模板坍塌、深基坑坍塌、建筑起重机械等危险较大的发分部分项工程作为专项整治的重点，出台了《危险性较大的分部分项工程安全管理办法》（建质 [2009]87 号），严格审查危险性较大工程专项施工方案，制定了危险性较大的分部分项工程施工安全要点等措施。但是，目前来看，专项整治效果并没有达到预期目标，同样类型事故频发，所暴露出的事故原因多年来几乎完全相同，但并没有从中吸取经验教训，事故仍然屡禁不止。

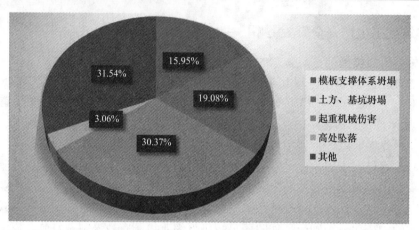

图 1-5 我国房屋和市政工程较大以上死亡事故类型图（2013～2016 年）

1.1.4 我国建筑安全生产形势判断

针对部分发达国家安全生产发展历程进行研究，结果表明，发达国家在经济发展过程中，其安全生产大致都经历了事故上升（阶段Ⅰ）、高发（阶段Ⅱ），迅速下降（阶段Ⅲ）、稳定下降（阶段Ⅳ）的周期，见图 1-6。同时研究发现，人均 GDP 与职业事故死亡人数之间具有一定的相关性。当人均 GDP 处于快速增长的特定区间时，生产安全事故也相应的较快上升，并在一个时期内处于高位波动状态，这个阶段称为生产安全事故的"易发期"。所谓"易发"是指潜在的不安全因素较多。这个期间，一方面经济快速发展，社会生产活动和交通运输规模急剧扩大；另一方面安全法制尚不健全，政府安全监管机制不尽完善，科技和生产力水平较低，企业和公共安全生产基础仍然比较薄弱，教育与培训相对滞后，这些因素都容易导致事故多发。

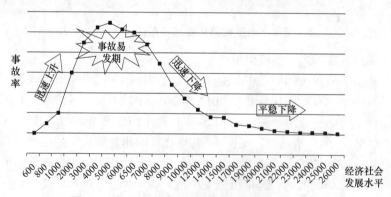

图 1-6 安全生产与经济社会发展阶段变化趋势

伴随着 2002 年中国人均 GDP 突破 1000 美元，我国建筑业也开始进入安全事故的"易发期"。然而，必须看到，中国各地区经济发展水平的巨大差异使它们处于建筑安全事故"易发期"的不同发展阶段，因此各地区在建筑业安全管理中遇到的问题也各不相同。

综上，基于目前我国安全生产所处的"易发"历史必然阶段，考虑到建筑业整体安全基础薄弱、仍然以劳动密集型为主、建设规模不断扩大的现实，未来我国建筑施工安全生产形势不容乐观，事故反弹的压力增大，群死群伤事故在短期内仍然无法得到根本遏制，建筑施工安全生产工作仍将存在长期性、复杂性和艰巨性的特点。

1.2　我国建筑施工安全生产方针政策

1.2.1　安全生产理念

新的《中华人民共和国安全生产法》提出安全生产工作应当以人为本，充分体现了习近平总书记等中央领导同志近一年来关于安全生产工作一系列重要指示精神，对于坚守发展决不能以牺牲人的生命为代价这条红线，牢固树立以人为本、生命至上的理念，正确处理重大险情和事故应急救援中"保财产"还是"保人命"问题，具有重大意义。为强化安全生产工作的重要地位，明确安全生产在国民经济和社会发展中的重要地位，推进安全生产形势持续稳定好转，新的安全生产法将坚持安全发展写入了总则。

1.2.2　安全生产方针

"安全第一、预防为主、综合治理"的安全生产工作"十二字方针"，明确了安全生产的重要地位、主体任务和实现安全生产的根本途径。"安全第一"要求从事生产经营活动必须把安全放在首位，不能以牺牲人的生命、健康为代价换取发展和效益。"预防为主"要求把安全生产工作的重心放在预防上，强化隐患排查治理，打非治违，从源头上控制、预防和减少生产安全事故。"综合治理"要求运用行政、经济、法治、科技等多种手段，充分发挥社会、职工、舆论监督各个方面的作用，抓好安全生产工作。

坚持"十二字方针"，总结实践经验，要求建立生产经营单位负责、职工参与、政府监管、行业自律、社会监督的机制，进一步明确各方安全生产职责。做好安全生产工作，落实生产经营单位主体责任是根本，职工参与是基础，政府监管是关键，行业自律是发展方向，社会监督是实现预防和减少生产安全事故目标的保障。

1.2.3　安全生产管理体制

我国现行的安全生产管理体制是：企业负责，行业管理，国家监察，群众监督。

（1）企业负责

企业负责是指企业的生产经营管理者必须为职工的职业活动提供全面的安全保障，对职工在劳动过程中的安全、健康负有重要的责任。企业职工必须遵守一切符合国家法规的企业规章制度。企业负责的另一层含义是，企业作为独立的法人团体，对企业发生的事故，应当承担法律责任、行政责任或经济责任。

（2）行业管理

即行业管理部门在组织本行业经济工作中应加强所属企业的安全管理。行业的主管部门应充分发挥行业管理职能，根据安全生产法规、政策，对企业的安全生产工作进行组织指导、监督检查，促使企业努力改善劳动条件，消除不安全因素，采取有效的预防措施，保障职工的安全和健康。

（3）国家监察

国家监察是指国家法律授权有关安全生产监督检查部门设立的监察机构，以国家名义并运用国家权力，对企事业单位和有关机关履行安全生产职责和执行安全生产法规、政策的情况，依法进行监察、纠正和惩戒的工作。这个定义有两层含义：第一，监察是一种带有强制性的监督。监察机关具有一定的强制权力，能够对监察对象进行监督检查，并揭露、纠正、惩戒其违法或失职行为，以保证政策、法规的实施。第二，安全生产监察是一种国家监察，即安全生产监察机构具有特殊的行政法律地位，它与被监察对象之间形成执法机构与法人之间的行政法律关系，它的监察活动，是向政府和法律负责，是运用国家行政权力进行的，具有法律权威性和国家强制干预的特征。

（4）群众监督

群众监督是指工会组织代表职工群众依法对企业安全生产法律、法规的贯彻实施情况进行监督，维护职工的合法权益。工会有权针对政府和企业行政方面存在忽视安全生产的问题，提出批评和建议，以至支持职工拒绝违章操作，建议行政组织职工撤离危险作业现场；对严重损害职工利益的违法行为，向司法机关提出控告。

目前我国建筑施工安全监管体制是：国家安全生产监督管理总局代表国家进行综合监督管理，住房和城乡建设部对全国建筑业安全进行统一管理并对房屋建筑和市政工程领域进行监管，铁道部、交通运输部、水利部等有关部门对有关专业工程领域进行监管，地方人民政府安监、住建、交通、水利等部门按照与相应国务院各部门相同的职责分工在本行政区域内进行安全监管，各级建筑安全监督机构接受建设行政主管部门委托对施工现场安全进行监督管理。我国建筑施工安全监管体系及其相互关系如图1-7。

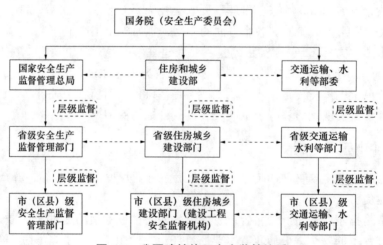

图1-7 我国建筑施工安全监管体系

1.2.4 国家最新安全生产政策

安全生产是关系人民群众生命财产安全的大事，是经济社会协调健康发展的标志，是党和政府对人民利益高度负责的要求。党中央、国务院历来高度重视安全生产工作，党的十八大以来作出一系列重大决策部署，推动全国安全生产工作取得积极进展。同时也要看到，当前我国正处在工业化、城镇化持续推进过程中，生产经营规模不断扩大，传统和新型生产经营方式并存，各类事故隐患和安全风险交织叠加，安全生产基础薄弱、监管体制机制和法律制度不完善、企业主体责任落实不力等问题依然突出，生产安全事故易发多发，尤其是重特大安全事故频发势头尚未得到有效遏制，一些事故发生呈现由高危行业领域向其他行业领域蔓延趋势，直接危及生产安全和公共安全。

基于上述背景，为进一步加强安全生产工作，2016 年 12 月 18 日，《中共中央国务院关于推进安全生产领域改革发展的意见》（以下简称意见）出台，这是新中国成立以来第一个以党中央、国务院名义出台的安全生产工作的纲领性文件，从规格上看，它是改革领域效力层次最高的政策性文件。《意见》紧紧围绕提升全社会安全生产整体水平的目标任务，从总体要求、健全落实安全生产责任制、改革安全监管监察体制、大力推进依法治理、建立安全预防控制体系、安全基础保障能力建设六个方面，制定了当前和今后一个时期我国安全生产工作的行动纲领。纵观全文，《意见》对我国目前安全生产形势研判准确，工作思路清晰，措施系统科学，亮点纷呈，主要体现在以下几个方面。

（1）是以强化红线意识为主线构建严格的安全责任体系，《意见》明确提出"发展决不能以牺牲安全为代价"这条不可逾越的红线，规定了"党政同责、一岗双责、齐抓共管、失职追责"的安全生产责任体系，明确了地方党委和政府、监管部门和企业主体安全责任及考核机制，建立了严格的责任追究制度。

（2）是"醉驾入刑"立法思路引入安全生产，将具有明显的主观故意、极易导致重大生产安全事故的违法行为纳入刑法调整范围。通过"醉驾入刑"立法引入安全生产，此举加大了对违法违规行为主体的威慑力度，将事故预防关口前移，有效预防控制重特大事故发生。

（3）是发挥安全生产责任险预防事故的作用，《意见》取消了目前推行的安全生产风险抵押金制度，建立安全生产责任保险制度，运用行业的差别费率和企业的浮动费率以及预防费用机制，实现安全与保险的良性互动。

（4）是实行重大安全风险"一票否决"，明确要求高危项目必须进行安全风险评审，方可审批。坚决做到不安全的规划不批、不安全的项目不建、不安全的企业不生产。

（5）是建立事故暴露问题整改督办制度，事故结案后一年内对事故问题整改、防范措施落实、相关责任人处理等情况进行专项检查，结果向社会公开，对于履职不力、整改措施不落实、责任人追究不到位的，要依法依规严肃追究有关单位和人员责任，确保血的教训决不能再用鲜血去验证。

《意见》对我国安全生产领域改革做出了重大部署，明确了安全生产领域改革发展的主要方向和时间表路线图。按照《意见》部署，《安全生产十三五规划》、《标本兼治遏制重特大事故工作指南》、《实施遏制重特大事故工作指南构建双重预防机制的意见》、《对安全生产领域失信行为开展联合惩戒的实施办法》等一系列安全生产领域文件相继颁布，这些文件的颁布和实施必将对建筑施工安全生产带来影响。

1.3　建筑业改革发展给安全生产带来的挑战

1.3.1　改革意见要点

党中央、国务院高度重视建筑业改革发展。2017 年 3 月，《国务院办公厅关于促进建筑业持续健康发展的意见》（国办发〔2017〕19 号）颁布。这是我国建筑业改革发展的顶层设计，从深化建筑业简政放权改革、完善工程建设组织模式、加强工程质量安全管理、优化建筑市场环境、提高从业人员素质、推进建筑产业现代化、加快建筑业企业"走出去"等七个方面提出了 20 条措施，对促进建筑业持续健康发展具有重要意义。

《意见》从七个方面对促进建筑业持续健康发展提出具体措施，如图 1-8 所示。

图 1-8　国务院办公厅关于促进建筑业持续健康发展的意见

（1）是深化建筑业简政放权改革，优化资质资格管理，强化个人执业资格制度；完善招标投标制度，缩小必须招标的工程建设项目范围，将依法必须招标的工程建设项目纳入统一的公共资源交易平台。

（2）是完善工程建设组织模式，加快推行工程总承包，培育全过程工程咨询，发挥建筑师的主导作用。

（3）是加强工程质量安全管理，全面落实各方主体的责任，强化政府对工程质量安全的监管，提升工程质量安全水平。

（4）是优化建筑市场环境，建立统一开放的建筑市场，健全建筑市场信用体系；加强承包履约管理，规范工程价款结算，通过工程预付款、业主支付担保等经济和法律手段规范建设单位行为，预防拖欠工程款。

（5）是提高从业人员素质，加快培养建筑人才，改革建筑用工制度，大力发展以作业为主的专业企业；全面落实劳动合同制度，建立健全与建筑业相适应的社会保险参保缴费方式，保护工人合法权益。

（6）是推进建筑产业现代化，大力推广智能和装配式建筑，推动建造方式创新；提升建筑设计水平，加强技术研发应用，完善工程建设标准。

（7）是加快建筑业企业"走出去"，加强中外标准衔接，提高对外承包能力，鼓励建筑企业积极有序开拓国际市场；加大政策扶持力度，重点支持对外经济合作战略项目。

1.3.2　涉及安全生产的改革举措

2017年7月，住房城乡建设部会同18个部委制订了《贯彻落实〈国务院办公厅关于促进建筑业持续健康发展的意见〉重点任务分工方案》（建市[2017]137号），表明我国建筑业改革将进入到实质阶段，其中的一些改革意见和方案对未来我国建筑施工安全生产必将带来重大而深远的影响，主要举措如下：

（1）加强安全生产管理。全面落实安全生产责任，加强施工现场安全防护，特别要强化对深基坑、高支模、起重机械等危险性较大的分部分项工程的管理，以及对不良地质地区重大工程项目的风险评估或论证。推进信息技术与安全生产深度融合，加快建设建筑施工安全监管信息系统，通过信息化手段加强安全生产管理。建立健全全覆盖、多层次、经常性的安全生产培训制度，提升从业人员安全素质以及各方主体的本质安全水平。

（2）全面提高监管水平。完善工程质量安全法律法规和管理制度，健全企业负责、政府监管、社会监督的工程质量安全保障体系。强化政府对工程质量的监管，明确监管范围，落实监管责任，加大抽查抽测力度，重点加强对涉及公共安全的工程地基基础、主体结构等部位和竣工验收等环节的监督检查。加强工程质量监督队伍建设，监督机构履行职能所需经费由同级财政预算全额保障。政府可采取购买服务的方式，委托具备条件的社会力量进行工程质量监督检查。推进工程质量安全标准化管理，督促各方主体健全质量安全管控机制。强化对工程监理的监管，选择部分地区开展监理单位向政府报告质量监理情况的试点。加强工程质量检测机构管理，严厉打击出具虚假报告等行为。推动发展工程质量保险。

（3）改革建筑用工制度。推动建筑业劳务企业转型，大力发展木工、电工、砌筑、钢筋制作等以作业为主的专业企业。以专业企业为建筑工人的主要载体，逐步实现建筑工人公司化、专业化管理。鼓励现有专业企业进一步做专做精，增强竞争力，推动形成一批以作业为主的建筑业专业企业。促进建筑业农民工向技术工人转型，着力稳定和扩大建筑业农民工就业创业。建立全国建筑工人管理服务信息平台，开展建筑工人实名制管理，记录建筑工人的身份信息、培训情况、职业技能、从业记录等信息，逐步实现全覆盖。

（4）保护工人合法权益。全面落实劳动合同制度，加大监察力度，督促施工单位与招用的建筑工人依法签订劳动合同，到2020年基本实现劳动合同全覆盖。健全工资支付保障制度，按照谁用工谁负责和总承包负总责的原则，落实企业工资支付责任，依法按月足额发放工人工资。将存在拖欠工资行为的企业列入黑名单，对其采取限制市场准入等惩戒措施，情节严重的降低资质等级。建立健全与建筑业相适应的社会保险参保缴费方式，大力推进建筑施工单位参加工伤保险。施工单位应履行社会责任，不断改善建筑工人的工作环境，提升职业健康水平，促进建筑工人稳定就业。

（5）加快推行工程总承包。装配式建筑原则上应采用工程总承包模式。政府投资工程应完善建设管理模式，带头推行工程总承包。加快完善工程总承包相关的招标投标、施工许可、竣工验收等制度规定。按照总承包负总责的原则，落实工程总承包单位在工程质量安全、进度控制、成本管理等方面的责任。

1.4 安全管理人员（C类人员）的安全管理

1.4.1 安全管理人员在安全生产管理中的重要作用

按照《建筑施工企业主要负责人、项目负责人和专职安全生产管理人员安全生产管理规定》（住房城乡建设部令第 17 号）的规定，专职安全生产管理人员，即 C 类人员，通常称为安全员。其中，建筑施工企业机械类专职安全生产管理人员被称为 C1 类，土建类专职安全生产管理人员被称为 C2 类，综合类专职安全生产管理人员不被称为 C3 类。

在建设项目的人员配备过程中，必须考虑到项目的安全需要，而安全需要在很大程度上又是随着项目的规模和类型变化的。建设项目中，项目管理人员尤其是项目经理和施工人员应将现场安全员看作在安全方面向他们提供帮助的人，如果认为他们的安全责任已经转移给安全员的观点是错误的。必须时刻牢记：伤害事故随时随地有可能发生在施工过程中。项目管理人员应该提供必要的指导和说明，使工人得以安全地完成他们的工作任务。如果他们提供的指导没有考虑安全因素，现场安全员也很难阻止事故的发生。因此，安全责任依然在项目管理人员的肩上。安全员的任务在于：协助管理人员在无伤害事故的情况下完成并交付项目。应当把安全员作为项目管理人员的"第二双眼睛"，以帮助他们识别工作危险。以下这段话准确地对安全员的角色和职责进行了定义：

安全员，即：承包商（施工企业）必须指派一个人全职管理承包商（施工企业）的安全和事故预防事务，这个人必须有权在现场及时地执行承包商（施工企业）的安全责任。

为了完成安全员的安全职责，安全员必须履行许多不同的义务。他们保存包括伤害事故、近期发生的安全整改及违章行为等组成的现场安全纪录。他们定期进行现场视察以确保职员的安全得到保证。由于政府规定的安全规章也可能常常改变。因此安全员必须掌握最新的安全规定，通用安全技术和其他安全知识。他们也应指导工人或不时地提供具体工作的培训。安全员应将更多的时间用在了危险交流与沟通方面。安全员可能涉及的另一个领域是项目计划。在项目的计划阶段，安全方面的建议可能产生巨大的效益。安全员通过他们在各种施工操作安全的知识，可以在项目计划阶段提供有价值的建议。

1.4.2 C1 类人员（安全员）安全管理职责

《建设工程安全生产管理条例》第二十三条规定：施工单位应当设立安全生产管理机构，配备专职安全生产管理人员。专职安全生产管理人员负责对安全生产进行现场监督检查。发现安全事故隐患，应当及时向项目负责人和安全生产管理机构报告；对违章指挥、违章操作的，应当立即制止。

《建设工程安全生产管理条例》第三十六条规定：施工单位的主要负责人、项目负责人、专职安全生产管理人员应当经建设行政主管部门或者其他有关部门考核合格后方可任职。

施工单位应当对管理人员和作业人员每年至少进行一次安全生产教育培训，其教育培训情况记入个人工作档案。安全生产教育培训考核不合格的人员，不得上岗。

《建筑施工企业主要负责人、项目负责人和专职安全生产管理人员安全生产管理规定》（住房城乡建设部令第 17 号）中，对 C1 类安全管理人员管理职责进行了详细规定：

（1）贯彻执行建筑施工安全生产的方针政策、法律法规、规章制度和标准规范情况。

（2）对施工现场进行检查、巡查，查处建筑起重机械、升降设备、施工机械机具等方面违反安全生产规范标准、规章制度行为，监督落实安全隐患的整改情况。

（3）发现生产安全事故隐患，及时向项目负责人和安全生产管理机构报告以及消除隐患情况。

（4）制止现场相关专业违章指挥、违章操作、违反劳动纪律等行为情况。

（5）监督相关专业施工方案、技术措施和技术交底的执行情况，督促安全技术资料的整理、归档情况。

（6）检查相关专业作业人员安全教育培训和持证上岗情况。

（7）发生事故后，参加抢救、救护和及时如实报告事故、积极配合事故的调查处理情况。

1.4.3　C 类人员（安全员）安全生产责任

《建设工程安全生产管理条例》第六十二条规定：违反本条例的规定，施工单位有下列行为之一的，责令限期改正；逾期未改正的，责令停业整顿，依照《中华人民共和国安全生产法》的有关规定处以罚款；造成重大安全事故，构成犯罪的，对直接责任人员，依照刑法有关规定追究刑事责任：

（1）未设立安全生产管理机构、配备专职安全生产管理人员或者分部分项工程施工时无专职安全生产管理人员现场监督的；

（2）施工单位的主要负责人、项目负责人、专职安全生产管理人员、作业人员或者特种作业人员，未经安全教育培训或者经考核不合格即从事相关工作的。

第2章　建筑施工安全管理基本理论

2.1　安全科学基本概念

2.1.1　事故

迄今为止，事故没有一个统一的定义，为人们广为接受的事故（accident）定义是："人们不期望发生的、造成损失的意外事件"。《职业安全健康卫生管理体系标准》将事故定义为造成死亡、职业相关病症、伤害、财产损失或其他损失的意外事件，其他还有很多关于事故的不同定义。

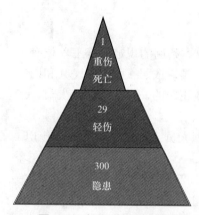

图 2-1　事故三角形法则

上述事故定义描述有一个共同特点就是都将"事故"定义为"已经造成损失的事件"。然而，在实践中存在大量未造成损失的事件，即"未遂事故"。美国工程师海因里希在 20 世纪 30 年代，研究了事故发生频率和事故后果严重程度的关系。在他的理论体系中，事故后果的严重程度分为三个层次，分别是：严重伤害事故、轻微伤害事故和无伤害事故，这三种事故发生的概率存在着一般规律——1：29：300。这就是安全学界著名的海因里希法则，也叫事故三角形法则，如图 2-1 所示。该理论中的无伤害事故，即未遂事故。海因里希法则提出严重伤害事故、轻微伤害事故和无伤害事故的概率为1：29：300。这表明在实际的工作中，真正的伤亡事故和未遂事故之间存在着比例关系，如果能够降低未遂事故的发生概率，就可以降低伤亡事故发生概率。目前西方国家推崇的优质安全文化运动的基本原理就是：安全和不安全的组织间的区别就在于如何处理未遂事故。

当然，不同的组织对事故的定义会有所不同，这直接导致了组织安全绩效的不同。例如，我国《企业职工伤亡事故分类》GB 6441—86 的编制说明中定义，造成企业职工歇工1 天以上的一个事件为生产安全事故，单位是"次"或者"起"；美国定义造成一名员工歇工 1 天以上的事件为一个（损工）职业伤害事故（injury），单位是"人次"。

本书对建筑施工事故则界定为：在建筑施工领域，建筑生产活动过程中发生的一个或一系列意外的，可导致人员伤亡及财产损失的事件。

2.1.2　危险源

危险源的英文为"Hazard"，英文词典给出其词意为"危险的源头"（A Source of Danger）。安全科学技术方面的文献资料关于危险源的概念主要有以下几种解释：

W. 哈默（Willie Hammer）将危险源定义为：可能导致人员伤害或财务损失事故的、潜在的不安全因素。危险源具有"潜在"和"能导致事故"两个重要属性。

危险源是指一个系统中具有潜在能量和物质释放危险的、在一定的触发因素作用下可转化为事故的部位、区域、场所、空间、岗位、设备及其位置。危险源是能量、危险物质集中的核心，是能量传出来或爆发的地方。这种对危险源概念的解释使用的是更贴近实际生产活动的语言，但远未揭示危险源概念的本质。

危险源是导致伤害、损害或危害的潜在因素（A Hazard is the Potential for Harm）。实际上，危险源经常与状态（条件、情形或环境）和活动相关联，如得不到控制或有效控制，会导致伤害、疾病、财产损失或环境破坏（即事故后果）。该危险源概念跟上述 1）的含义相近，它的补充说明指出了其存在条件及其对控制的需求，但它仍停留在对危险源的基本属性的界定，未涉及对危险源施加控制的环节。

危险源是可能导致伤害或疾病、财产损失、工作环境破坏或这些情况组合的根源或状态，包括人的不安全行为、物的不安全状态等。"根源"译自英文单词 Source；"状态"译自英文单词 Situation，该英文单词还可译为情形、境遇、形势、状况、事态等相似或相近的中文词义。鉴于此，有人将 Hazard 称为"危险点源"，是将 Hazard 的含义过于简单化和狭义化了。

建筑施工生产过程中，危险源种类繁多，非常复杂。如高处作业就是危险源，是导致高处坠落事故的根源，但不能因此而放弃高处作业。为了不发生高处坠落事故，工人高处作业必须系安全带，作业部位必须进行防护，工人必须经过教育培训和技术交底等，从而确保不发生高处坠落事故。因此，危险源是固有存在的，只要人类进行生产活动就会存在，是无法消除的。危险源在导致事故发生、造成人员伤亡方面所起的作用各不相同，因此控制原则和方法也不同。尽管危险源表现形式不同，但从事故发生的本质来看，均可归结为能量的意外释放。建筑施工中主要应将这些危险源识别出来，并判别其蕴含的能量大小，以此作为制定建筑施工生产中安全管理制度的依据和标准。

通过对上述危险源概念不同的解释，结合建筑施工过程中的实际情况，本书认为，危险源可以是物质性的，有确定的物理位置；也可以是意识上的，没有确定的物理位置，可能存在于人们（如企业管理层、员工）的思想上。管理安排不当、违章指挥、缺乏安全意识、培训不充分等都可以看作危险源。

2.1.3　风险

目前，国内外关于风险的定义有很多，学者们从不同的角度对风险给出了自己的看法。总的来说，包括如下三个要点：风险是不确定性、风险必然导致不良后果和风险是可以度量的。从不同的角度来考察风险可以得到风险的不同含义，但就共同点来说，风险的大小可以衡量。

在安全科学及实践领域，风险（risk）是一个不确定的事件或条件，如果发生将会对预期目标造成负面的影响。风险是由于生产过程的不安全因素而产生事故的企业和个人产生损失，又称为事故风险。风险的大小受到两个方面因素的影响：

（1）造成某种事故的危害程度或损失大小，通常由事故后果严重度来表示。

（2）造成某种事故损失或危害程度的难易程度，通常由事故发生可能性表示。

2.1.4　危险源与隐患的关系

目前我国安全生产实践中，通常对于危险源与事故隐患两者关系不清楚，在一定程度上影响了安全管理工作的效果。

《安全生产事故隐患排查治理暂行规定》（国家安全生产监督管理总局令第 16 号）对事故隐患定义：事故隐患，是指生产经营单位违反安全生产法律、法规、规章、标准、规程和安全生产管理制度的规定，或者因其他因素在生产经营活动中存在可能导致事故发生的物的危险状态、人的不安全行为和管理上的缺陷。

事故隐患分为一般事故隐患和重大事故隐患。一般事故隐患，是指危害和整改难度较小，发现后能够立即整改排除的隐患。重大事故隐患，是指危害和整改难度较大，应当全部或者局部停产停业，并经过一定时间整改治理方能排除的隐患，或者因外部因素影响致使生产经营单位自身难以排除的隐患。

事故隐患是未被事先辨识或未采取必要的预防措施的可能导致事故的危险源和不利因素。也就是说，危险源是客观存在的，只有当危险源没有被识别或识别后没有采取相应的预防措施，危险源才有可能导致事故隐患。从理论上讲，危险源和事故隐患是不尽相同的，应该说，危险源是决定事故后果的严重性，而事故隐患则是决定事故发生的可能性，是引发事故发生的直接因素。也就是说，危险源不一定是事故隐患，而事故隐患则应该都是危险源。

针对建筑工程的类型、特点、规模及自身管理水平等情况，建筑施工企业根据现行的国家法律法规、国家标准、行业规范、操作规程及以前一些事故案例，充分识别出本工程各个施工阶段、部位和场所需控制的危险源和环境因素，列出清单，并采用适当的方法，评价已辩识的全部危险源和环境因素对施工现场场界内外的影响，其中导致事故发生的可能性较小，发现后能够立即整改排除的危险源可以认为是一般事故隐患，而导致事故发生的可能性大，事故发生会造成严重后果的危险源确定为重大事故隐患。

2.1.5　隐患与风险的关系

风险来源于可能导致人员伤亡或财产损失的危险源或各种危险有害因素，是事故发生的可能性和后果严重性的组合，而事故隐患是风险管控失效后形成的缺陷或漏洞，两者是完全不同的概念。

安全风险具有客观存在性和可认知性，要强调固有风险，采取管控措施降低风险；事故隐患主要来源于风险管控的薄弱环节，要强调过程管理，通过全面排查发现隐患，通过及时治理消除隐患。但两者也有关联，事故隐患来源于安全风险的管控失效或弱化，安全风险得到有效管控就会不出现或少出现隐患。

2.2　事故致因理论

为了对建筑施工事故采取有效的预防与控制措施，首先必须了解和认识事故发生的原因。事故的原因是每次事故发生后调查工作的最重要内容，因为事故原因是今后预防同类事故发生的最重要依据。事故致因理论就是从大量的典型事故的本质原因的分析中所提炼出来的事故机理和事故模型。这些机理和模型反映了事故发生的规律，能够为建筑施工事故原因的定性、定量分析，为建筑施工事故的预测预防从理论上提供科学完整的依据。

2.2.1　古典事故致因理论：人的不安全行为和物的不安全状态

古典伤亡事故致因与预防理论主要产生于 20 世纪 50 年代以前的粗放式机器大生产时期，是在探讨和研究因机器作业所带来的大量的伤亡事故中，有针对性地提出的安全管理观点。该理论认为：在正常的生产过程中，一切应以机器为中心，员工在安全管理中应处于从属地位；由于机器本身不能产生事故，而只能由操纵机器的人的失误所引起，因此事故产生的主要原因应归结于有事故倾向的个人生理缺陷，如：性格、气质、心理等。

在古典理论的盛行时期，实施事故预防的管理基础主要来自于格林伍德和伍兹（M.Greenwood & H.Woods，1919）提出的、由纽伯尔德（Newboid，1926）、法默和查姆勃（Farmer & Chamber，1939）给予补充的"事故倾向性格"单因素理论，弗洛伊德（Fulyd）的心理动力理论，海因里希（1936）的事故因果连锁理论以及科尔（1957）提出的"社会环境"双因素事故致因理论，等等。其中，最具有代表性的是海因里希的事故因果链锁理论，又称多米诺骨牌理论，见图 2-2。该理论强调，安全管理的重点在于加强对人的失误控制，通过减少人的失误，可以实现有效改善企业安全状况的目的。

但是由于该理论过分强调了人的失误，在分析事故产生的原因时，不关注机器、环境等在事故中可能产生的危害，而只是片面地把事故研究范围局限于操作工人的性格、经验、教育程度等个人属性上，对产生事故的整体环境、企业管理、机器生产系统等方面的问题考虑较少。孤立地去研究事故特点，从大量事故案例中，仅把单一事故的直接原因——人因划分出来，而未能系统地对事故开展分析，研究手段和分析方法相对简单，事故的预防管理方式过于武断，对产生事故的深层次问题未能够开展足够的研究，因此存在一定的局限性。随着社会的发展以及人们对安全科学研究的深入，该阶段的理论被不断的扬弃。

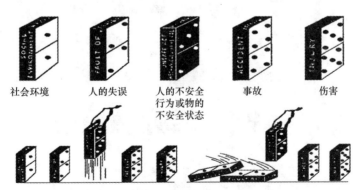

社会环境　　人的失误　　人的不安全行为或物的不安全状态　　事故　　伤害

图 2-2　Heinrich 事故发生的连锁反应图

2.2.2　现代事故致因理论：人—机—环境系统可靠性不足

自 20 世纪中叶以来，科学技术的进步使生产、设备、工艺和产品等由大量的元素以非常复杂的关系相连接，并构成了巨大的能量系统，因此系统中任何微小的差错都有可能导致灾难性的事故。面对大规模复杂系统的安全性问题，越来越多的人认为，事故的责任并不仅是工人的个人问题，还应该注重机械、物质、环境等等方面的危险性质在事故预防中的重要地位，强调实现人—机—环的整体安全性，并据此观点提出了现代安全研究理论和方法，认为有效的安全管理是减少伤亡、提高事故预防效率的主要途径。

葛登（1949）利用流行病传染机理来论述事故的发生机理，明确事故因素间的关系特征，推动了事故因素的研究和调查，为事故预防理论的发展开辟了新的研究目标，从而标志着现代安全管理理论的兴起。这一阶段的代表性理论主要包括："事故是由人和物的不安全状态在特定时空中的交叉所导致"的轨迹交叉论，见图 2-3；吉布森、哈登以及麦克法兰特的"事故就是能量的意外释放和转移给人和物造成的伤害和损失"即能量意外转移理论，见图 2-4。

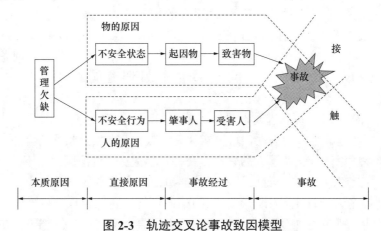

图 2-3　轨迹交叉论事故致因模型

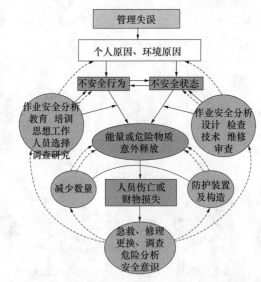

图 2-4　能量意外释放（转移）事故致因理论模型

上述理论普遍认为：事故主要是一些"物"的故障、人的失误、不良的环境等潜在因素在特定的时间和空间内的能量交叉和异常释放所引起。因此，在事故的原因分析和预防研究工作中，必须采用系统的、全面的观点对生产过程中各关联因素进行分析，查找和确定危险源并按照各自危险度依次予以解决，最终通过改善"物"的（硬件系统）可靠性来提高系统的安全性。这一阶段的理论改变了古典事故致因与预防管理过程中，忽略硬件故障、只关注事故中人因作用的传统观念。

从人－机－环的角度，对事故的发生机理及演化规律开展系统的研究，具有鲜明的时代进步意义；特别是在事故预防理论方面的探讨，突出了机器、环境系统的本质安全性，极大地丰富了安全科学理论，拓宽了安全管理的研究范围。但是该阶段的理论研究还不够全面，在事故诱因分析过程中，对企业的系统组织行为理论探讨相对孤立，事故预防的重点集中于管理规则的刚性制定和实施，对企业的安全信仰、员工的安全价值观念、社会的安全性需求等软约束条件考虑的不太充分，安全管理过程中的人本主义思想还没有完全建立；此外，由于该阶段的安全管理理论在企业系统化研究中还主要依靠定性手段，对量化管理的研究方法比较薄弱，因此也存在一定的局限性。

2.2.3　系统化事故致因理论：组织安全管理失误

在现代化生产发展过程中，人们逐渐觉察到组织管理方面的疏忽和失误也常是导致事故发生的深层次原因之一。约翰逊（1975）在针对管理失误的研究基础上，提出了变化－失误的系统安全观点，以全面分析事故诱因，泰勒斯（1980）、左藤吉信伊（1981）在约翰逊的研究基础上则认为"事故是一个连续变化的过程；此外，博德、亚当斯和北川彻三等人根据海因里希的事故因果原理，对企业组织安全管理的失误和缺陷开展研究，并提出了现代事故因果连锁理论，见图 2-5。

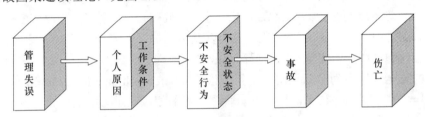

图 2-5　事故连锁反应理论

在此基础上，"4M"理论将事故连锁反应理论中的"深层原因"进一步分析，将其归纳为四大因素，即人的因素（Man）、设备的因素（Machine）、作业的因素（Media）和管理的因素（Management），具体内容见表 2-1。

<table>
<tr><td colspan="2">"4M"理论中事故原因的具体内容</td><td>表 2-1</td></tr>
<tr><td>人的因素
（Man）</td><td colspan="2">①心理的原因：忘却、烦恼、无意识行为、危险感觉、省略行为、臆测判断、错误等
②生理的原因：疲劳、睡眠不足、身体机能障碍、疾病、年龄增长等
③职业的原因：人际关系，领导能力、团队精神以及沟通能力等</td></tr>
<tr><td>设备－物
（Machine）</td><td colspan="2">①机械、设备设计上的缺陷
②机械、设备本身安全性考虑不足
③机械、设备的安全操作规程或标准不健全
④安全防护设备有缺陷
⑤安全防护装备供给不足</td></tr>
<tr><td>作业
（Media）</td><td colspan="2">①相关作业信息不切实际
②作业姿势、动作的欠缺
③作业方法的不切实际
④不良的作业空间
⑤不良的作业环境条件</td></tr>
</table>

续表

管理 （Management）	① 管理组织的欠缺 ② 安全规程、手册的欠缺 ③ 不良的安全管理计划 ④ 安全教育与培训的不足 ⑤ 安全监督与指导不足 ⑥ 人员配置不够合理 ⑦ 不良的职业健康管理

这些从管理失误角度来研究伤亡事故致因与预防理论的观点，标志着当代系统化安全管理理论的崛起。也正是约翰逊等人从组织科学角度出发，构建了现代系统化安全管理理论和方法体系研究的基本思路，同时又把能量意外释放观点、动态变化观点等事故致因理论引入安全管理科学的研究范畴中，从而使系统化安全管理的研究思想和实践方法得到了巨大拓展，并对推动现代事故预防理论的发展产生了深刻的影响。

2.2.4 当代事故致因理论：组织安全文化欠缺

自 20 世纪 80 年代末以来，对当代复杂生产系统中事故产生的组织管理和个人行为因素开展研究成为事故预防领域的关注重点。根据组织行为学观点，个人的行为主要由企业的组织行为所塑造，组织行为则由管理层所导向，管理层的行为接受企业安全文化的指导。因此，预防事故的企业系统化安全管理进程主要表现为：建设优秀的企业安全文化，完善安全管理方案（包含管理层、部门机构以及员工等等的安全生产经营活动），改进人的行为安全性和"物"的安全状态，提高企业安全业绩。在该进程中，针对安全文化以及企业组织的安全管理行为可以采用安全氛围诊断（Safety Climate Measurement）开展准确地度量工作，并根据测评结果，提出安全管理措施的相应改进方法，就个人安全行为进行系统的培训与教育，以提高企业的整体安全性，降低事故发生率。安全文化改善组织安全绩效的作用路线图，见图 2-6。

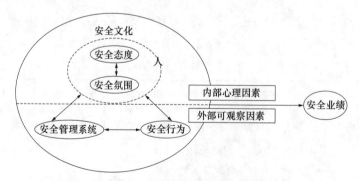

图 2-6 安全文化改善组织安全绩效路线图

最新的事故预防策略研究进展表明，系统化安全管理的本质也就是接受企业组织安全文化所指导的、针对企业内部组织和员工行为安全性所展开的一系列政策及措施的实施与改进过程，见图 2-7。该模型由四个方面组成，首先是作为控制企业组织行为安全性基础的安全方案，它包含优秀的安全文化、安全文化指导下的安全管理人事组织结构和安全管理业务运行方法；其次是分析、评价这个安全管理方案有效性的组织行为分析工具；第三是控制企业组织内部员工个人行为安全性的行为纠正方法；第四是通过组织行为诊断与改进，员工个体行为安全性的观察与纠正，企业所获得的安全业绩。

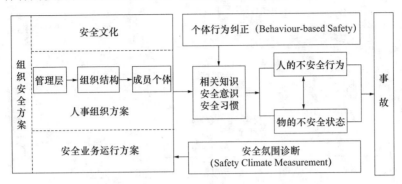

图 2-7　组织安全文化为中心的事故致因模型

需要说明的是，从事故的物理原因控制来说，还必须应用事故预防的另一个手段，即工程技术手段。但一种工程技术手段只对特定的物理对象的状态起作用，从而只能预防特定物理类型和发生在特定物理场所的事故，因此它不可能是通用的。在图 2-7 中，工程技术的运用体现为安全方法的组成部分，不同企业组织的生产经营类型不同，组成路线图中安全业务运行方法中所需的安全工程技术具体内容也不同；该路线图不但不排斥安全技术的运用，相反，更加强调工程技术措施的针对性。

2.2.5　建筑施工事故致因模型

必须看到，上述这些事故致因理论均不是产生于建筑生产领域，不是从建筑事故中提炼出来的事故机理和事故模型，因而难以直接运用于建筑事故的分析和预防。故此，我们需要在借鉴这些事故致因理论的基础上，并结合建筑事故发生的规律，提出符合建筑生产安全管理实际的事故致因理论，实现对建筑事故的有效控制，避免建筑事故的反复发生，确保广大建筑从业人员人身安全，保证工程建设项目的顺利进行。

在建筑业发展的最初阶段，人们认为事故纯粹是由于某些偶然的甚至是无法解释的因素造成的。但是，正如本文前面对安全科学发展历程的阐述，人们对事故的认识随着科学技术的进步也在不断提高。可以说，每起事故的发生无一例外的都有各种各样的原因，因此，预防和避免事故的关键，就在于找出事故发生的原因，辨识并消除导致事故的各种因素，使发生事故的可能性降低到最小。

在建筑行业，有学者将事故致因过程简化成为失效发生的过程，包括个体失效，现场管理失效，项目管理失败和政策失效，他们认为不明智的管理决策和不充分的管理控制是许多建筑事故发生的主要原因，同时提出，建筑市场、各方主体对企业和项目的安全生产有着直接和间接的影响，如图 2-8、图 2-9 所示。

综合对事故致因理论的分析，可以发现，建筑施工事故的发生不是偶然的，有其深刻复杂的原因。考虑到建筑行业特点对安全生产的影响，结合事故连锁反应理论和"4M"理论，利用统计分析方法找出导致建筑事故发生的原因，即通过研究不同类型事故的诱发因素，归纳出主要的事故原因，从而为预防措施和政策建议提供数据基础。建筑施工事故原因分析框架，见图 2-10。

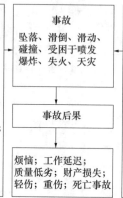

图 2-8　建筑事故致因模型（Ⅰ）

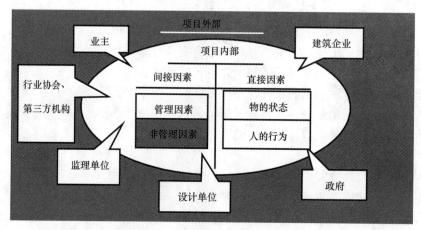

图 2-9　建筑事故致因模型（Ⅱ）

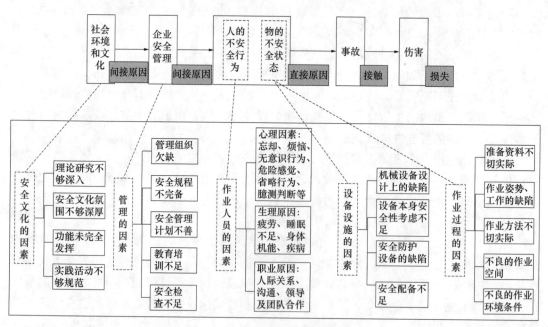

图 2-10　建筑施工事故致因模型

2.3　安全管理基本原理与安全生产法则

2.3.1　系统原理

系统原理是指人们在从事管理工作时，运用系统的观点、理论和方法对管理活动进行充分的系统分析，以达到安全管理的优化目标，即从系统论的角度来认识和处理企业管理中出现的问题。运用系统原理应遵循以下原则：

（1）动态相关性原则

动态相关性原则是指任何安全管理系统的正常运转，不仅要受到系统自身条件和因素的制约，而且还要受到其他有关系统的影响，并随着时间、地点以及人们的不同努力程度而发生变化。因此，要提高管理的效果，必须掌握各个管理对象要素之间的动态相关特征，充分利用各要素之间的相互作用。

（2）整分合原则

所谓的整分合原则是指为了实现高效的管理，必须在整体规划下明确分工，在分工基础上进行有效的综合。即在管理活动中，首先要从整体上把握系统的环境，分析系统的整体性质、功能，确定系统的总体目标，然后围绕总体目标，进行多方面的合理分解和分工，以构成系统的结构与体系；最后要在分工的基础上，对各要素、环节、部分及其活动进行系统综合，协调管理，以实现系统的总目标。

在整分合原则中，整体把握是前提，科学分工是关键，组织综合是保证。没有整体目标的指导，分工就会盲目而混乱；离开分工，整体目标就难以高效实现。如果只有分工，而无综合与协作，就会出现分工各环节脱节以及横向协作困难等现象，不能形成"凝聚力"等众多问题。因此，管理必须有分有合，先分后合，这是整分合原则的基本要求。

在安全管理领域运用该原则，要求企业高层管理者在制定整体目标和进行宏观决策时，必须将安全纳入其中，作为一项重要内容加以考虑；然后在此基础上对安全活动进行有效分工，明确每个员工的安全责任和目标；最后加强专职安全部门的职能，保证强有力的协调控制，实现有效的组织综合。

（3）弹性原则

在对系统外部环境和内部情况的不确定性给予事先考虑并对发展变化的各种可能性及其概率分布，作较充分认识、推断的基础上，在制定目标、计划、策略等方面，相适应地留有余地，有所准备，以增强组织系统的可靠性和管理对未来态势的应变能力，这就是管理的弹性原则。

管理的弹性就是当系统面临各种变化的情况下，管理能机动灵活地做出反应以适应变化的环境，使系统得以生存并求得发展。卓有成效的管理追求积极弹性，即在对变化的未来作科学预测的基础上，组织系统应当备有多种方案和预防措施，目的在于一旦态势有重大变故，能够不乱方寸、有备无患地做出灵活的应变反应，从而能保证系统的可靠性。

弹性原则对于安全管理具有十分重要的意义。安全管理所面临的是错综复杂的环境和条件，尤其事故致因是很难被完全预测和掌握的，因此安全管理必须尽可能保持良好的、积极的弹性。一方面不断地推进安全管理的科学化、现代化，加强系统安全分析和危险性评价，尽可能做到对危险因意的识别、消除和控制；另一方面要采取全方位、多层次的事故预防措施，实现全面、全员、全过程的安全管理。

（4）反馈原则

反馈是指被控制过程对控制机构的反作用，即由控制系统把信息输送出去，又把其作用结果返送回来，并对信息的再输出发生影响，起到控制作用，以达到预定的目的。

现代企业管理是一项复杂的系统工程，其内部条件和外部环境都在不断变化。因此，要发挥出组织系统的积极弹性作用并最终导向优化目标的实现，就必须对环境变化和每一步行动结果不断进行跟踪，及时准确地掌握变动中的态势，进行"再认识、再确定"。一方面，一旦发现原计划、目标与客观情况发展有较大出入，做出适时性的调整；另一方面，将行动结果情况与原来的目标要求相比较，如有"偏差"，则采取及时有效的纠偏措施，以确保组织目标的实现。这种为了实现系统目标，把行为结果传回决策机构，使因果关系相互作用，实行动态控制的行为准则，就是管理的反馈原则。

反馈原则对于安全控制领域有着重要的意义。一个正常运转的系统，当它指向安全目标的运动受到任何不安全因素及不安全行为的干扰时，其运动状态就会远离既定目标，甚至遭到破坏，导致事故和损失的发生。为了维护系统的正常和稳定运转，应及时准确地捕捉、反馈不安全信息，及时采取有效的调整措施，消除或控制不安全因素，使系统的运动态势回到安全轨道上，以达到安全管理的目的。

（5）封闭原则

封闭原则是指在任何一个管理系统内部，管理手段、管理过程等必须构成一个连续封闭的回路，才能形成有效的管理活动。尽管任何系统都与外部进行着物质、能量、信息交换，但在系统内部却是一个相对封闭的回路，这样，物质、能量、信息才能在系统内部实现自律化与合理流通。

封闭原理有其相对性。从空间上讲，封闭系统不是孤立的存在，在运行中与周围发生多种联系，其客观干扰在所难免；从时间上讲，执行指令的后果难以预测，需要时间的验证。因此，管理活动需要根据事物发展的客观需要，不断地完善封闭办法，理顺封闭渠道，排除封闭干扰，保持管理运行与控制的畅通、灵敏、及时和准确。

封闭原则应用到安全管理领域中，要求安全管理机构之间、安全管理制度和方法之间，必须具有紧密的联系，形成相互制约的回路，保证安全管理活动的有效进行。首先，为保证安全管理执行机构准确无误地贯彻安全指挥中心的命令，在系统中应建立安全监督机构。没有正确的执行，就没有正确的输出，也无从正确的反馈，反馈原理也就无法实现。其次，建立安全管理规章制度是贯彻封闭原理，即建立尽可能完整的执行法、监督法和反馈法，构成一个封闭的制度网，使安全管理活动高效正常运行。

2.3.2 人本原理

现代管理学的人本原理是指管理者要达到组织目标，一切管理活动都必须以人为中心，以人的积极性、主动性、创造性的发挥为核心和动力来进行。人本管理原理要求管理者研究人的行为规律，理解认知、需要、动机、能力、人格、群体和组织行为；掌握激励、沟通、领导规律，改善人力资源管理；了解人、关心人、尊重人、激励人，努力开发和利用人的创造力，实现人的社会价值；努力满足员工的合理需要，开发人的潜能，实现人的自我价值。

在现实管理活动中，人本原理可以具体化、规范化为若干相应的管理原则，其中主要有管理的动力原则、能级原则、行为原则。

（1）动力原则

动力原则是指管理必须要有能够激发人的工作能力的动力，才能使管理运动持续、有效地进行下去。对于管理系统而言，基本动力有三类，即物质动力、精神动力和信息动力。物质动力是指物质待遇及经济效益的刺激与鼓励；精神动力主要是来自理想、道德、信念、荣誉等方面的鼓励和激励；信息动力是通过信息的获取与交流产生奋起直追或领先他人的动力。

（2）能级原则

现代管理认为，单位和个人都具有一定的能量，并且可按照能量的大小顺序排列，形成管理的能级，就像原于中电子的能级一样。在管理系统中，建立一套合理能级，根据单位和个人能量的大小安排其工作，发挥不同能级的能量，保证结构的稳定性和管理的有效性，这就是能级原则。

（3）激励原则

激励原则就是利用某种外部诱因的刺激，调动人的积极性和创造性，以科学的手段，激发人的内在潜力，使其充分发挥积极性、主动性和创造性。

人的工作动力来源于三个方面：一是内在动力，指人本身具有的奋斗精神；二是外部压力，指外部施加于人的某种力量；三是吸引力，招那些能够使人产生兴趣和爱好的某种力量。这三种动力相互联系、相互作用，管理者要善于体察和引导，采用有效的措施和手段，因人而异、科学合理地运用各种激励方法和激励强度，最大限度地发挥员工的内在潜力。

"人本原理"应用在企业安全管理中，具体表现在对"以人为本"的安全理念的贯彻上。要实现"以人为本"的安全管理，首先应加强企业安全文化建设，严格执行安全生产相关法律法规，使"以人为本"的安全理念在安全生产意识形态领域中得到普及和加强。其次要不断改善和提高客观生产条件，加大安全投入，以保障"以人为本"的安全理念在安全生产实践中得到落实。

2.3.3　预防原理

我国安全生产的方针是"安全第一，预防为主，综合治理"。通过有效的管理和技术手段，减少并防止人的不安全行为和物的不安全状态，从而使事故发生的概率降到最低，这就是预防原理。运用预防原理应遵循以下原则：

（1）偶然损失原则

事故后果以及后果的严重程度都是随机的、难以预测的。反复发生的同类事故，并不一定产生完全相同的后果，这就是事故损失的偶然性。海因里希法则（1∶29∶300 法则），其重要意义在于指出事故与伤害后果之间存在偶然性的概率关系。偶然损失原则说明：在安全管理实践中，一定要重视各类事故，包括险肇事故，而且不管事故是否造成了损失，都必须做好预防工作。

（2）因果关系原则

因果关系原则是指事故的发生是许多因素互为因果连续发生的最终结果，只要诱发事故的因素存在，发生事故是必然的，只是时间或迟或早而已。从因果关系原则中认识事故发生的必然性和规律性，要重视事故的原因，切断事故因素的因果关系链环，消除事故发生的必然性，从而把事故消灭在萌芽状态。

（3）3E 原则

造成人的不安全行为和物的不安全状态的原因可归结为四个方面，技术原因、教育原因、身体和态度原因以及管理原因。针对这四个方面的原因，可以采取三种预防事故的对策，即工程技术（Engineering）对策、教育（Education）对策和法制（Enforcement）对策，即 3E 原则。

（4）本质安全化原则

本质安全化是指设备、设施或技术工艺含有内在的能够从根本上防止发生事故的功能。包括：失误—验证（Fool-Proof）功能；故障—安全（Fail-Safe）功能。这两种安全功能应在设备、设施规划设计阶段就被纳入其中，而不是事后补偿的，包括在设计阶段就采用无害的工艺、材料等。遵循这样的原则可以从根本上消除事故发生的可能性，从而达到预防事故发生的目的。本质安全化是安全管理预防原理的根本体现，是安全管理的最高境界。

要想做好安全管理工作就必须把握"预防原则"，在完善各项安全规章制度、开展安全教育、落实安全责任的同时，多举措做好安全管理工作的全过程控制，使事故发生率降低到最低，真正使安全工作做到"防微杜渐"。

2.3.4 强制原理

强制就是绝对服从，无需经被管理者同意便可采取控制行动。因此，采取强制管理的手段控制人的意愿和行为，使个人的活动、行为等受到管理要求的约束，从而有效地实现管理目标，就是强制原理。一般来说，管理均带有一定的强制性。管理是管理者对被管理者施加作用和影响，并要求被管理者服从其意志，满足其要求，完成其规定的任务。不强制便不能有效地抑制被管理者的无拘个性，将其调动到符合整体安全利益和目的的轨道上来。

安全管理需要强制性是由事故损失的偶然性、人的"冒险"心理以及事故损失的不可挽回性决定的。安全强制性管理的实现，离不开严格合理的法律、法规、标准和各级规章制度，这些法规、制度构成了安全行为的规范。同时，还要有强有力的管理和监督体系，以保证被管理者始终按照行为规范进行活动，一旦其行为超出规范的约束，就要有严厉的惩处措施。因此，在安全管理活动中应用强制原理时应遵循以下原则：

（1）安全第一原则

安全第一就是要求在进行生产和其他活动时把安全工作放在一切工作的首要位置。当生产和其他工作与安全发生矛盾时，要以安全为主，生产和其他工作要服从安全，这就是安全第一原则。贯彻安全第一原则，要求在计划、布置、实施各项工作时首先想到安全，预先采取措施，防止事故发生。需要指出的是，安全第一要落到实处，必须要有经济基础、文化理念、法规制度等的支撑。

（2）监督原则

监督原则是指在安全工作中，为了落实安全生产法律法规，必须授权专门的部门和人员行使监督、检查和惩罚的职责，对企业生产中的守法和执法情况进行监督，追究和惩戒违章失职行为，这就是安全管理的监督原则。

2.3.5　安全管理法则

（1）**不等式法则**

10000 减 1 不等于 9999，安全是 1，位子、车子、房子、票子等都是 0。有了安全，就是 10000，没有了安全，后面的 0 再多也没有意义。要以此教育职工，生命是第一位的，安全是第一位的，失去生命一切全无。所以，无论在工作岗位上，还是在业余生活中，时时刻刻都要判断自己是否处在安全状态下，分分秒秒要让自己置于安全环境中，这就要求每名员工在工作中必须严格安全操作规程，严格安全工作标准，这是保护自我生命的根本。

（2）**九零法则**

$90\% \times 90\% \times 90\% \times 90\% \times 90\% = 59.049\%$。安全生产工作不能打任何折扣，安全生产工作 90 分不算合格。主要负责人安排工作，分管领导、主管部门负责人、队长、班组长、一线人员如果人人都按 90 分完成，安全生产执行力层层衰减，最终的结果就是不及格（59.049），就会出问题。该法则告诉我们，安全生产责任、安全生产工作、安全生产管理，绝不能层层递减。如果按 90% 的速度递减，递减到第五层就是 59.049%，完全就不及格。

（3）**罗式法则**

$1 : 5 : \infty$。即 1 元钱的安全投入，可创造 5 元钱的经济效益，创造出无穷大的生命效益。任何有效的安全投入（人力、物力、财力、精力等）都会产生巨大的有形和无形的效益。安全投入是第一投入，安全管理是第一管理，生产经营活动的目的是让人们生活的更加安全、舒适、幸福，安全生产的目的就是保障人的生命安全和人身健康。生产任务一时没完成可以补，一旦发生事故，将造成不可换回的损失，特别是员工的生命健康无可挽救。所以，在安全生产中，各级、各部门、各岗位就是要多重视、多投入，投入一分，回报无限。

（4）**金字塔法则（成本法则）**

系统设计 1 分安全性 = 10 倍制造安全性 = 1000 倍应用安全性。意为企业在生产前发现一项缺陷并加以弥补，仅需 1 元钱；如果在生产线上被发现，需要花 10 元钱的代价来弥补；如果在市场上被消费者发现，则需要花费 1000 元的代价来弥补。安全要提前做，安全要提前控，就是抓住安全的根本，预防为先，提前行动。在安全生产工作中，要预防为主，把任何问题都消灭在萌芽状态，把任何事故都消灭在隐患之中。

（5）**市场法则**

$1 : 8 : 25$。1 个人如果对安全生产工作满意的话，他可能将这种好感告诉 8 个人；如果他不满意的话，他可能向 25 个人诉说其不满。安全管理就是要不断的加强安全文化建设，创新安全环境、安全氛围，提升员工安全责任、安全意识和安全技能，提高员工对安全的满意度。该法则也说明，生产安全事故是"好事不出门，坏事传千里。"而且影响大、影响坏、影响长。

（6）**多米诺法则**

在多米诺骨牌系列中，一枚骨牌被碰倒了，则将发生连锁反应，其余所有骨牌相继被碰倒。如果移去中间的一枚骨牌，则连锁被破坏，骨牌依次碰倒的过程被中止。事故的发生往往是由于人的不安全行为，机械、物质等各种不安全状态，管理的缺陷，以及环境的不安全因素等诸多原因同时存在缺陷造成的。如果消除或避免其中任何一个因素的存在，中断事故连锁的进程，就能避免事故的发生。在安全生产管理中，就是要采取一切措施，想方设法，消除一个又一个隐患。其中以控制人的不安全行为和提高人的安全意识是投入相对节省的途径，企业应不定期组织各种形式的安全培训工作，开展多种形式的安全教育活动，并以取得的效果进行评价分析，在每个隐患消除的过程中，就消除了事故链中的某一个因素，可能就避免了一个重大事故的发生。

（7）海因里希法则

1：29：300：1000，每一起严重的事故背后，必然有29起较轻微事故和300起未遂先兆，以及1000起事故隐患相随。对待事故，要举一反三，不能就事论事。任何事故的发生都不是偶然的，事故的背后必然存在大量的隐患、大量的不安全因素。所以，在安全管理工作中，排除身边人的不安全行为、物的不安全状态等各种隐患是首要任务，隐患排查要做到预知，隐患整改要做到预控，从而消除一切不安全因素，确保不发生事故。

（8）慧眼法则

有一次，福特汽车公司一大型电机发生故障，很多技师都不能排除，最后请德国著名的科学家斯特曼斯进行检查，他在认真听了电机自转声后在一个地方画了条线，并让人去掉16圈线圈，电机果然正常运转了。他随后向福特公司要1万美元作酬劳。有人认为画条线值1美元而不是1万美元，斯特曼斯在单子上写道：画条线值1美元，知道在哪画线值9999美元。在安全隐患检查排查上确实需要"9999美元"的慧眼。各级领导和管理人员要了解掌握本单位生产实际和安全生产管理现状，熟知与本单位生产经营活动相关的法律法规、标准规范、安全操作规程和事故案例，造就一双"慧眼"，结合本单位实际，熟练准确发现安全问题和隐患所在，采取措施，及时整改问题和隐患，不断改进和加强本单位安全生产工作。

（9）南风法则（温暖法则）

北风和南风比威力，看谁能把行人身上的大衣吹掉。北风呼啸凛冽刺骨，结果令行人把大衣裹得更紧了；而南风徐徐吹动，人感觉春意融融，慢慢解开纽扣，继而脱掉大衣。这则故事给管理者的启示是：在安全工作中，有时以人为本的温暖管理带来的效果会胜过严厉无情的批评教育。

在安全生产工作中，安全培训、安全管理要以人为本，讲究实效，注重方法，要因人而教，因人而管。决不能生冷硬粗，以罚代管，以批代管，更不能放手不管。在安全培训管理上，就是把工作做在员工心里，创新方式，喜闻乐见，确保实效。

（10）桥墩法则

大桥的一个桥墩被损坏了，上报损失往往只报一个桥墩的价值，而事实上很多时候真正的损失是整个桥梁都报废了。

安全事故往往只分析直接损失、表面损失、单一损失，而忽略事故的间接损失、潜在损失、全面损失。实际上，很多时候事故的损失和破坏是巨大的、长期的、潜在的。所以，任何一个安全事故的损失，只是看到了冰山一角，可能更大的损失我们无法计算。安全工作就是要尽可能地追求不发生事故，不产生损失，就需要持之以恒、永不懈怠、一点一滴从自己做起的。

第3章 建筑施工安全法律法规和标准规范

3.1 我国建筑施工安全法律体系基本框架

我国建筑施工安全法律法规经过多年的建设取得了很大成效，目前已经制定出台了以《中华人民共和国建筑法》《中华人民共和国安全生产法》《中华人民共和国特种设备安全法》为母法，以《建设工程安全生产管理条例》《安全生产许可证条例》等行政法规为主导、以《建筑施工企业安全生产许可证管理规定》等部门规章和地方性规章为配套，以大量的技术标准规范为技术性延伸，以有关法律规章相关规定为补充的多层级、多类型的多层次、多类型的建筑施工安全法律法规体系，见表 3-1。

我国建筑施工安全法律法规体系框架 表 3-1

法律层级		名称
法律		《中华人民共和国建筑法》
		《中华人民共和国安全生产法》
		《中华人民共和国特种设备安全法》
行政法规		《建设工程安全生产管理条例》
		《生产安全事故报告和调查处理条例》
		《安全生产许可证条例》
		《特种设备安全监察条例》
部门规章及主要规范性文件和地方性法规	企业	建筑施工企业安全生产许可证管理规定
		建筑施工安全生产标准化考评暂行办法
	人员	建筑施工企业主要负责人、项目负责人和专职安全生产管理人员安全生产管理规定
		建筑施工特种作业人员管理规定
	项目	危险性较大的分部分项工程安全管理办法
		建筑工程安全防护、文明施工措施费用及使用管理规定
		建筑施工企业负责人及项目负责人施工现场带班暂行办法
		房屋市政工程生产安全重大隐患排查治理挂牌督办暂行办法

法律层级		名称
部门规章及主要规范性文件和地方性法规	设备	建筑起重机械安全监督管理规定
		建筑起重机械备案登记办法
	事故	房屋市政工程生产安全和质量事故查处督办暂行办法
		房屋市政工程生产安全事故报告和查处工作规程
	地方性法规（略）	略
技术标准、规范		《建筑施工安全检查标准》JGJ 59—2011
		《建筑施工高处作业安全技术规范》JGJ 80—2016
		《施工现场临时用电安全技术规范》JGJ 46—2005
		《建筑施工门式钢管脚手架安全技术规范》JGJ 128—2010

3.2 建筑施工安全生产相关法律

3.2.1 中华人民共和国建筑法

《中华人民共和国建筑法》经 1997 年 11 月 1 日第八届全国人大常委会第 28 次会议通过；根据 2011 年 4 月 22 日第十一届全国人大常委会第 20 次会议《关于修改〈中华人民共和国建筑法〉的决定》修正。《中华人民共和国建筑法》分总则、建筑许可、建筑工程发包与承包、建筑工程监理、建筑安全生产管理、建筑工程质量管理、法律责任、附则 8 章 85 条，自 1998 年 3 月 1 日起施行。

其中第五章为建筑安全生产管理。建筑安全生产管理，是指为保证建筑生产安全所进行的计划、组织、指挥、协调和控制等一系列管理活动，目的在于保护职工在生产过程的安全与健康，保证国家和人民的财产不受到损失，保证建筑生产任务的顺利完成。建筑安全生产管理包括：建设行政主管部门对于建筑活动过程中安全生产的行业管理；劳动行政主管部门对建筑活动过程中安全生产的综合性监督管理；从事建筑活动的主体（包括建筑施工企业、建筑勘察单位、设计单位和工程监理单位）为保证建筑生产活动的安全生产所进行的自我管理。建筑生产活动多为露天、高处作业，不安全因素较多，有些工作危险性较大，是事故多发的行业。为依法加强建筑安全生产管理，预防和减少建筑业事故的发生，保障建筑行业职工及他人的人身安全和财产安全，本法对建筑生产安全问题作了专章规定：

（1）建筑工程安全生产管理必须遵循的基本方针和基本制度（第三十六条）；

（2）建筑工程设计必须遵循保证工程安全性能的要求（第三十七条）；

（3）对建筑施工企业提出的保证生产安全的要求，包括：对施工企业编制施工组织设计的安全要求（第三十八条），对施工现场安全管理的要求（第三十九条、第四十五条），对建立健全企业安全生产责任制的要求（第四十四条），对建立健全劳动安全生产教育培训制度的要求（第四十六条），禁止进行危及安全生产的违章指挥、违章作业（第四十七条），为从事危险作业的职工办理意外伤害保险的要求（第四十八条）；

（4）对涉及建筑主体和承重结构变动的装修工程的安全要求（第四十九条）；

（5）对房屋拆除作业的安全要求（第五十条）；

（6）发生建筑安全事故的处理（第五十一条）；

（7）工程建设单位为保证建筑生产安全应履行的义务（第四十二条）；

（8）有关行政主管部门对建筑安全生产监督管理的职责（第四十三条）。

3.2.2　中华人民共和国安全生产法

《中华人民共和国安全生产法》（以下简称安全生产法）由全国人大常委会于 2002 年颁布施行，于 2014 年进行了修改，它是我国第一部全面规范安全生产的专门法律，是我国安全生产的主体法。

2014 年修改施行的《安全生产法》以党中央倡导"发展决不能以牺牲人的生命为代价"的安全生产治理理念为核心，强化了以人为本、安全发展理念，突出了预防为主、综合治理原则，从加强预防、强化安全生产主体责任、加强隐患排查、完善监管、加大违法惩处力度等方面，进一步明确了企业和政府两个主体的责任，增强了法律的可操作性，为进一步全面加强安全生产工作，预防和减少生产安全事故，保障人民群众的生命财产安全，促进经济社会可持续健康发展，提供了更加有效的法律保障。《安全生产法》着眼于解决安全生产现实问题和发展要求，与企业密切相关的主要内容有：

（1）明确了安全生产工作应当以人为本、安全发展。

安全生产工作应当以人为本，对于坚守"发展决不能以牺牲人的生命为代价"这条红线，牢固树立以人为本、生命至上的理念，正确处理重大险情和事故应急救援中"保财产"还是"保人命"问题，具有重大意义。为强化安全生产工作的重要地位，明确安全生产在国民经济和社会发展中的重要地位，推进安全生产形势持续稳定好转，《安全生产法》将坚持安全发展写入了总则。

（2）建立完善安全生产方针和工作机制，突出安全生产方针的地位。

确立了"安全第一、预防为主、综合治理"的安全生产工作"十二字方针"，明确了安全生产的重要地位、主体任务和实现安全生产的根本途径。"安全第一"要求从事生产经营活动必须把安全放在首位，不能以牺牲人的生命、健康为代价换取发展和效益。"预防为主"要求把安全生产工作的重心放在预防上，强化隐患排查治理，打非治违，从源头上控制、预防和减少生产安全事故。"综合治理"要求运用行政、经济、法治、科技等多种手段，充分发挥社会、职工、舆论监督各个方面的作用，抓好安全生产工作。坚持"十二字方针"，明确要求建立生产经营单位负责、职工参与、政府监管、行业自律、社会监督的机制，进一步明确各方安全生产职责。做好安全生产工作，落实生产经营单位主体责任是根本，职工参与是基础，政府监管是关键，行业自律是发展方向，社会监督是实现预防和减少生产安全事故目标的保障。

（3）进一步强化生产经营单位的安全生产主体责任，突出企业是安全生产责任主体的法律保障。

强化企业的主体责任，做好安全生产工作，落实生产经营单位主体责任是根本。《安全生产法》把明确安全责任、发挥生产经营单位安全生产管理机构和安全生产管理人员作用作为一项重要内容，作出四个方面的重要规定：一是明确委托依法设立机构提供安全生产技术、管理服务的，保证安全生产的责任仍然由本单位负责；二是明确生产经营单位的安全生产责任制的内容，规定生产经营单位应当建立相应的机制，加强对安全生产责任制落实情况的监督考核；三是明确生产经营单位的安全生产管理机构以及安全生产管理人员履行的七项职责。四是规定矿山、金属冶炼建设项目和用于生产、储存危险物品的建设项目竣工投入生产或者使用前，由建设单位负责组织对安全设施进行验收。

（4）建立事故预防和应急救援的制度。

《安全生产法》把加强事前预防和事故应急救援作为一项重要内容加大应急救援的突出作用：一是生产经营单位必须建立生产安全事故隐患排查治理制度，采取技术、管理措施及时发现并消除事故隐患，并向从业人员通报隐患排查治理情况的制度。二是政府有关部门要建立健全重大事故隐患治理督办制度，督促生产经营单位消除重大事故隐患。三是对未建立隐患排查治理制度、未采取有效措施消除事故隐患的行为，设定了严格的行政处罚。四是赋予负有安全监管职责的部门对拒不执行执法决定、有发生生产安全事故现实危险的生产经营单位依法采取停电、停供民用爆炸物品等措施，强制生产经营单位履行决定。五是国家建立应急救援基地和应急救援队伍，建立全国统一的应急救援信息系统。生产经营单位应当依法制定应急预案并定期演练。

（5）建立安全生产标准化制度，进一步突出安全标准化地位。

安全生产标准化是在传统的安全质量标准化基础上，根据当前安全生产工作的要求、企业生产工艺特点，借鉴国外现代先进安全管理思想，形成的一套系统的、规范的、科学的安全管理体系。近年来矿山、危险化学品等高危行业企业安全生产标准化取得了显著成效，企业本质安全生产水平明显提高。《安全生产法》在总则部分明确提出推进安全生产标准化工作，这必将对强化安全生产基础建设，促进企业安全生产水平持续提升产生重大而深远的影响。

（6）推行注册安全工程师制度，注册安全工程师管安全。

《安全生产法》确立了注册安全工程师制度，并从两个方面加以推进：一是危险物品的生产、储存单位以及矿山、金属冶炼单位应当有注册安全工程师从事安全生产管理工作，鼓励其他生产经营单位聘用注册安全工程师从事安全生产管理工作。二是建立注册安全工程师按专业分类管理制度，授权国务院有关部门制定具体实施办法。

（7）推进安全生产责任保险制度，加强保险的后盾作用。

《安全生产法》总结近年来的试点经验，通过引入保险机制，促进安全生产，规定国家鼓励生产经营单位投保安全生产责任保险。安全生产责任保险具有其他保险所不具备的特殊功能和优势，一是增加事故救援费用和第三人（事故单位从业人员以外的事故受害人）赔付的资金来源，有助于减轻政府负担，维护社会稳定。二是有利于现行安全生产经济政策的完善和发展。三是通过保险费率浮动、引进保险公司参与企业安全管理，可以有效促进企业加强安全生产工作。

（8）加大对安全生产违法行为的责任追究力度，罚款力度进一步加大。

1）规定了事故行政处罚和终身行业禁入。第一，将行政法规的规定上升为法律条文，按照两个责任主体、四个事故等级，设立了对生产经营单位及其主要负责人的八项罚款处罚明文。第二，大幅提高对事故责任单位的罚款金额：一般事故罚款 20 万至 50 万，较大事故 50 万至 100 万，重大事故 100 万至 500 万，特别重大事故 500 万至 1000 万；特别重大事故的情节特别严重的，罚款 1000 万至 2000 万。第三，进一步明确主要负责人对重大、特别重大事故负有责任的，终身不得担任本行业生产经营单位的主要负责人。

2）加大罚款处罚力度。结合各地区经济发展水平、企业规模等实际，《安全生产法》维持罚款下限基本不变、将罚款上限提高了 2 至 5 倍，并且大多数处罚则不再将限期整改作为前置条件。反映了"打非治违"、"重典治乱"的现实需要，强化了对安全生产违法行为的震慑力，也有利于降低执法成本、提高执法效能。

3）建立了严重违法行为公告和通报制度。要求负有安全生产监督管理部门建立安全生产违法行为信息库，如实记录生产经营单位的违法行为信息；对违法行为情节严重的生产经营单位，应当向社会公告，并通报行业主管部门、投资主管部门、国土资源主管部门、证券监督管理部门和有关金融机构。

3.2.3　中华人民共和国特种设备安全法

《中华人民共和国特种设备安全法》（以下简称特种设备安全法）由全国人大常委会于 2013 年 6 月 29 日颁布，自 2014 年 1 月 1 日起施行。

该法确立了企业承担安全主体责任、政府履行安全监管职责和社会发挥监督作用三位一体的特种设备安全工作新模式。通过强化企业主体责任，加大对违法行为的处罚力度，督促生产、经营、使用单位及其负责人树立安全意识，切实承担保障特种设备安全的责任。

（1）《特种设备安全法》进一步明确了各方的责任，特别突出了生产者、经营者、使用者的主体责任。

《特种设备安全法》对特种设备生产、制造、销售、使用等各个环节的责任，包括检验、人员培训、制定安全制度等都作了明确规定：对生产单位，要求"保证特种设备生产符合安全技术规范及相关标准的要求，对其生产的特种设备的安全性能负责。不得生产不符合安全性能要求和能效指标以及国家明令淘汰的特种设备。"对销售单位要求"建立特种设备检查验收和销售记录制度，验明相关技术资料和文件，禁止销售未取得许可生产的特种设备，未经检验和检验不合格的特种设备，或者国家明令淘汰和已经报废的特种设备。"对使用单位要求建立岗位责任、隐患治理、应急救援等安全管理制度，制定操作规程，保证特种设备安全运行。对电梯制造、维修、保养单位的责任，特种设备操作人员、管理人员的责任，法律都作了尽可能细致的规定。

（2）确立了特种设备的召回制度。

2013 年，《特种设备安全法》确立了特种设备产品召回制度。

因生产原因造成特种设备存在危及安全的同一性缺陷的，特种设备生产单位应当立即停止生产，主动召回。国务院负责特种设备安全监督管理的部门发现特种设备存在应当召回而未召回的情形时，应当责令特种设备生产单位召回。

召回的前提是特种设备存在因为生产原因造成的危及安全的同一性缺陷（偶发性的、非安全问题不在召回之列）；召回的主体是生产单位；召回的方式有主动召回、责令召回。召回的程序、采取的措施等，还有待于部门规章作进一步明确。

（3）确立了特种设备的报废和安全评估制度。

《特种设备安全法》不仅强调达到报废条件的要立刻报废，而且要求报废应当"采取必要措施消除该特种设备的使用功能"，防止再次流入市场被人使用。对于报废条件以外的特种设备，规定了安全评估制度，即"报废条件以外的特种设备，达到设计使用年限可以继续使用的，应当按照安全技术规范的要求通过检验或者安全评估，并办理使用登记证书变更，方可继续使用。允许继续使用的，应当采取加强检验、检测和维护保养等措施，确保使用安全。"这是一种既保障安全，又兼顾现实可行性的制度设计。

（4）调整了行政许可制度和强制性检验、鉴定制度。

行政许可制度计有：特种设备生产许可制度；特种设备新材料、新技术、新工艺技术评审制度；特种设备使用登记制度；移动式压力容器、气瓶充装许可制度；特种设备检验检测机构核准制度；特种设备检验检测人员资格制度；特种设备作业人员（含安全管理人员、检测人员和作业人员）资格制度。

强制性检验、鉴定制度计有：特种设备（锅炉、气瓶、氧舱、客运索道、大型游乐设施）设计文件鉴定；新产品、新部件、新材料型式试验；特种设备制造（锅炉、压力容器、压力管道元件）和安装、改造、重大修理（锅炉、压力容器、压力管道、电梯、起重机械、客运索道、大型游乐设施）监督检验；在用特种设备定期检验。

（5）在事故的责任赔偿中体现民事优先的原则。

民事优先原则是指在发生了事故后，责任单位的财产在同时支付处罚和民事赔偿的时候，或者其他欠债的时候，当财产不足以同时赔付的时候优先赔付老百姓、优先赔付消费者。原则体现以人为本，对建设平安中国，保护老百姓的人身、财产安全是一个重大的发展政策。

3.3 行政法规

3.3.1 建设工程安全生产管理条例

《建设工程安全生产管理条例》（以下简称《条例》）由国务院 2003 年 11 月 12 日通过，自 2004 年 2 月 1 日起施行。《建设工程安全生产管理条例》是依据《建筑法》和《安全生产法》而制定的，是《建筑法》第 5 章建筑安全生产管理有关规定的具体化和《安全生产法》安全生产管理一般规定的专业化。《条例》不仅健全和完善了建设工程安全生产的法规体系，而且还规范和提高了从事建筑活动主体的安全生产行为，更重要的是有关行政主管部门对建设工程安全生产的监督管理有了充分的法律依据。《条例》颁布实施可以有效地对违法违规行为和事故隐患依法予以查处，对发生事故的责任单位和责任人依法予以处罚，防止和减少建设工程生产安全事故的发生，保障人民群众的生命和财产安全。

《条例》适用范围为在中华人民共和国境内从事建设工程的新建、扩建、改建和拆除等有关活动及实施对建设工程安全生产的监督管理。

《条例》法律结构为八章 71 条，即总则、建设单位的安全责任、勘察、设计、工程监理及有关单位的安全责任、施工单位的安全责任、监督管理、生产安全事故的应急救援和调查处理、法律责任、附则。

该条例的核心内容是对从事建筑活动主体的生产行为提出了明确的安全要求，并视其违反安全生产法律、法规行为的性质和情节，对其安全责任作出了具体的民事、行政和刑事责任的规定。现就从事建筑活动主体应承担的安全责任的行为作一个简要的归类分析。

（1）**建设单位应承担安全责任的行为**

1）未提供建设工程安全生产作业环境及安全施工措施所需费用的；

2）未将保证安全施工的措施或者拆除工程的有关资料报送有关部门备案的；

3）对勘察、设计、施工、工程监理等单位提出不符合安全生产法律、法规和强制性标准规定的要求的；

4）要求施工单位压缩合同约定的工期的；

5）将拆除工程发包给不具有相应资质等级的施工单位的。

（2）**勘察、设计单位应承担安全责任的行为**

1）未按照法律、法规和工程建设强制性标准进行勘察、设计的；

2）采用新结构、新材料、新工艺的建设工程和特殊结构的建设工程，设计单位未在设计中提出保障施工作业人员安全和预防生产安全事故的措施建议的。

（3）**工程监理单位应承担安全责任的行为**

1）未对施工组织设计中的安全技术措施或者专项施工方案进行审查的；

2）发现安全事故隐患未及时要求施工单位整改或者暂时停止施工的；

3）施工单位拒不整改或者不停止施工，未及时向有关主管部门报告的；

4）未依照法律、法规和工程建设强制性标准实施监理的。

（4）**其他与建设工程安全有关的单位应承担安全责任的行为**

1）为工程建设提供机械设备和配件的单位未按照安全施工的要求配备齐全有效的保险、限位等安全设施和装置的；

2）出租单位出租未经安全性能检测或者经检测不合格的机械设备和施工机具及配件的；

3）施工起重机械和自升式架设设施安装、拆卸单位应承担的安全责任：

① 未编制拆装方案、制定安全施工措施的；

② 未由专业技术人员现场监管的；

③ 未出具自检合格证明或者出具虚假证明的；

④ 未向施工单位进行安全使用说明，办理移交手续的。

（5）**施工单位应承担安全责任的行为**

1）未设立安全生产管理机构、配备专职安全生产管理人员或者分部分项工程施工时无专职安全生产管理人员现场监督的；

2）主要负责人、项目负责人、专职安全生产管理人员、作业人员或者特种作业人员，未经安全教育培训或经考核不合格即从事相关工作的；

3）未在施工现场的危险部位设置明显的安全警示标志，或者未按照国家有关规定在施工现场设置消防通道、消防水源、配备消防设施和灭火器材的；

4）未向作业人员提供安全防护用具和安全防护服装的；

5）未按照规定在施工起重机械和整体提升脚手架、模板等自升式架设设施验收合格后登记的；

6）使用国家明令淘汰、禁止使用的危及施工安全的工艺、设备、材料的；

7）挪用列入建设工程概算的安全生产作业环境及安全施工措施所需费用的；

8）施工前未对有关安全施工的技术要求作出详细说明的；

9）未根据不同施工阶段和周围环境及季节、气候的变化，在施工现场采取相应的安全措施，或者在城市市区内的建设工程的施工现场未实行封闭围档的；

10）在尚未竣工的建筑物内设置员工集体宿舍的；

11）施工现场临时搭建的建筑物不符合安全使用要求的；

12）未对因建设工程施工可能造成损害的毗邻建筑物、构筑物和地下管线等采取专项防护措施的；

13）安全防护用具、机械设备、施工机具及配件在进入施工现场前未经查验或者查验不合格即投入使用的；

14）使用未经验收或者验收不合格的施工起重机械和整体提升脚手架、模板等自升式架设设施；

15）委托不具有相应资质的单位承担施工现场安装、拆卸起重机械和整体提升脚手架、模板等自升式架设设施的；

16）在施工组织设计中未编制安全技术措施、施工现场临时用电方案或者专项施工方案的；

17）取得资质证书后，降低安全生产条件的。

3.3.2　生产安全事故报告和调查处理条例

《生产安全事故报告和调查处理办法》（以下简称《办法》）经 2011 年 5 月 17 日山东省政府第 100 次常务会议通过，自 2011 年 8 月 1 日起施行。

《办法》包括总则、事故报告、事故调查、事故处理、责任追究、附则等六章，共四十三条。主要规范了事故分类、事故报告和调查处理原则、政府及其有关部门的事故调查处理职责，事故的报告、事故快报、事故补报、涉险事故报告、事故应急救援和现场保护，事故调查的主要制度、调查组成员组成、调查组内设小组、事故调查期限，事故批复、批复的落实、事故查处督办、监督检查、事故处理情况的公布，较大和重大事故的纪律责任追究、政府及其有关部门负责人的事故问责制、事故发生单位及其负责人的处罚等内容。与《生产安全事故报告和调查处理条例》相比较，《办法》在事故报告、事故调查、事故处理以及责任追究等方面做了相应补充。

（1）**事故报告**

1）规定了事故快报的相关内容，提高了事故响应速度。

2）规定了事故后抢救费用由单位先行垫付，为伤员的及时抢救提供了保障。

3）规定了事故以及较大涉险事故救援和终止救援的相关内容，增强了事故救援的科学性和人性化。

（2）**事故调查**

1）明确了政府对各类开发区事故的管辖权和事故调查职责，进一步规范了开发区安全事故调查处理工作。

2）对事故调查工作作了规定，明确了事故调查组分工和职责，增强了可操作性以及事故调查工作的严密性。

（3）事故处理

1）明确了生产安全事故批复的主体，有利于安监部门、监察部门督促批复意见的落实。

2）建立了事故查处督办制度，加大了事故查处力度。

（4）责任追究

1）规定了各级政府及部门责任追究的条款，有利于督促落实政府批复意见。

2）规定了对未按要求进行事故报告和调查处理的单位的处罚，有利于事故的及时上报和调查。

3）规定了对未落实责任追究的单位人员的处罚，有利于严格责任追究。

《办法》的出台，规范了生产安全事故报告和调查处理行为，进一步完善了山东省安全生产法规体系，为政府及其有关部门依法履行事故报告和调查处理职责提供了法律依据。

3.3.3　安全生产许可证条例

为严格规范安全生产条件，进一步加强安全生产监督管理，防止和减少生产安全事故，中华人民共和国国务院于 2004 年 1 月 7 日发布《安全生产许可证条例》（国务院令第 397 号），自 2004 年 1 月 13 日起正式施行，并于 2014 年 7 月 29 日进行修订。这是一部带有市场准入的强制性行政法规。

该条例确立了企业安全生产的准入制度，对建筑施工企业等安全生产高危行业企业实行安全生产许可制度，要求高危行业企业必须取得安全生产许可证后方可进行相关的生产和经营活动。主要内容包括条例的适用范围、安全生产许可证的颁发和管理、企业取得安全生产许可证应当具备的安全生产条件、安全生产许可证的有效期、对安全生产许可证的监督检查和违反《安全生产许可证条例》应承担的法律责任。该条例规定的法律责任包括安全生产许可证颁发管理机关工作人员违反该条例的法律责任和生产经营单位违反该条例的法律责任。

《安全生产许可证条例》规定企业取得安全生产许可证应当具备的安全生产条件有：

（1）建立、健全安全生产责任制，制定完备的安全生产规章制度和操作规程。

（2）安全投入符合安全生产要求。

（3）设置安全生产管理机构，配备专职安全生产管理人员。

（4）主要负责人、项目负责人和安全生产管理人员经考核合格。

（5）特种作业人员经有关业务主管部门考核合格，取得特种作业操作资格证书。

（6）从业人员经安全生产教育和培训合格。

（7）依法参加工伤保险，为从业人员缴纳保险费。

（8）厂房、作业场所和安全设施、设备、工艺符合有关安全生产法律、法规、标准和规程的要求。

（9）有职业危害防治措施，并为从业人员配备符合国家标准或者行业标准的劳动防护用品。

（10）依法进行安全评价。

（11）有重大危险源检测、评估、监控措施和应急预案。

（12）有生产安全事故应急救援预案、应急救援组织或者应急救援人员，配备必要的应急救援器材、设备。

（13）法律、法规规定的其他条件。

3.3.4 特种设备安全监察条例

《特种设备安全监察条例》于 2003 年 3 月 11 日中华人民共和国国务院令第 373 号公布，根据 2009 年 1 月 24 日《国务院关于修改〈特种设备安全监察条例〉的决定》修订，自 2009 年 5 月 1 日起施行。

该条例的主要内容有：

（1）制定条例的目的是为了加强特种设备的安全监察，防止和减少事故，保障人民群众生命和财产安全，促进经济发展。

（2）条例的核心内容是"以安全为核心、注重节能减排"，涵盖设计、制造、安装、改造、维修、使用、检验检测及节能 8 个方面。有以下五大特点：

1）是根据节能减排的要求，增加高耗能特种设备节能管理的规定；

2）是适应特种设备事故调查的实际需要，增加特种设备事故分级和调查的相关制度；

3）是按照行政许可便民高效的原则，将国务院特种设备安全监督管理部门行使的部分行政许可权下放给省、自治区、直辖市特种设备安全监督管理部门；

4）是将场（厂）内专用机动车辆、移动式压力容器充装、特种设备无损检测的安全监察明确纳入条例调整范围，鼓励实行特种设备责任保险；

5）是进一步完善法律责任，加大对违法行为的处罚力度。

（3）《特种设备安全监察条例》条例建立了两个制度：

1）市场准入制度

特种设备市场准入制度主要包括：特种设备的生产必须经特种设备安全监督管理部门许可；特种设备使用单位必须经特种设备安全监督管理部门登记核准；特种设备作业人员必须经特种设备安全监督管理部门考核合格取得作业证书。

2）安全监督监察制度

特种设备安全监督检查制度主要包括：强制检验制度；执法检查制度；事故处理制度；安全监察责任制度。

① 强制检验制度规定特种设备制造、安装、改造、重大维修过程必须经核准的检验检测机构实施监督检验；使用中的特种设备必须经核准的检验检测机构进行定期检验；新研制的特种设备必须经检验检测机构进行型式试验。

② 执法检查制度规定：特种设备安全监察人员和行政执法人员有权开展现场检查，责令消除事故隐患，对违法行为予以查处。

③ 事故处理制度规定：特种设备发生事故，事故单位应当向特种设备安全监督管理部门等有关部门报告，事故处理按照国家有关规定进行。

④ 安全监察责任制度规定：行使特种设备安全监督管理职权的部门、检验检测机构及其工作人员，应当依法履行职责，严格依法行政，对违反规定滥用职权、徇私舞弊的，依法追究特种设备安全监督管理部门、检验检测机构及其工作人员的法律责任。

（4）《特种设备安全监察条例》条例实现了三个统一：

1）监管主体统一

条例实现监管主体的统一。条例明确规定，特种设备安全监督管理部门，即国家质检总局和各级质量技术监督部门对八大类特种设备实施安全监察，从而进一步明确了"三定"方案赋予国家质检总局的职能，理清了部门之间的职能交叉，将有效制止重复检查，减轻企业负担。

2）特种设备概念统一

条例实现了特种设备概念的统一。长期以来，人们所称的特种设备主要是指电梯、起重机械、客运索道、大型游乐设施、场内机动车辆等五类设备、设施，不包括锅炉、压力容器、压力管道三类设备。

国家质检总局"三定"方案首次将锅炉、压力容器、压力管道、电梯等统称为特种设备，但在内设机构时仍然分设了锅炉处、压力容器处、压力管道处、特种设备处。特种设备的概念一直含混不清。条例明确规定锅炉、压力容器、压力管道、电梯、起重机械、客运索道、大型游乐设施为特种设备，以行政法规的形式统一了特种设备的概念，为今后开展安全监察工作奠定了良好的基础。

3）国内外制度统一

条例实现了国内外制度的统一。为了确保特种设备运行安全，条例对特种设备的设计、制造等行为设立了严格的行政许可规定。按照ＷＴＯ的国民待遇原则，无论是国内制造的特种设备还是国外制造的特种设备，只要在中国境内使用，均必须由同一行政主体按照同一技术规范实施同一程序的审查、许可、监督检验。条例首次统一了内外一致的行政许可制度，符合WTO的要求。

（5）《特种设备安全监察条例》条例明确了四项责任：

1）条例明确了生产、使用单位责任

条例明确了特种设备生产者、使用者的安全责任和义务。条例规定，特种设备的制造单位、设计单位、安装单位、维修单位、改造单位以及使用单位和个人，应当建立特种设备安全管理制度和岗位安全责任制度，必须具备规定的生产、使用条件，符合技术规范的安全质量要求，其作业人员和管理人员必须经考核取得特种设备作业证书。违反上述规定，依法承担法律责任。

2）条例明确了监管部门责任

条例规定，特种设备安全监督管理部门要依法实施行政许可、强制检验、执法检查和事故处理职责，定期公布特种设备安全状况，不得以任何形式进行地方保护、地区封锁和异地重复检验。

3）条例明确了质检部门责任

特种设备检验检测机构应当为特种设备生产、使用单位提供可靠、便捷的检验检测服务，客观、公正、及时地出具检验检测结果、鉴定结论，接受特种设备安全监督管理部门的监督检查；特种设备检验检测机构和检验检测人员不得从事特种设备的生产、销售，不得以其名义推荐或者监制、监销特种设备。违反上述规定依法承担法律责任。

4）条例明确了各级政府责任

条例明确了各级人民政府管理特种设备安全监察工作的责任和义务。条例规定，县级以上地方人民政府应当督促、支持特种设备安全监督管理部门依法履行安全监察职责，对特种设备安全监察中存在的重大问题及时予以协调、解决。

（6）《特种设备安全监察条例》条例体现了五项原则：

1）安全至上原则

对涉及特种设备安全的事项，要以预防为主，事先严格控制，强化政府监管和行政许可措施，确保人民群众和财产安全。

2）企业负责原则

企业是特种设备安全的第一责任人，条例明确了企业在特种设备安全方面的权利、义务和法律责任。

3）权责一致原则

条例严格按照"三定"方案的规定设立特种设备安全监督管理部门的职责和权限，依法履行职责，明确了特种设备安全监督管理部门的法律责任。

4）统一监管原则

履行 WTO 承诺，统一进口特种设备和国内特种设备的安全监察制度，做到监管主体、监管制度、监管规范、监管收费"四个统一"。对七大类特种设备实行统一立法、统一监管。

5）综合治理原则

特种设备安全涉及社会各个方面，单靠一个部门不可能做好这项工作，应当发挥全社会的力量，综合治理，严格监督。各级政府及其相关部门、广大人民群众、新闻媒体及其他社会中介组织等均有监督权、建议权、举报权。

3.4 主要部门规章制度

3.4.1 建筑施工企业安全生产许可证管理规定（建设部令第 128 号）

《建筑施工企业安全生产许可证管理规定》（建设部令第 128 号）由原建设部于 2004 年 6 月 29 日通过，自 2004 年 7 月 5 日起施行。该规定明确了国家对建筑施工企业实行安全生产许可制度，从事土木工程、建筑工程、线路管道和设备安装工程及装修工程的新建、改建、扩建和拆除等有关活动的企业，未取得安全生产许可证的，不得从事建筑施工活动。该规定还对建筑施工企业安全生产许可证管理及相关的法律责任做出了具体的规定。该规定实施以来，对于建筑施工企业加大安全生产投入，提升建筑施工企业及项目安全生产条件和安全生产管理水平，防止和减少建筑施工生产安全事故发挥了重要作用。

《建筑施工企业安全生产许可证管理规定》规定了建筑施工企业取得安全生产许可证应当具备的安全生产条件。符合安全生产条件的，颁发安全生产许可证；不符合安全生产条件的，不予颁发安全生产许可证。

（1）建立、健全安全生产责任制，制定完备的安全生产规章制度和操作规程。

（2）保证本单位安全生产条件所需资金的投入。

（3）设置安全生产管理机构，按照国家有关规定配备专职安全生产管理人员。

（4）主要负责人、项目负责人、专职安全生产管理人员经建设主管部门或者其他有关部门考核合格。

（5）特种作业人员经有关业务主管部门考核合格，取得特种作业操作资格证书。

（6）管理人员和作业人员每年至少进行一次安全生产教育培训并考核合格。

（7）依法参加工伤保险，依法为施工现场从事危险作业的人员办理意外伤害保险，为从业人员交纳保险费。

（8）施工现场的办公、生活区及作业场所和安全防护用具、机械设备、施工机具及配件符合有关安全生产法律、法规、标准和规程的要求。

（9）有职业危害防治措施，并为作业人员配备符合国家标准或者行业标准的安全防护用具和安全防护服装。

（10）有对危险性较大的分部分项工程及施工现场易发生重大事故的部位、环节的预防、监控措施和应急预案。

（11）有生产安全事故应急救援预案、应急救援组织或者应急救援人员，配备必要的应急救援器材、设备。

（12）法律、法规规定的其他条件。

同时规定了建筑施工企业取得安全生产许可证后，不得降低安全生产条件，并应当加强日常安全生产管理，接受建设主管部门的监督检查。建筑施工企业不再具备安全生产条件的，暂扣或者吊销安全生产许可证。

3.4.2　建筑起重机械安全监督管理规定（中华人民共和国建设部令第 166 号）

《建筑起重机械安全监督管理规定》（简称"《规定》"）由建设部于 2008 年 1 月 8 日通过，自 2008 年 6 月 1 日起施行。

《规定》进一步明确了建设主管部门行使建筑起重机械安全监管职责，对遏制国内建筑工程工地起重机械事故频发的势头有着重要作用。

建筑起重机械是工程施工最重要的机械设备，也是专业技术、安全可靠要求高的机械设备。建筑起重机械是施工的常用机械设备，同时它又是事故的高发区。《规定》明确了建筑起重机械安全监督管理的责任主体是建设单位、施工总承包单位、租赁单位、安装单位、使用单位、监理单位以及建设行政主管部门，并且明确具体地规定了各责任主体的安全职责。这样一来，各责任主体的安全职责自然会定位到其内部各安全责任人，形成各负其责、风险共担的局面。另外，《规定》通过起重机械备案、安装拆卸告知、使用登记三项制度把设备产权、设备安拆和设备使用纳入到建设行政主管部门监管体系之内，如果实施动态监管，非法产品、国家明令淘汰或者禁止使用的产品、超过制造厂家规定的使用年限的产品很难流进建筑施工现场，无资质的安装队伍、挂靠的安装队伍、无证的上岗人员也很难流进建筑施工现场，这对于排查施工现场重大危险源有重要意义。

《规定》对建筑起重机械的范畴作出了明确的界定，建筑起重机械是指纳入特种设备目录，在房屋建筑工地和市政工程工地安装、拆卸、使用的起重机械。根据国家质检总局《特种设备目录》（2014 年第 114 号公告）的规定，在"起重机械"界定范围内的有：塔式起重机、桥式起重机、门式起重机、流动式起重机、门座式起重机、施工升降机、简易升降机、缆索式起重机、桅杆式起重机、机械式停车设备。

《规定》要求，特种作业人员应当经建设主管部门考核，并发证上岗。特种设备作业人员的培训应统一标准、统一培训机构、统一考核发证。除按培训大纲要求理论基础学习，理论联系实际很重要，必须要提供固定时间、固定地点的实际操作培训和实际操作实习，严把实际操作考核关。

3.4.3 建筑施工企业主要负责人、项目负责人和专职安全生产管理人员安全生产管理规定（中华人民共和国住房和城乡建设部令第17号）

《建筑施工企业主要负责人、项目负责人和专职安全生产管理人员安全生产管理规定》（简称《规定》）由住房和城乡建设部于2014年6月25日通过，自2014年9月1日起施行。

《规定》进一步明确了建筑施工企业主要负责人、项目负责人和专职安全生产管理人员（合称为"安管人员"，又称"三类人员"）的任职资格、安全责任和法律责任。

（1）企业主要负责人，是指对本企业生产经营活动和安全生产工作具有决策权的领导人员。主要负责人对本企业安全生产工作全面负责，应当建立健全企业安全生产管理体系，设置安全生产管理机构，配备专职安全生产管理人员，保证安全生产投入，督促检查本企业安全生产工作，及时消除安全事故隐患，落实安全生产责任。

（2）项目负责人，是指取得相应注册执业资格，由企业法定代表人授权，负责具体工程项目管理的人员。项目负责人对本项目安全生产管理全面负责，应当建立项目安全生产管理体系，明确项目管理人员安全职责，落实安全生产管理制度，确保项目安全生产费用有效使用。项目负责人应当按规定实施项目安全生产管理，监控危险性较大分部分项工程，及时排查处理施工现场安全事故隐患，隐患排查处理情况应当记入项目安全管理档案；发生事故时，应当按规定及时报告并开展现场救援。

（3）专职安全生产管理人员，是指在企业专职从事安全生产管理工作的人员，包括企业安全生产管理机构的人员和工程项目专职从事安全生产管理工作的人员。

1）企业安全生产管理机构专职安全生产管理人员应当检查在建项目安全生产管理情况，重点检查项目负责人、项目专职安全生产管理人员履责情况，处理在建项目违规违章行为，并记入企业安全管理档案。

2）项目专职安全生产管理人员应当每天在施工现场开展安全检查，现场监督危险性较大的分部分项工程安全专项施工方案实施。对检查中发现的安全事故隐患，应当立即处理；不能处理的，应当及时报告项目负责人和企业安全生产管理机构。项目负责人应当及时处理。检查及处理情况应当记入项目安全管理档案。

（4）"三类人员"的法律责任

1）主要负责人、项目负责人未按规定履行安全生产管理职责的，由县级以上人民政府住房城乡建设主管部门责令限期改正；逾期未改正的，责令建筑施工企业停业整顿；造成生产安全事故或者其他严重后果的，按照有关规定，依法暂扣或者吊销安全生产考核合格证书；构成犯罪的，依法追究刑事责任，尚不够刑事处罚的，处2万元以上20万元以下的罚款或者按照管理权限给予撤职处分；自刑罚执行完毕或者受处分之日起，5年内不得担任建筑施工企业的主要负责人、项目负责人。

2）专职安全生产管理人员未按规定履行安全生产管理职责的，由县级以上地方人民政府住房城乡建设主管部门责令限期改正，并处1000元以上5000元以下的罚款；造成生产安全事故或者其他严重后果的，按照有关规定，依法暂扣或者吊销安全生产考核合格证书；构成犯罪的，依法追究刑事责任。

3.5　主要规范性文件

3.5.1　危险性较大的分部分项工程安全管理规定（住建部 [2018]37 号）

为加强对危险性较大的分部分项工程安全管理，明确安全专项施工方案编制内容，规范专家论证程序，确保安全专项施工方案实施，积极防范和遏制建筑施工生产安全事故的发生，依据《建设工程安全生产管理条例》及相关安全生产法律法规制定本办法。

（1）对象

对象包括主体和客体。主体包括建设单位、施工单位、监理单位、评审专家、建设行政主管部门和上述单位或部门的相关人员；客体就是危大工程专项方案（识别、编制、实施）。

（2）目的

为加强对危险性较大的分部分项工程安全管理，明确安全专项施工方案编制内容，规范专家论证程序，确保安全专项施工方案实施，积极防范和遏制建筑施工生产安全事故的发生，依据《建设工程安全生产管理条例》及相关安全生产法律法规制定本办法。

（3）范围

房屋建筑和市政基础设施工程（以下简称"建筑工程"）的新建、改建、扩建、装修和拆除等建筑安全生产活动及安全管理。

3.5.2　建筑施工企业安全生产管理机构设置及专职安全生产管理人员配备办法（建质 [2008]91 号）

根据《建设工程安全生产管理条例》第二十三条关于施工单位应当设立安全生产管理机构，配备专职安全生产管理人员的规定，原建设部于 2004 年制定了《建筑施工企业安全生产管理机构设置及专职安全生产管理人员配备办法》（以下简称原《办法》）。原《办法》的颁布实施，对规范建筑施工企业安全生产管理机构建设、强化施工现场安全监管起到了积极的促进作用。但随着建筑安全生产管理水平的不断发展，原《办法》中部分条款已不适应安全生产形势的发展需要。为进一步细化和完善原《办法》，住房和城乡建设部组织专家对原《办法》进行了修订。在修订过程中，通过问卷调查、组织调研、召开会议及全国发文征求意见等多种方式广泛地征求了各地区建设主管部门、施工企业和安全管理人员的相关意见和建议，在此基础上形成了新的《建筑施工企业安全生产管理机构设置及专职安全生产管理人员配备办法》（建质 [2008]91 号，以下简称新《办法》），于 2008 年 5 月 13 日发布并实施。与原《办法》相比，新《办法》主要从 4 个方面进行了调整和修改。

（1）明确职责

新《办法》进一步明确了施工企业安全生产管理机构和项目安全生产管理小组及其专职安全生产管理人员的职责，以利于安全生产责任落实。如：新《办法》第六条明确了建筑施工企业安全生产管理机构具有宣传和贯彻国家有关安全生产法律法规和标准，编制并适时更新安全生产管理制度并监督实施，以及组织或参与企业生产安全事故应急救援预案的编制及演练等 14 项职责；第七条明确了建筑施工企业安全生产管理机构专职安全生产管理人员在施工现场检查过程中具有查阅在建项目安全生产有关资料、核实有关情况，检查危险性较大工程安全专项施工方案落实情况，以及监督项目专职安全生产管理人员履责情况等8项职责；第十一条和第十二条分别明确了安全生产领导小组和项目专职安全生产管理人员的主要职责。

（2）配备人员

新《办法》要求，建筑施工企业专职安全生产管理人员数量的配备与企业资质等级相结合，建设工程项目专职安全生产管理人员与项目规模相结合，增强了可操作性。如新《办法》第八条明确了建筑施工总承包资质序列企业，建筑施工专业承包资质序列企业，建筑施工劳务分包资质序列企业，以及建筑施工企业的分公司、区域公司等较大的分支机构等专职安全生产管理人员的配备要求；第十三条规定了总承包单位对于所承包的建筑工程、装修工程应按照建筑面积配备项目专职安全生产管理人员，土木工程、线路管道、设备安装工程则按照工程合同价进行配备；第十四条明确了分包单位配备项目专职安全生产管理人员的具体要求。

（3）实行委派

新《办法》要求，施工总承包企业实行工程项目专职安全生产管理人员委派制度，以提高企业对项目安全生产工作的管理力度。新《办法》第九条明确规定，建筑施工企业应当实行建设工程项目专职安全生产管理人员委派制度。同时要求建设工程项目的专职安全生产管理人员应当定期将项目安全生产管理情况报告企业安全生产管理机构。

（4）综合监管

新《办法》把施工企业安全生产管理机构设置和人员配备同施工企业安全生产许可证的核发、管理结合起来，确保新《办法》得到切实执行。具体要求包括：安全生产许可证颁发管理机关颁发安全生产许可证时，应当审查建筑施工企业安全生产管理机构设置及其专职安全生产管理人员的配备情况；建设主管部门核发施工许可证时，应当审查该工程项目专职安全生产管理人员的配备情况；建设主管部门应当监督检查建筑施工企业安全生产管理机构及其专职安全生产管理人员履责情况。

3.5.3 建筑施工企业负责人及项目负责人施工现场带班暂行办法（建质[2011]111号）

2011年7月27日，住建部下发了《建筑施工企业负责人及项目负责人施工现场带班暂行办法》（以下简称《办法》），要求项目负责人每月带班生产时间不得少于施工时间的80%，施工企业负责人须定期带班检查施工现场。

《办法》指出，建筑施工企业负责人是指企业的法定代表人、总经理、主管质量安全和生产工作的副总经理、总工程师和副总工程师。项目负责人是工程项目的项目经理。施工现场，是指进行房屋建筑和市政工程施工作业活动的场所。施工现场带班包括企业负责人带班检查和项目负责人带班生产。

《办法》规定，施工负责人要定期带班检查，每月检查时间不少于其工作日的25%。项目负责人每月带班生产时间不得少于本月施工时间的80%。对未执行带班制度的企业和人员，各级住房城乡建设主管部门要按有关规定处理；发生质量安全事故的，给予企业规定上限的经济处罚，并依法从重追究企业法定代表人及相关人员的责任。

3.5.4 房屋市政工程生产安全重大隐患排查治理挂牌督办暂行办法（建质 [2011]158 号）

住房和城乡建设部出台《房屋市政工程生产安全重大隐患排查治理挂牌督办暂行办法》，推动企业落实生产安全重大隐患排查治理责任，积极防范和有效遏制事故的发生。

按照规定，建筑施工企业是房屋市政工程生产安全重大隐患排查治理的责任主体，应当建立健全重大隐患排查治理工作制度，并落实到每一个工程项目。企业及工程项目的主要负责人全面负责。建筑施工企业要定期组织安全生产管理人员、工程技术人员和其他相关人员排查每一个工程项目的重大隐患，特别是对深基坑、高支模、地铁隧道等技术难度大、风险大的重要工程应重点定期排查。对排查出的重大隐患，应及时实施治理消除、登记存档，并及时将有关情况向建设单位报告。建设单位应积极协调勘察、设计、施工、监理、监测等单位，并在资金、人员等方面积极配合做好重大隐患排查治理工作。

按照属地管理原则，房屋市政工程生产安全重大隐患治理挂牌督办由工程所在地住房城乡建设主管部门组织实施，省级住房城乡建设主管部门进行指导和监督。住房城乡建设主管部门接到举报，应立即组织核实，属实的由工程所在地住房城乡建设主管部门及时向承建工程的建筑施工企业下达通知书，并公开有关信息，接受社会监督。承建工程的建筑施工企业接到通知书后，应立即组织进行治理。不认真执行的建筑施工企业，要依法责令整改；情节严重的要依法责令停工整改；不认真整改导致生产安全事故发生的，依法从重追究企业和相关负责人的责任。

3.5.5 建筑起重机械备案登记办法（建质 [2008]76 号）

为加强建筑起重机械备案登记管理，根据《建筑起重机械安全监督管理规定》（建设部令第 166 号），制定本办法。本办法所称建筑起重机械备案登记包括建筑起重机械备案、安装（拆卸）告知和使用登记。本办法自 2008 年 6 月 1 日起施行。

（1）出租、安装、使用单位应当按规定提交建筑起重机械备案登记资料，并对所提供资料的真实性负责。建筑起重机械出租单位或者自购建筑起重机械使用单位（以下简称"产权单位"）在建筑起重机械首次出租或安装前，应当向本单位工商注册所在地县级以上地方人民政府建设主管部门（以下简称"设备备案机关"）办理备案。产权单位在办理备案手续时，应当向设备备案机关提交以下资料：

1）产权单位法人营业执照副本；
2）特种设备制造许可证；
3）产品合格证；
4）制造监督检验证明；
5）建筑起重机械设备购销合同、发票或相应有效凭证；
6）设备备案机关规定的其他资料。所有资料复印件应当加盖产权单位公章。

（2）起重机械产权单位变更时，原产权单位应当持建筑起重机械备案证明到设备备案机关办理备案注销手续。设备备案机关应当收回其建筑起重机械备案证明。原产权单位应当将建筑起重机械的安全技术档案移交给现产权单位。现产权单位应当按照本办法办理建筑起重机械备案手续。

从事建筑起重机械安装、拆卸活动的单位（以下简称"安装单位"）办理建筑起重机械安装（拆卸）告知手续前，应当将以下资料报送施工总承包单位、监理单位审核：

1）建筑起重机械备案证明；

2）安装单位资质证书、安全生产许可证副本；

3）安装单位特种作业人员证书；

4）建筑起重机械安装（拆卸）工程专项施工方案；

5）安装单位与使用单位签订的安装（拆卸）合同及安装单位与施工总承包单位签订的安全协议书；

6）安装单位负责建筑起重机械安装（拆卸）工程专职安全生产管理人员、专业技术人员名单；

7）建筑起重机械安装（拆卸）工程生产安全事故应急救援预案；

8）辅助起重机械资料及其特种作业人员证书；

9）施工总承包单位、监理单位要求的其他资料。

施工总承包单位、监理单位应当在收到安装单位提交的齐全有效的资料之日起 2 个工作日内审核完毕并签署意见。

（3）安装单位应当在建筑起重机械安装（拆卸）前 2 个工作日内通过书面形式、传真或者计算机信息系统告知工程所在地县级以上地方人民政府建设主管部门，同时按规定提交经施工总承包单位、监理单位审核合格的有关资料。

建筑起重机械使用单位在建筑起重机械安装验收合格之日起 30 日内，向工程所在地县级以上地方人民政府建设主管部门（以下简称"使用登记机关"）办理使用登记。

使用单位在办理建筑起重机械使用登记时，应当向使用登记机关提交下列资料：

1）建筑起重机械备案证明；

2）建筑起重机械租赁合同；

3）建筑起重机械检验检测报告和安装验收资料；

4）使用单位特种作业人员资格证书；

5）建筑起重机械维护保养等管理制度；

6）建筑起重机械生产安全事故应急救援预案；

7）使用登记机关规定的其他资料。

3.5.6　房屋市政工程生产安全事故报告和查处工作规程（建质 [2013]4 号）

住房城乡建设部制订出台了《房屋市政工程生产安全事故报告和查处工作规程》（以下简称《规程》），进一步规范和改进房屋市政工程生产安全事故报告和查处工作，落实事故责任追究制度。

《规程》要求，房屋市政工程生产安全事故的报告，应当及时、准确、完整，任何单位和个人对事故不得迟报、漏报、谎报或者瞒报。房屋市政工程生产安全事故的查处，应当坚持实事求是、尊重科学的原则，及时、准确地查明事故原因，总结事故教训，并对事故责任者依法追究责任。省级住房城乡建设主管部门应当在特别重大、重大事故或者可能演化为特别重大、重大的事故发生后 3 小时内，向国务院住房城乡建设主管部门上报事故情况。较大事故、一般事故发生后，住房城乡建设主管部门每级上报事故情况的时间不得超过两小时。

《规程》规定，住房城乡建设主管部门应当按照有关人民政府对事故调查报告的批复，依照法律法规，对事故责任企业实施吊销资质证书或者降低资质等级、吊销或者暂扣安全生产许可证、责令停业整顿、罚款等处罚，对事故责任人员实施吊销执业资格注册证书或者责令停止执业、吊销或者暂扣安全生产考核合格证书、罚款等处罚。同时，应当对发生事故的企业和工程项目吸取事故教训、落实防范和整改措施的情况进行监督检查，并及时向社会公布事故责任企业和人员的处罚情况，接受社会监督。

3.5.7　建筑施工安全生产标准化考评暂行办法（建质 [2014]111 号）

（1）建立建筑施工安全生产标准化考评制度的目的

首先是进一步规范建筑施工安全生产标准化考评工作的需要。为贯彻落实国务院及国务院安委会相关文件精神，2013 年，住房城乡建设部办公厅印发了《关于开展建筑施工安全生产标准化考评工作的指导意见》，对建筑施工安全生产标准化考评工作提出了总体要求。为推进标准化考评工作顺利有效实施，需要通过制定具体的考评办法进一步明确考评的程序、内容、时限及相应的奖惩措施等。

其次是落实企业安全生产主体责任的需要。目前建筑施工企业对项目安全管理不到位、企业安全生产主体责任不落实等问题比较突出。通过开展建筑施工企业及项目的安全生产标准化考评，将项目的标准化达标情况作为企业标准化考评的重要依据，促进企业加强对项目的安全管理，同时通过公开企业和项目的标准化考评结果，提高企业和项目的安全生产信息透明度，充分发挥市场优胜劣汰机制，全面落实企业安全生产主体责任。

最后是加强建筑施工安全生产监管的需要。建筑施工企业生产经营活动流动性强，跨区域承接项目现象普遍，针对企业安全许可、项目安全监管分别由不同地区或不同层级住房城乡建设主管部门实施的现状，通过开展安全生产标准化考评，将企业的标准化考评与企业安全生产许可证的动态监管相结合，将项目的标准化考评与项目的日常监管相结合，充分整合监管资源，形成监管合力，发挥各项监管手段的作用，提升安全监管效能。

（2）建筑施工安全生产标准化考评制度的主要内容

1）标准化内涵

建筑施工安全生产标准化是指建筑施工企业在建筑施工活动中，贯彻执行建筑施工安全法律法规和标准规范，建立企业和项目安全生产责任制，制定安全管理制度和操作规程，监控危险性较大分部分项工程，排查治理安全生产隐患，使人、机、物、环始终处于安全状态，形成过程控制、持续改进的安全管理机制。

2）标准化考评范围

建筑施工安全生产标准化考评包括建筑施工项目安全生产标准化考评和建筑施工企业安全生产标准化考评。建筑施工项目是指新建、扩建、改建房屋建筑和市政基础设施工程项目；建筑施工企业是指从事新建、扩建、改建房屋建筑和市政基础设施工程施工活动的建筑施工总承包及专业承包企业。

3）标准化实施主体

项目标准化明确由施工企业项目负责人牵头组织实施，同时企业安全生产管理机构，项目建设、监理单位应对项目标准化工作进行监督检查。企业标准化明确由企业法定代表人牵头组织实施。

4）标准化考评主体

项目的标准化考评明确由对项目实施安全生产监督的住房城乡建设主管部门或其委托的建筑施工安全监督机构组织实施。

企业的标准化考评明确由对企业颁发安全生产许可证的住房城乡建设主管部门或其委托的建筑施工安全监督机构组织实施。

5）标准化考评流程

项目标准化实施主体以《建筑施工安全检查标准》JGJ 59 为主要依据开展自评，考评主体结合日常监管同步开展考评。项目完工后竣工验收前，实施主体向考评主体提交自评材料，考评主体以项目自评为基础，结合日常安全监管情况实施项目标准化评定。

企业标准化实施主体以《施工企业安全生产评价标准》JGJ/T 77 为主要依据开展自评，考评主体结合安全生产许可证的动态监管同步开展考评。企业办理安全生产许可证延期时，实施主体向考评主体提交自评材料，考评主体以企业自评及企业承建项目标准化考评结果为基础，结合安全生产许可证的动态监管情况实施企业标准化评定。

6）标准化考评结果

项目及企业的安全生产标准化评定结果分为"优良"、"合格"及"不合格"，并统一规定了"不合格"的标准。针对目前各地安全管理水平不同的现状，为引导企业加强安全生产管理，明确由省级住房城乡建设主管部门制定"优良"的标准，同时要求评为优良的项目及企业数，不得超过辖区内年度拟竣工项目数的 10% 及拟办理安全生产许可证延期企业数的 10%。

7）标准化奖惩措施

标准化工作业绩突出的企业及项目负责人，明确规定在政府投资项目招投标时应优先选择。标准化不合格的企业及项目，在企业办理安全生产许可证延期时，应重新复核其安全生产条件，对不再具备安全生产条件的，不予延期；在企业主要负责人、项目负责人安全生产考核合格证书延期时，应重新考核，重新考核不合格的，不予延期。

3.5.8　建筑施工特种作业人员管理规定（建质 [2008]75 号）

为加强对建筑施工特种作业人员的管理，防止和减少生产安全事故，根据《安全生产许可证条例》、《建筑起重机械安全监督管理规定》等法规规章，制定本规定。本办法自 2008 年 6 月 1 日起施行。

建筑施工特种作业人员的考核、发证、从业和监督管理，适用本规定。本规定所称建筑施工特种作业人员是指在房屋建筑和市政工程施工活动中，从事可能对本人、他人及周围设备设施的安全造成重大危害作业的人员。

（1）考核

建筑施工特种作业人员的考核发证工作，由省、自治区、直辖市人民政府建设主管部门或其委托的考核发证机构（以下简称"考核发证机关"）负责组织实施。

考核发证机关应当在办公场所公布建筑施工特种作业人员申请条件、申请程序、工作时限、收费依据和标准等事项。考核发证机关应当在考核前在机关网站或新闻媒体上公布考核科目、考核地点、考核时间和监督电话等事项。

（2）从业

持有资格证书的人员，应当受聘于建筑施工企业或者建筑起重机械出租单位（以下简称用人单位），方可从事相应的特种作业。用人单位对于首次取得资格证书的人员，应当在其正式上岗前安排不少于 3 个月的实习操作。

建筑施工特种作业人员应当严格按照安全技术标准、规范和规程进行作业，正确佩戴和使用安全防护用品，并按规定对作业工具和设备进行维护保养。建筑施工特种作业人员应当参加年度安全教育培训或者继续教育，每年不得少于 24 小时。

（3）延期复核

资格证书有效期为两年。有效期满需要延期的，建筑施工特种作业人员应当于期满前 3 个月内向原考核发证机关申请办理延期复核手续。延期复核合格的，资格证书有效期延期 2 年。

（4）监督管理

考核发证机关应当制定建筑施工特种作业人员考核发证管理制度，建立本地区建筑施工特种作业人员档案。县级以上地方人民政府建设主管部门应当监督检查建筑施工特种作业人员从业活动，查处违章作业行为并记录在档。

考核发证机关应当在每年年底向国务院建设主管部门报送建筑施工特种作业人员考核发证和延期复核情况的年度统计信息资料。

3.5.9　建筑工程安全防护、文明施工措施费用及使用管理规定（建办 [2005]89 号）

《建筑工程安全防护、文明施工措施费用及使用管理规定》将于 2005 年 9 月 1 日起施行，建设单位与施工单位签合同须约定安全防护费总额和预付比例，否则建设行政主管部门将不予核发施工许可证。

规定要求，建设单位与施工单位应当在施工合同中明确安全防护、文明施工措施项目总费用，以及费用预付、支付计划，使用要求、调整方式等条款。建设单位与施工单位在施工合同中对安全防护、文明施工措施费用预付、支付计划未作约定或约定不明并且合同工期在一年以内的，建设单位预付安全防护、文明施工措施项目费用不得低于该费用总额的 50%；合同工期在一年以上的（含一年），预付安全防护、文明施工措施费用不得低于该费用总额的 30%，其余费用应当按照施工进度支付。

建设单位申请领取建筑工程施工许可证时，未提交安全防护、文明施工措施费用支付计划的，建设行政主管部门不予核发施工许可证。对于建设单位未按规定支付安全防护、文明施工措施费用的，将由县级以上建设行政主管部门责令限期整改；逾期未改正的，责令该建设工程停止施工。

3.6　主要标准规范

标准是为了在一定范围内获得最佳秩序，经协商一致制定并由公认机构批准，共同使用的和重复使用的一种规范性文件。《安全生产法》规定"生产经营单位必须执行依法制定的保障安全生产的国家标准或者行业标准"，把标准的强制性条文在法律效力与法律、法规等同，违反了就要依法承担法律责任。因此，广义的讲，标准是我国法律法规体系中的一个重要组成部分。

3.6.1 标准的分类及概述

依据标准化法的规定，标准可分为国家标准、行业标准、地方标准和企业标准，其中地方标准又可以分为地方标准和地方行业标准。

国家标准，是指对需要在全国范围内统一的或国家需要控制的技术要求所制定的标准。国家标准由国务院标准化行政主管部门发布，编号由代号、发布的顺序号和发布的年号构成。代号由大写汉语拼音字母构成，其中强制性标准的代号为"GB"，推荐性标准的代号为"GB/T"。如《施工企业安全生产管理规范》GB 50656—2011、《塔式起重机》GB/T 5031—2008等。

行业标准，是指对需要在全国某个行业范围内统一的技术要求所制定的标准。其中建设领域的行业标准主要有建筑行业工程建设标准JGJ、建筑行业标准JG、建材行业标准JC、机械行业标准JB等，如住房城乡建设部颁布的《建筑施工安全检查标准》JGJ 59—2011等。

地方标准，是指对在省、自治区、直辖市范围内需要统一的技术要求所制定的标准。编号由代号（DB或DB/T）、省（自治区、直辖市行政区）代码、顺序号和年号构成，如《内挂式安全平网》DB37-314-2002。另外，各地省级住房城乡建设部门也组织制定了一批适用于当地建设领域的地方标准，与当地省级标准主管部门联合发布并报住房城乡建设部备案生效，通常以DBJ为代号，如《北京市市政工程施工安全操作规程》DBJ 01-56-2201、《建筑施工现场塔式起重机安装拆卸技术规程》DBJ 14-065-2010等。

企业标准，是指对需要在某个企业范围需要统一的事项所制定的标准。企业标准由企业组织制定，并按省级人民政府的规定备案。编号由代号（Q）、企业编码、顺序号和年号构成，如鞍钢的《预应力钢丝和钢绞线用优质钢热轧盘条》Q/ASB 136-2004。

工程建设标准（含规范、规程），是指对工程建设活动中重复的事物和概念所做的统一规定，由相关主管机构批准，以特定的形式发布，作为共同遵守的准则和依据。

工程建设标准可分为三个层次：第一层为基础标准，是某一专业范围内作为其他标准的基础，具有普遍指导意义的标准，如模数、公差、符号、图例、术语标准等。第二层为通用标准，是针对某一类事物制定的共性标准，其覆盖面一般较大，常作为制定专用标准的依据，如通用的安全、卫生、环保标准，某类工程的通用勘察、设计、施工及验收标准，通用的试验方法标准等。第三层为专用标准，是针对某一具体事物制定的个性标准，其覆盖面一般较小，是根据有关的基础和通用标准而定的，如某一范围的安全、卫生、环保标准，某种具体工程的勘察、设计、施工及验收标准，某种试验方法标准等。

工程建设标准也可分为强制性标准和推荐性标准。强制性标准如《施工现场临时用电安全技术规范》JGJ 46—2005，内含若干强制性条文，必须严格执行。推荐性标准如《施工企业安全生产评价标准》JGJ/PT 77—2010，通常在标准编号当中用"/T"标注。

在工程建设中涉及的建筑安全技术标准较多，大致可以分为综合管理、文明施工、脚手架、基坑工程、模板支架、高处作业、施工用电、物料提升机与施工升降机、塔式起重机与起重吊装和施工机具等。

3.6.2　《建筑施工安全检查标准》

《建筑施工安全检查标准》采用了安全系统工程原理，结合建筑施工中伤亡事故规律，依据国家现行有关法律法规、标准和规程编制而成，适用于建筑施工企业及其主管部门对施工现场安全生产工作的检查和评价。

该标准最早颁布于 1988 年，经历了 1999 年和 2011 年两次修订，新标准的编号为 JGJ 59—2011，于 2012 年 7 月 1 日施行，是强制性行业标准。

该标准分为安全管理、文明施工、脚手架、基坑工程、模板支架、高处作业、施工用电、物料提升机与施工升降机、塔式起重机与起重吊装和施工机具 10 个分项。

建筑施工安全检查标准的内容很多，对于不同岗位的工作人员应有不同的要求，但任何级别的工作人员都有努力掌握标准的主要要求内容的义务：建筑施工安全检查的总评分为优良、合格和不合格三个等级。

标准的每个分项的评分均采用百分制，满分为 100 分。凡是有保证项目的分项，其保证项目满分为 60 分，其余项目满分为 40 分。为保证施工安全，突出保证项目或重大隐患一票否决，规定当保证项目中有一个子项目不得分或保证项目小计 40 分者，此分项评分表不得分，整个项目安全检查不合格。

汇总表也采用百分制，但各个分项在汇总表中所占的满分值不同。文明施工占 15 分，施工机具各占 5 分，其余分项各占 10 分。

标准把保证项目全数检查和安全检查的总评不合格列为强制性条文。

3.6.3　《施工企业安全生产管理规范》GB 50656—2011

《施工企业安全生产管理规范》GB 50656—2011 于 2012 年起施行，该规范的目的是促进建筑施工企业安全管理标准化、规范化和科学化，对建筑施工企业安全管理行为提出的基本要求，是建筑施工企业安全管理的行为规范，是使建筑施工企业安全生产和文明施工符合法律、法规要求的基本保证。

本规范以强制和引导相结合的原则，在提出安全管理基本要求的基础上鼓励企业实施安全管理创新，提高建筑施工企业安全管理的水平，控制和减少建筑施工生产安全事故，建筑施工企业贯彻本规范，建立、运行和不断完善安全管理体系包括企业在内的各方可依据本规范对企业进行监督检查、动态管理和业绩评价。

主要内容是建筑施工企业安全管理要求，包括总则、术语、基本规定、安全目标、安全生产管理组织和责任体系、安全生产管理制度、安全生产教育培训、安全生产资金管理、施工设施、设备和临时建（构）筑物的安全管理、安全技术管理、分包安全生产管理、施工现场安全管理、事故应急救援、事故统计报告、安全检查和改进、安全考核和奖惩等。

建筑施工企业应按照"纵向到底、横向到边、合理分工，互相衔接"的原则，落实各管理层与职能部门、岗位的安全生产管理责任，实施安全生产体系化管理。要满足以下基本要求：

（1）建筑施工企业必须依法取得安全生产许可证，在资质等级许可的范围内承揽工程。

（2）建筑施工企业主要负责人依法对本单位的安全生产工作全面负责，企业法定代表人为企业安全生产第一责任人。

（3）建筑施工企业应根据施工生产特点和规模，实施安全生产体系管理。

（4）建筑施工企业应按照有关规定设立独立的安全生产管理机构，足额配备专职安全生产管理人员。

（5）建筑施工企业应依法确保安全生产条件所需资金的投入并有效使用。

（6）建筑施工企业各管理层应适时开展针对性的安全生产教育培训，对从业人员进行安全培训。

（7）建筑施工企业必须建立健全符合国家现行安全生产法律法规、标准规范要求、满足安全生产需要的各类规章制度和操作规程。

（8）建筑施工企业应依法为从业人员提供合格劳动保护用品，办理相关保险。

3.6.4 《施工企业安全生产评价标准》JGJ/T 77—2010

《施工企业安全生产评价标准》JGJ/T 77—2010 是一部推荐性行业标准，于 2010 年起施行。制定该标准的目的是为了加强施工企业安全生产的监督管理，科学地评价施工企业安全生产业绩及相应的安全生产能力，实现施工企业安全生产评价工作的规范化和制度化，促进施工企业安全生产管理水平的提高。

该标准适用于对施工企业进行安全生产条件和能力的评价。施工企业安全生产条件应按安全生产管理、安全技术管理、设备和设施管理、企业市场行为和施工现场安全管理等 5 项内容进行考核，施工企业安全生产考核评定应分为合格、基本合格、不合格三个等级，并宜符合下列要求：

（1）对有在建工程的企业，安全生产考核评定宜分为合格、不合格 2 个等级；

（2）对无在建工程的企业，安全生产考核评定宜分为基本合格、不合格 2 个等级。

标准可用于企业的自我评价、企业上级主管对企业进行评价、政府上级主管对企业进行评价、政府建设行政主管部门及其委托单位对企业进行评价等，随着市场经济的发展，其他相关方（如建设单位）根据需要也可依照标准对企业进行评价。目前主要用于企业自我评价。

评价方式可依据平时相关方的检查记录，也可在评价时抽查若干个工程项目，通过抽查工程项目的情况，以点带面，反映企业真实的安全管理情况，以便客观评价。

标准的编制使评价方和被评价方均有统一的标准可依，被评价方参照标准。可找出自身不完善的地方加以完善提高；评价方根据标准进行系统的客观的评价。这样，一方面帮助施工企业管理理念，加强安全管理规范化、制度化的建设，完善安全生产条件，实现施工过程安全生产的主动控制，促进施工企业生产管理的基本水平的提高；另一方面通过建立安全生产评价的完整体系，转变安全监督管理模式，提高监督管理实效，促进安全生产评价的标准化、规范化和制度化。

3.6.5 《建筑施工安全技术统一规范》GB 50870—2013

《建筑施工安全技术统一规范》GB 50870—2013 自 2014 年 3 月 1 日起施行，是制定建筑施工各专业安全技术标准应遵循的统一准则，适用于建筑施工安全技术方案、措施的制订以及实施管理，其内容主要包括：总则，术语、基本规定，建筑施工安全技术规划、建筑施工安全技术分析、建筑施工安全技术控制、建筑施工安全技术监测与预警及应急救援，施工安全技术管理及附则。

（1）基本规定

该标准将建筑施工安全技术分为安全分析技术、安全控制技术、监测预警技术、应急救援技术及其他安全技术等五类。建筑施工危险等级划分为 I、II、III 级（即很严重，严重，不严重），并根据建筑施工危险等级，采取相应的安全技术分析、控制、监测预警和应急救援措施。

（2）建筑工程安全技术规划的有关内容

建筑施工企业在工程建设开工前应结合工程特点编制建筑施工安全技术规划，确定施工安全目标；规划内容应覆盖施工生产的全过程。规划编制的内容有：工程概况、编制依据、安全目标、组织网络和人力资源、安全技术分析、安全技术控制、监测预警和应急救援。

（3）建筑施工安全技术分析的基本内容

建筑施工安全技术分析应包括建筑施工危险源辨识、建筑施工安全风险评价和建筑施工安全技术方案分析。

（4）建筑工程施工安全技术分析的一般规定

建筑施工安全技术分析应结合工程特点和以往生产安全事故资料，全面、完整，覆盖施工全过程，宜按分部分项工程为基本单元进行，明确给出危险源存在的部位、特征。安全技术方案应有针对危险源及其特征和危险等级的具体安全技术应对措施，明确重点监控部位和最低监控要求。

（5）建筑施工安全技术控制的一般规定

应对安全技术措施的实施进行检查、分析和评价，审核过程作业的指导文件，应使人员、机械、材料、方法、环境等因素均处于受控状态，保证实施过程的正确性和有效性。建筑施工过程中，各工序应按相应专业技术标准进行安全控制，实施中进行过程控制。

（6）材料及设备的安全技术控制

主要材料、设备、构配件及防护用品应有质量证明文件、技术性能文件、使用说明文件，并应进行现场验收，并按各专业安全技术标准规定进行复验。

（7）建筑施工安全技术监测、预警的一般规定

建筑施工安全技术应分级监测和预警，应综合考虑工程设计、地质条件、周边环境、施工方案等因素，制定建筑施工安全技术监测方案，监测资料应按规定及时归档。监测可采用仪器监测与巡视检查相结合的方法，现场抽检有疑问的材料，应送法定专业检测机构进行检测。

3.6.6 《施工现场临时用电安全技术规范》JGJ 46—2005

《施工现场临时用电安全技术规范》JGJ 46—2005 于 2005 年 7 月 1 日起施行，适用于新建、改建和扩建的工业与民用建筑和市政基础设施施工现场临时用电工程的设计、安装、使用、维修和拆除。建筑施工现场临时用电工程专用的电源中性点直接接地的 220/380V 三相四线制低压电力系统，必须符合下列规定：采用二级配电系统；采用 TN-S 接零保护系统；采用二级漏电保护系统。该规范主要介绍了施工现场临时用电原则；施工现场临时用电管理；基本供电系统的结构和设置；基本保护系统的组成及设置原则；接地

与防雷设置；配电装置结构及使用与维护；配电线路的一般要求和敷设规则；用电设备的使用规则；施工现场危险因素防护；基本用电安全措施和电气防火措施等内容。该规范的实施，保障了施工现场用电安全，明显的防止和减少了触电和电气火灾事故发生。

3.6.7 《建筑施工高处作业安全技术规范》JGJ 80—2016

《建筑施工高处作业安全技术规范》JGJ 80—2016 于 2016 年 12 月 1 日起施行，适用于工业与民用房屋建筑及一般构筑物施工时，高处作业中临边、洞口、攀登、悬空、操作平台及交叉等项作业。介绍了高处作业定义、高处作业分级及标记；用于临边、洞口、攀登、悬空及交叉作业等的防护措施及规定。安全帽、安全带、安全网特别是密目式安全网的种类、性能和使用规则。该规范明确了建筑施工高处作业防护要求，防护措施必须技术合理和经济适用。

第4章　工程建设各方主体安全生产法律义务与法律责任

工程建设一个重要特点就是建设过程中的参与者众多。在众多的参与者中，建筑施工企业无疑担负着最主要的安全责任。《建设工程安全生产管理条例》规定了五方主体安全责任，即建设单位（业主）、施工单位、监理单位、设计单位和勘探单位。除此之外，专业分包商、材料设备供应商、保险公司以及第三方中介机构通过各种直接与间接的联系从不同的方面对建筑安全发挥着影响，对于建筑施工安全同样负有重要的责任。现代安全管理理论认为，良好的建筑安全管理应该是一种全员参与和全过程的管理。这就意味着从一个项目的规划、勘查、设计阶段开始，就要考虑安全问题，并且一直要贯穿于整个建筑寿命期间，直到建筑物拆除为止，也同样意味着与建筑安全相关的各方主体，包括建设单位、监理、设计、勘察公司、政府、保险公司、工会组织、社会中介等，都应该在各自工作中，充分考虑安全问题。工程建设中的各方主体及其在安全方面的相互关系如图4-1所示。

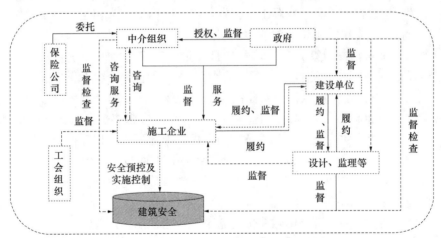

图4-1　工程建设各方主体及在安全中的相互关系

4.1　工程建设各方主体安全生产行为

4.1.1　建设单位安全生产行为

建设单位是指建筑工程的投资方，对该工程拥有产权。建设单位也称为业主单位或项目业主，指建设工程项目的投资主体或投资者，它是建设项目管理的首要主体，主要履行提出建设规划、提供建设用地和建设资金的责任，同时也要对建设工程过程中的环境保护、安全管理负责任。

广义的建设单位，在建设活动中，其社会属性首先是一个消费者。自身提供资金，采购相应的工程项目，并对其享有所有权。而建设单位所采购的标的物是工程项目，并不是施工单位的作业行为，对其行为既不具有行政权，也不具有所有权，只能按照合同约定对工程项目构成要素（合同中约定的内容如质量、工期、付款等）行使权利和承担责任。

与此同时，建设单位也是建设活动这一生产活动的组织者。生产者系由专业化的组织机构构成，目的在于管理生产过程。显然建设单位也具有这样的属性，是生产活动的组织者。可将建设活动类比于大型体育活动，建设单位是这一活动的"主办者"，通过招标、邀标等方式召集组织各个参建单位参与建设活动的立项、勘察、设计、施工等各个环节，尽管在不同的项目实施方式中参与的程度有所差异，但其作为项目生产的核心地位毋庸置疑。

目前对建设单位是否应该承担安全责任及承担多大份额的安全责任仍然有所争论，观点不一，这也是导致目前建设单位安全责任履行不尽如人意的重要原因之一。其中一个典型例子反映了争议的核心观点：作为购买汽车的业主，难道要参与汽车生产制造环节并为其生产制造环节中的安全责任负责吗？实际上，根据上面对建设单位（业主）属性的分析，可以看出，尽管建设单位不是建筑产品的直接生产者，但建设单位作为建设工程的投资主体，也不仅仅是建筑产品的购买者和所有者，而是整个建设过程的深度参与者，并且往往对整个建设过程有着巨大的甚至是决定性的影响，这一点与汽车制造等其他行业有着本质的区别。

产生这样的争议在所难免。实际上，在发达国家的历史上，相当长一段时期项目参与各方都认为项目安全仅仅是施工企业的事情。然而，这一点与目前我国情况是相似的。业主在每一个工程中扮演着重要角色，这是项目业主影响安全绩效的重要原因。然而，业主对工程建设的安全绩效究竟担负什么样的责任，人们还不是十分清楚。在美国，直到20 世纪 80 年代，人们还仍然认为一旦业主与施工企业签订工程合同，那么施工企业就应该承担施工过程中面临的所有风险，也必须承担事故发生带来的所有经济损失和法律责任，而业主在工程合同中受到相应免责条款的保护，因此不必承担任何的责任。然而，近20 年来，越来越多的业主，尤其是大型建设项目的业主逐渐认识到，事故的发生同样会给他们带来很多负面影响和损失。一旦建设项目发生事故，无论合同条款如何保护业主利益，业主与施工企业都不得不终止施工，导致工期拖延，乃至引起经济损失和法律纠纷等。由此引起的直接后果，不但影响业主与施工企业的长期合作关系，损害双方的声誉和形象，甚至有可能导致整个工程的失败。越来越多的公司开始注重在选择施工企业的阶段对施工企业的安全审查，并且比例在逐年增加。业主参与到施工企业的安全管理，使工程建设取得了良好的安全业绩。

从国内情况来看，由于建设单位在建设市场中往往处于强势地位，其他市场主体很难对其违规行为进行有效的监督和制衡。可以说建设单位行为的不规范，是造成我国建设市场拖欠工资、合同纠纷、环境污染、安全事故等一系列问题的因素之一，而所有这些问题都直接或间接地对安全生产产生负面影响。这些制度上的问题很难依靠市场自身的力量来改变，而必须依靠完善的制度设计，通过法律法规规范建设单位的法律责任，通过行政规章和细致合理的标准对建设单位进行有效监督来解决。一旦建设单位的安全责任通过法律法规被加以明确和规范，那么建设单位必定会重视并积极参与安全管理，其结果必定会大量减少伤亡和经济损失，同时还可以有效的提高我国建筑业整体的安全管理水平。因此，明确建设单位的安全责任，充分利用建设单位的强势地位，推动建设单位正面参与工程安全管理并发挥积极作用，对于改善我国目前严峻的建筑安全生产形势具有十分重要的意义。

4.1.2　施工企业安全生产行为

在市场经济中，施工企业作为市场中的经济实体，必然会具有经济人的特点，即努力追求利润最大化。要让施工企业从本质上重视企业安全管理，除了运用法规的强制力和威慑力以外，还应该明确安全活动与企业整体的经济活动之间的关系，即安全的经济属性。

在建筑业中，施工企业的安全决策都是成本导向的。施工企业的安全费用包括，安全投资与事故经济损失的总和。从施工企业的整体经济效益最大化出发，要求安全投资与事故经济损失的总和最小，即安全方面的总费用最小。当总和最小时，安全投资的方案最优。对于建筑业的安全问题来说，解决方法也应该顺着这样的思路。即应该使得施工企业的安全投入和安全管理能够给施工企业带来直接的收益。

在建筑业中，业主是买方，施工企业是卖方，买卖的产品是建筑本身，买卖的方式是招投标。建筑产品的好坏是由其成本、质量、工期和安全等要素构成的。业主作为买方，当然希望能够得到高质量的建筑产品，这就包含了低成本、高质量、短工期和高安全性等特点。然而在市场中，业主并不清楚，哪一个施工企业提供的建筑产品更好，只有施工企业自己清楚能够提供的建筑产品的好坏。这就造成了信息的不对称。业主为了评判施工企业的好坏，就采取招投标的方式来了解施工企业的实力，选择施工企业。于是，投标文件就成了评判施工企业所能提供建筑产品好坏的依据。由于目前的招标文件更加注重的是建筑产品的成本问题，对于安全考虑的较少，而且也缺乏可以科学判断施工企业安全水平的方法。所以，对于业主来讲，安全水平高的施工企业和安全水平低的施工企业是难以区分的。业主只愿意根据平均安全水平的价格支付费用。结果，安全水平高的施工企业并没有更高的中标机会，却会付出更多的安全成本，反而在竞争中处于不利地位。久而久之，施工企业只能选择被市场淘汰或者向安全绩效差的施工企业看齐。从而使整个建筑市场的安全水平降低。

4.1.3　工程监理安全生产行为

工程监理在国际上的称法不尽相同，有的国家称之为工程项目管理咨询服务；有的国家称之为工程咨询服务；也有的国家就称之为项目管理。欧美国家的建设监理是具有代表性的，它反映了当今世界的建设监理水平，法规、制度都比较完善。

根据 AIA 的规定，美国建筑师服务内容中的合同管理服务包括施工全局管理、施工检查与评估、开具付款证明、审查并批准材料设备、工程变更、项目竣工六大部分。实际上基本涵盖了中国建设监理的"三控两管一协调"，即造价控制、质量控制、进度控制、合同管理、信息管理、组织协调，其中的质量控制主要由施工企业依据合同和法规负责，而组织协调则由建筑师充当业主和施工企业的协调、裁判的作用。

在 FIDIC 合同条件中，被称为"工程师"的是专业的、高技术的、拥有丰富工程经验，受聘于业主的"咨询（监理）工程师"，可以是个人，也可以是机构。FIDIC 合同条件的框架关系是业主、工程师和施工企业之间的"三位一体"，是一种三角关系，但并非是等边三角关系。"工程师"在业主的委托下，运用科学的管理手段和方法，依据委托合同对工程进行管理。由于科学、技术本身所具有客观、公正的特点，业主聘请"工程师"代表他进行授权范围的管理也能为承建方所接受。在工程建设体系中监理（咨询）工程师的特点："工程师"的存在和被接受取决于市场的需要、业主的需要；"工程师"必须具有丰富的相关技术、知识与经验，以及管理与协调能力；"工程师"接受业主委托，维护业主利益；"工程师"是专业化、社会化的咨询服务机构，受业主委托，以自身的专业技术、管理技术有效地为业主控制工程建设的进度、质量和投资，有效地管理合同，使工程建设项目的总目标得到最优实现。

我国监理制度的设立在很大程度上借鉴了FIDIC合同条款的相关规定，其合同条件的框架关系是业主、工程师和施工企业之间的"三位一体"的三角关系。工程师在业主的委托下，运用科学的管理手段和方法，依据委托合同对工程进行管理。由于科学技术本身具有客观公正的特点，业主聘请的工程师代表他进行授权范围的管理也能为施工企业接受。

我国引入监理制度的初衷是进行全方位全过程的监理，从项目可行性研究、设计、招投标、施工到保修，整个项目生命周期的咨询、监督、管理，都是监理的工作职责，即建设工程监理应定位于全过程的项目管理。但是，目前我国监理单位在工程项目前期的可行性研究、设计阶段开展监理工作极少，建设监理主要集中于施工阶段，而且多侧重于工程质量监理，远未充分发挥建设监理应起的作用。

从我国监理的定义、定位来看，监理应与国际通行的建筑师在现场中的技术监督、公正的第三者立场、国家的垄断推行相近，同时又有PM、CM的管理、协调、控制机能。在国内的译著中，PM也有被译为监理的，其直接文字来源可能是日本设计界对建筑师职能的"设计、监理"的规定。但是，我国20世纪90年代开始尝试建立并推广的工程监理制度，并未收到预期的效果。监理工程师至多是参与项目合同管理，而原有的业主非专业或半专业的自主管理仍然盛行，专业人员的合同管理无法实现。

从某种角度可以说，国际的职业建筑师的主要职能在中国被分割为二：建筑师在无法确定材料、设备、造价、工艺的前提下进行设计，现场在无设计者监控的粗放状态下对功能和形体最终定型；监理工程师在建筑师／设计者不在场的前提下，进行工程质量而非设计品质的监管，现场只需按照图纸，保证施工质量、进度、造价的情况下完成即可。

在现行体制下，工程建设市场中与工程监理联系最密切的是建设单位和总承包单位。这些单位从自己的利益出发，对监理的看法分歧较大。

对建设单位而言，更关注监理的"科学性"和"服务性"。调研表明，多数建设单位认为监理单位是自己花钱请来的，在施工管理中应当维护建设单位的权益，应该站在建设单位的立场上来处理问题；监理单位应该在质量、投资、进度和安全方面为建设单位提供优质服务。

但对施工企业而言，对监理的态度则较为复杂。一种情况是施工企业把监理单位看成自己的质量安全员，认为反正有监理进行工程质量安全把关，进行工序验收，而放松了自身的质量安全责任；另一种情况则是施工企业把监理单位当作自己的对立面，认为监理是自己的又一个"婆婆"，处处防着监理、避着监理。

4.1.4 设计、勘察单位安全生产行为

建筑事故大多发生在施工阶段，因此过去对事故预防的改善一直是以施工企业为核心

进行的，设计方在安全方面的责任和作用很少被提到。由于在很多情况下设计方案决定了施工现场潜在的危害和安全隐患，越来越多的学者要延伸设计师的责任，设计师应考虑其设计在施工中的安全问题。设计方对项目安全的影响，已经得到了比较广泛的探讨和认识。目前国外提出了为安全而设计（design for safety）的概念，并分析了安全设计概念的影响因素及其引起的后果。

然而，目前的状况是大多数设计人员和工程师并非希望参与到安全过程中来。之所以产生这样的动机，是因为设计人员和工程师担心，如果他们提供的某种设计方案造成伤害事故时，他们会面临起诉或承担更大的责任，这就涉及职业道德问题。

为了确保设计方在设计过程中将安全作为一项重要内容，应该从以下几个方面来规范设计方的职业道德和责任：

（1）制定职业安全工程师安全责任的法规。

（2）加强职业过程师的安全知识和培训。

（3）增加设计规范和技术规范中的安全规范内容。

（4）设计人员如果选择了相对安全的设计方案，伤害事故发生的机会就会降低。而伤害事故发生的机会降低，承担责任的机会和面临的道德风险也就同样地减少了。

设计方案的决策直接影响着建筑安全。一名专业建筑设计人员或者结构工程师的设计方案，在某种程度上决定着建筑工人的安全状况。设计师设计节点、选择材料、安排设备构件以及对一项设计下定义的方式都会直接影响工人完成工作的方式。一名专业的建筑设计师或者结构设计师如何修改设计以加强建筑工人的安全？有没有具体的设计细节可以排除工地危害并减少伤害和死亡数量呢？实际上很多设计师的确在做设计决策的时候考虑建筑工人的安全，尤其是"设计－施工"一体化模式中的设计人员。这种模式的益处是：如果不能在设计中解决工人的安全问题，那么将在他们建造的时候直接影响到他们自己的工人的安全状况。

然而，目前尚无任何可参考的标准明确什么方案是有助于改善建筑安全状况。目前，国外普遍采取的对策是对设计师进行安全设计观念的灌输和将安全责任纳入相应的法律法规。根据国外学者对设计人员的研究显示，少于1/3的实际公司在他们的设计中考虑了工人的安全；少于1/2的项目在可行性研究报告书中考虑了工人安全。从这些结果可以看出，建筑业当前的任务是建立一套关于以往在施工现场比较安全的设计观念知识体系。

必须意识到，为使设计师充分地考虑建筑工人的安全，他们必须首先受到激励。最好由业主来提供这种动机。当设计方参与关注工人安全的时候，工程建设发生事故的机会和代价就会降低。由于设计人员解决安全问题的动机已经存在，在各参与方的共同努力下，在工程建设过程中，建造工人将被认为是最重要的资源，其安全理应得到保障。这种观念一旦形成，就一定会大大促进建筑业安全水平的提高。

4.2　建设单位安全责任与法律责任

4.2.1　建设单位（业主）安全责任

（1）《建筑法》第五章涉及建设单位的有 3 条：

第四十条　建设单位应当向建筑施工企业提供与施工现场相关的地下管线资料，建筑施工企业应当采取措施加以保护。

第四十二条　有下列情形之一的，建设单位应当按照国家有关规定办理申请批准手续：

1）需要临时占用规划批准范围以外场地的；

2）可能损坏道路、管线、电力、邮电通讯等公共设施的；

3）需要临时停水、停电、中断道路交通的；

4）需要进行爆破作业的；

5）法律、法规规定需要办理报批手续的其他情形。

第四十九条　涉及建筑主体和承重结构变动的装修工程，建设单位应当在施工前委托原设计单位或者具有相应资质条件的设计单位提出设计方案；没有设计方案的，不得施工。

（2）《建设工程安全生产管理条例》第二章（第六条至第十一条）涉及建设单位安全责任的有 6 条：

第六条　建设单位应当向施工单位提供施工现场及毗邻区域内供水、排水、供电、供气、供热、通信、广播电视等地下管线资料，气象和水文观测资料，相邻建筑物和构筑物、地下工程的有关资料，并保证资料的真实、准确、完整。

建设单位因建设工程需要，向有关部门或者单位查询前款规定的资料时，有关部门或者单位应当及时提供。

第七条　建设单位不得对勘察、设计、施工、工程监理等单位提出不符合建设工程安全生产法律、法规和强制性标准规定的要求，不得压缩合同约定的工期。

第八条　建设单位在编制工程概算时，应当确定建设工程安全作业环境及安全施工措施所需费用。

第九条　建设单位不得明示或者暗示施工单位购买、租赁、使用不符合安全施工要求的安全防护用具、机械设备、施工机具及配件、消防设施和器材。

第十条　建设单位在申请领取施工许可证时，应当提供建设工程有关安全施工措施的资料

依法批准开工报告的建设工程，建设单位应当自开工报告批准之日起 15 日内，将保证安全施工的措施报送建设工程所在地的县级以上地方人民政府建设行政主管部门或者其他有关部门备案。

第十一条　建设单位应当将拆除工程发包给具有相应资质等级的施工单位。

建设单位应当在拆除工程施工 15 日前，将下列资料报送建设工程所在地的县级以上地方人民政府建设行政主管部门或者其他有关部门备案：

1）施工单位资质等级证明；

2）拟拆除建筑物、构筑物及可能危及毗邻建筑的说明；

3）拆除施工组织方案；

4）堆放、清除废弃物的措施。

实施爆破作业的，应当遵守国家有关民用爆炸物品管理的规定。

4.2.2　建设单位安全生产法律责任

《建筑法》涉及建设单位安全生产法律责任的仅有 1 条，即《建筑法》第七章第

七十二条：

建设单位违反本法规定，要求建筑设计单位或者建筑施工企业违反建筑工程质量、安全标准，降低工程质量的，责令改正，可以处以罚款；构成犯罪的，依法追究刑事责任。

《建设工程安全生产管理条例》涉及建设单位安全生产法律责任的规定：

第五十四条　违反本条例的规定，建设单位未提供建设工程安全生产作业环境及安全施工措施所需费用的，责令限期改正；逾期未改正的，责令该建设工程停止施工。

建设单位未将保证安全施工的措施或者拆除工程的有关资料报送有关部门备案的，责令限期改正，给予警告。

第五十五条　违反本条例的规定，建设单位有下列行为之一的，责令限期改正，处20万元以上50万元以下的罚款；造成重大安全事故，构成犯罪的，对直接责任人员，依照刑法有关规定追究刑事责任；造成损失的，依法承担赔偿责任：

（1）对勘察、设计、施工、工程监理等单位提出不符合安全生产法律、法规和强制性标准规定的要求的；

（2）要求施工单位压缩合同约定的工期的；

（3）将拆除工程发包给不具有相应资质等级的施工单位的。

4.3　施工单位安全责任与法律责任

4.3.1　施工单位安全责任

《安全生产法》将生产经营单位的安全生产责任放在了非常突出的位置，本章不再介绍，可参照本书第三章。

《建筑法》涉及施工单位的有10条，《建设工程安全生产管理条例》涉及施工单位的有19条，归纳起来如下：

（1）**资质资格管理**

1）施工单位应当依法取得建筑施工企业资质证书，在其资质等级许可的范围内承揽工程，不得违法发包、转包、违法分包及挂靠等。

2）施工单位应当依法取得安全生产许可证。

3）施工单位的主要负责人、项目负责人、专职安全生产管理人员等"三类人员"应当经建设主管部门或者其他有关部门考核合格后方可任职。

4）建筑施工特种作业人员必须按照国家有关规定经过专门的安全作业培训，取得特种作业操作资格证书后，方可上岗作业。

（2）**安全管理机构建设**

施工单位应当依法设置安全生产管理机构，配备相应专职人员，在企业主要负责人的领导下开展安全生产管理工作。同时，在建设工程项目组建安全生产领导小组，具体负责工程项目的安全生产管理工作。

（3）**安全管理制度建设**

施工单位应当依据法律法规，结合企业的安全管理目标、生产经营规模、管理体制，建立各项安全生产管理制度，明确工作内容、职责与权限、工作程序与标准，保障企业各项安全生产管理活动的顺利进行。

（4）安全投入保障

施工单位要保证本单位安全生产条件所需资金的投入，制定保证安全生产投入的规章制度，完善和改进安全生产条件。对列入建设工程概算的安全作业环境及安全施工措施费用，实行专款专用，不得挪作他用。

（5）伤害保险

施工单位必须依法参加工伤保险，为从业人员缴纳保险费；根据情况为从事危险作业的职工办理意外伤害保险，支付保险费。

（6）安全教育培训

1）施工单位应当建立健全安全生产教育培训制度，编制教育培训计划，对从业人员组织开展安全生产教育培训，保证从业人员具备必要的安全生产知识，熟悉有关的安全生产规章制度和安全操作规程，掌握本岗位的安全操作技能。未经安全生产教育培训合格的从业人员，不得上岗作业。

2）施工单位使用被派遣劳动者的，应当对被派遣人员进行岗位安全操作规程和安全操作技能的教育和培训。

3）施工单位应当建立安全生产教育和培训档案，如实记录安全生产教育和培训的时间、内容、参加人员以及考核结果等情况。

（7）安全技术管理

1）施工单位应当在施工组织设计中编制安全技术措施，对危险性较大的分部分项工程编制专项施工方案，并按照有关规定审查、论证和实施。

2）施工单位应根据有关规定对项目、班组和作业人员分级进行安全技术交底。

3）施工单位应当定期进行技术分析，改造、淘汰落后的施工工艺、技术和设备，推行先进、适用的工艺、技术和装备，不得使用国家明令淘汰、禁止使用的危及生产安全的工艺、设备。

（8）机械设备及防护用品管理

1）施工单位采购、租赁安全防护用具、机械设备、施工机具及配件，应确保具有生产（制造）许可证、产品合格证，并在进入施工现场前进行查验。

2）施工单位应当按照有关规定组织分包单位、出租单位和安装单位对进场的施工设备、机具及配件进行进场验收、检测检验、安装验收，验收合格的方可使用。

3）施工单位应当按照有关规定办理起重机械和整体提升脚手架、模板等自升式架设设施使用登记手续。

4）施工现场的安全防护用具、机械设备、施工机具及配件须安排专人管理，确保其可靠的安全使用性能。

5）施工单位应当向作业人员提供安全防护用具和安全防护服装。施工单位应当建立消防安全责任制度，确定消防安全责任人，制定用火、用电、使用易燃易爆材料等消防安全管理制度和操作规程，在施工现场设置消防通道、消防水源，配备消防设施和灭火器材，并按要求设置有关消防安全标志。

（9）现场安全防护

1）施工单位对因建设工程施工可能造成损害的毗邻建筑物、构筑物和地下管线等，应当采取专项防护措施。

2）施工单位应根据施工阶段、场地周围环境、季节以及气候的变化，采取相应的安全施工措施。暂时停止施工时，应当做好现场防护。

3）施工单位应按要求设置施工现场临时设施，不得在尚未竣工的建筑物内设置员工集体宿舍，并为职工提供符合卫生标准的膳食、饮水、休息场所。

4）施工单位应当在危险部位设置明显的安全警示标志。

（10）**事故报告与应急救援**

1）发生生产安全事故，施工单位应当按照国家有关规定，及时、如实地向安全生产监督管理部门、建设主管部门或者其他有关部门报告；特种设备发生事故的，还应当向特种设备安全监督管理部门报告。

2）发生生产安全事故后，施工单位应当采取措施防止事故扩大，并按要求保护好事故现场。

3）施工单位应当制定单位和施工现场的生产安全事故应急救援预案，并按要求建立应急救援组织或者配备应急救援人员，配备救援器材、设备，定期组织演练。

（11）**环境保护**

施工单位应当遵守有关环境保护法律、法规的规定，在施工现场采取措施，防止或者减少粉尘、废气、废水、固体废物、噪声、振动和施工照明对人和环境的危害和污染。在城市市区内的建设工程，应当对施工现场采取封闭管理措施。

（12）**总分包单位的安全责任界定**

建设工程实行施工总承包的，由总承包单位对施工现场的安全生产负总责。总承包单位和分包单位对分包工程的安全生产承担连带责任。分包单位应当服从总承包单位的安全生产管理，分包单位不服从管理导致生产安全事故的，由分包单位承担主要责任。总承包单位与分包单位应签订安全生产协议，或在分包合同中明确各自的安全生产方面的权利、义务。

4.3.2 施工单位安全生产法律责任

《安全生产法》规定的生产经营单位安全生产法律责任在此也不再详细介绍，可参照本书第三章。以下是根据《建筑法》和《建设工程安全生产管理条例》归纳的施工单位安全生产法律责任。

（1）**《建筑法》（第七十一条）对建设单位安全生产法律责任规定**

建筑施工企业违反本法规定，对建筑安全事故隐患不采取措施予以消除的，责令改正，可以处以罚款；情节严重的，责令停业整顿，降低资质等级或者吊销资质证书；构成犯罪的，依法追究刑事责任。

建筑施工企业的管理人员违章指挥、强令职工冒险作业，因而发生重大伤亡事故或者造成其他严重后果的，依法追究刑事责任。

（2）**《建设工程安全生产管理条例》（62条～67条）对施工单位安全生产法律责任规定**

第六十二条 违反本条例的规定，施工单位有下列行为之一的，责令限期改正；逾期未改正的，责令停业整顿，依照《中华人民共和国安全生产法》的有关规定处以罚款；造成重大安全事故，构成犯罪的，对直接责任人员，依照刑法有关规定追究刑事责任：

1）未设立安全生产管理机构、配备专职安全生产管理人员或者分部分项工程施工时无专职安全生产管理人员现场监督的；

2）施工单位的主要负责人、项目负责人、专职安全生产管理人员、作业人员或者特种作业人员，未经安全教育培训或者经考核不合格即从事相关工作的；

3）未在施工现场的危险部位设置明显的安全警示标志，或者未按照国家有关规定在施工现场设置消防通道、消防水源、配备消防设施和灭火器材的；

4）未向作业人员提供安全防护用具和安全防护服装的；

5）未按照规定在施工起重机械和整体提升脚手架、模板等自升式架设设施验收合格后登记的；

6）使用国家明令淘汰、禁止使用的危及施工安全的工艺、设备、材料的。

第六十三条 违反本条例的规定，施工单位挪用列入建设工程概算的安全生产作业环境及安全施工措施所需费用的，责令限期改正，处挪用费用20％以上50％以下的罚款；造成损失的，依法承担赔偿责任。

第六十四条 违反本条例的规定，施工单位有下列行为之一的，责令限期改正；逾期未改正的，责令停业整顿，并处5万元以上10万元以下的罚款；造成重大安全事故，构成犯罪的，对直接责任人员，依照刑法有关规定追究刑事责任：

1）施工前未对有关安全施工的技术要求作出详细说明的；

2）未根据不同施工阶段和周围环境及季节、气候的变化，在施工现场采取相应的安全施工措施，或者在城市市区内的建设工程的施工现场未实行封闭围挡的；

3）在尚未竣工的建筑物内设置员工集体宿舍的；

4）施工现场临时搭建的建筑物不符合安全使用要求的；

5）未对因建设工程施工可能造成损害的毗邻建筑物、构筑物和地下管线等采取专项防护措施的。

施工单位有前款规定第4）项、第5）项行为，造成损失的，依法承担赔偿责任。

第六十五条 违反本条例的规定，施工单位有下列行为之一的，责令限期改正；逾期未改正的，责令停业整顿，并处10万元以上30万元以下的罚款；情节严重的，降低资质等级，直至吊销资质证书；造成重大安全事故，构成犯罪的，对直接责任人员，依照刑法有关规定追究刑事责任；造成损失的，依法承担赔偿责任：

1）安全防护用具、机械设备、施工机具及配件在进入施工现场前未经查验或者查验不合格即投入使用的；

2）使用未经验收或者验收不合格的施工起重机械和整体提升脚手架、模板等自升式架设设施的；

3）委托不具有相应资质的单位承担施工现场安装、拆卸施工起重机械和整体提升脚手架、模板等自升式架设设施的；

4）在施工组织设计中未编制安全技术措施、施工现场临时用电方案或者专项施工方案的。

第六十六条 违反本条例的规定，施工单位的主要负责人、项目负责人未履行安全生产管理职责的，责令限期改正；逾期未改正的，责令施工单位停业整顿；造成重大安全事故、重大伤亡事故或者其他严重后果，构成犯罪的，依照刑法有关规定追究刑事责任。

作业人员不服管理、违反规章制度和操作规程冒险作业造成重大伤亡事故或者其他严重后果，构成犯罪的，依照刑法有关规定追究刑事责任。

施工单位的主要负责人、项目负责人有前款违法行为，尚不够刑事处罚的，处 2 万元以上 20 万元以下的罚款或者按照管理权限给予撤职处分；自刑罚执行完毕或者受处分之日起，5 年内不得担任任何施工单位的主要负责人、项目负责人。

第六十七条　施工单位取得资质证书后，降低安全生产条件的，责令限期改正；经整改仍未达到与其资质等级相适应的安全生产条件的，责令停业整顿，降低其资质等级直至吊销资质证书。

4.4　监理单位安全责任与法律责任

4.4.1　监理安全责任定位

《建筑法》第五章共 16 条，没有涉及监理单位；《建设工程安全生产管理条例》仅有 1 条涉及监理单位（第三章第十四条）：

工程监理单位应当审查施工组织设计中的安全技术措施或者专项施工方案是否符合工程建设强制性标准。

工程监理单位在实施监理过程中，发现存在安全事故隐患的，应当要求施工单位整改；情况严重的，应当要求施工单位暂时停止施工，并及时报告建设单位。施工单位拒不整改或者不停止施工的，工程监理单位应当及时向有关主管部门报告。

工程监理单位和监理工程师应当按照法律、法规和工程建设强制性标准实施监理，并对建设工程安全生产承担监理责任。

4.4.2　监理单位安全生产法律责任

《建设工程安全生产管理条例》第七章第五十七条规定：

违反本条例的规定，工程监理单位有下列行为之一的，责令限期改正；逾期未改正的，责令停业整顿，并处 10 万元以上 30 万元以下的罚款；情节严重的，降低资质等级，直至吊销资质证书；造成重大安全事故，构成犯罪的，对直接责任人员，依照刑法有关规定追究刑事责任；造成损失的，依法承担赔偿责任：

（1）未对施工组织设计中的安全技术措施或者专项施工方案进行审查的；

（2）发现安全事故隐患未及时要求施工单位整改或者暂时停止施工的；

（3）施工单位拒不整改或者不停止施工，未及时向有关主管部门报告的；

（4）未依照法律、法规和工程建设强制性标准实施监理的。

4.5　勘察、设计单位安全责任与法律责任

4.5.1　勘察、设计单位安全责任

《建筑法》第五章共 16 条，没有涉及勘察单位，只有 1 条涉及设计单位，即第五章第

三十七条：

第三十七条 建筑工程设计应当符合按照国家规定制定的建筑安全规程和技术规范，保证工程的安全性能。

《建设工程安全生产管理条例》涉及勘察、设计单位的各1条，即第三章第十二条和第十三条：

第十二条 勘察单位应当按照法律、法规和工程建设强制性标准进行勘察，提供的勘察文件应当真实、准确，满足建设工程安全生产的需要。

勘察单位在勘察作业时，应当严格执行操作规程，采取措施保证各类管线、设施和周边建筑物、构筑物的安全。

第十三条 设计单位应当按照法律、法规和工程建设强制性标准进行设计，防止因设计不合理导致生产安全事故的发生。

设计单位应当考虑施工安全操作和防护的需要，对涉及施工安全的重点部位和环节在设计文件中注明，并对防范生产安全事故提出指导意见。

采用新结构、新材料、新工艺的建设工程和特殊结构的建设工程，设计单位应当在设计中提出保障施工作业人员安全和预防生产安全事故的措施建议。

设计单位和注册建筑师等注册执业人员应当对其设计负责。

4.5.2 勘察、设计单位安全生产法律责任

《建筑法》第七章第第七十三条规定：

建筑设计单位不按照建筑工程质量、安全标准进行设计的，责令改正，处以罚款；造成工程质量事故的，责令停业整顿，降低资质等级或者吊销资质证书，没收违法所得，并处罚款；造成损失的，承担赔偿责任；构成犯罪的，依法追究刑事责任。

《建设工程安全生产管理条例》第七章第五十六条规定：

违反本条例的规定：勘察单位、设计单位有下列行为之一的，责令限期改正，处10万元以上30万元以下的罚款；情节严重的，责令停业整顿，降低资质等级，直至吊销资质证书；造成重大安全事故，构成犯罪的，对直接责任人员，依照刑法有关规定追究刑事责任；造成损失的，依法承担赔偿责任：

（1）未按照法律、法规和工程建设强制性标准进行勘察、设计的；

（2）采用新结构、新材料、新工艺的建设工程和特殊结构的建设工程，设计单位未在设计中提出保障施工作业人员安全和预防生产安全事故的措施建议的。

4.6 其他相关方安全责任与法律责任

4.6.1 其他相关方安全责任

《建设工程安全生产管理条例》对其他相关单位安全责任规定如下：

第十五条 为建设工程提供机械设备和配件的单位，应当按照安全施工的要求配备齐全有效的保险、限位等安全设施和装置。

第十六条 出租的机械设备和施工机具及配件，应当具有生产（制造）许可证、产品

合格证。

出租单位应当对出租的机械设备和施工机具及配件的安全性能进行检测,在签订租赁协议时,应当出具检测合格证明。

禁止出租检测不合格的机械设备和施工机具及配件。

第十七条　在施工现场安装、拆卸施工起重机械和整体提升脚手架、模板等自升式架设设施,必须由具有相应资质的单位承担。

安装、拆卸施工起重机械和整体提升脚手架、模板等自升式架设设施,应当编制拆装方案、制定安全施工措施,并由专业技术人员现场监督。

施工起重机械和整体提升脚手架、模板等自升式架设设施安装完毕后,安装单位应当自检,出具自检合格证明,并向施工单位进行安全使用说明,办理验收手续并签字。

第十八条　施工起重机械和整体提升脚手架、模板等自升式架设设施的使用达到国家规定的检验检测期限的,必须经具有专业资质的检验检测机构检测。经检测不合格的,不得继续使用。

第十九条　检验检测机构对检测合格的施工起重机械和整体提升脚手架、模板等自升式架设设施,应当出具安全合格证明文件,并对检测结果负责。

4.6.2　其他相关方安全生产法律责任

《建设工程安全生产管理条例》对其他相关单位安全生产法律责任规定如下:

第五十九条　违反本条例的规定,为建设工程提供机械设备和配件的单位,未按照安全施工的要求配备齐全有效的保险、限位等安全设施和装置的,责令限期改正,处合同价款 1 倍以上 3 倍以下的罚款;造成损失的,依法承担赔偿责任。

第六十条　违反本条例的规定,出租单位出租未经安全性能检测或者经检测不合格的机械设备和施工机具及配件的,责令停业整顿,并处 5 万元以上 10 万元以下的罚款;造成损失的,依法承担赔偿责任。

第六十一条　违反本条例的规定,施工起重机械和整体提升脚手架、模板等自升式架设设施安装、拆卸单位有下列行为之一的,责令限期改正,处 5 万元以上 10 万元以下的罚款;情节严重的,责令停业整顿,降低资质等级,直至吊销资质证书;造成损失的,依法承担赔偿责任:

(1)未编制拆装方案、制定安全施工措施的;

(2)未由专业技术人员现场监督的;

(3)未出具自检合格证明或者出具虚假证明的;

(4)未向施工单位进行安全使用说明,办理移交手续的。

施工起重机械和整体提升脚手架、模板等自升式架设设施安装、拆卸单位有前款规定的第(一)项、第(三)项行为,经有关部门或者单位职工提出后,对事故隐患仍不采取措施,因而发生重大伤亡事故或者造成其他严重后果,构成犯罪的,对直接责任人员,依照刑法有关规定追究刑事责任。

第 5 章　建筑施工企业安全生产管理

5.1　安全生产责任制

5.1.1　法律法规要求

《安全生产法》第十九条规定：生产经营单位的安全生产责任制应当明确各岗位的责任人员、责任范围和考核标准等内容。生产经营单位应当建立相应的机制，加强对安全生产责任制落实情况的监督考核，保证安全生产责任制的落实。

《建筑法》第三十六条规定：建筑工程安全生产管理必须坚持安全第一、预防为主的方针，建立健全安全生产的责任制度和群防群治制度；同时，《建筑法》第四十四条规定：建筑施工企业必须依法加强对建筑安全生产的管理，执行安全生产责任制度，采取有效措施，防止伤亡和其他安全生产事故的发生。建筑施工企业的法定代表人对本企业的安全生产负责。

5.1.2　安全生产责任制的基本含义

安全生产责任制是企业各项安全生产规章制度的核心，是企业行政岗位责任制度的重要组成部分。安全生产责任制是按照安全第一预防为主综合治理的方针和管生产必须管安全的原则，将各级管理人员、各职能部门、各基层单位、班组和广大的从业人员在安全生产方面应该做的工作和应负的责任加以明确规定的一种制度。企业安全生产责任制的核心是实现安全生产的五同时，即在计划、布置、检查、总结和评比生产的同时，计划、布置、检查、总结和评比安全工作。安全生产责任制包括两个方面，即纵向到底，指从主要负责人到一般从业人员的安全生产责任制；横向到边，也就是各职能部门的安全生产责任制。

5.1.3　安全生产责任制制定的原则与程序

（1）制定原则

1）合法性。必须符合国家有关法律、法规和政策、方针、相关文件的要求，并及时修订。

2）全面性。明确每个部门和人员在安全生产方面的权利、责任和义务，做到安全生产人人有责。

3）可操作性。要保证安全生产责任的落实，必须建立专门的考核机构，形成监督、检查和考核机制，保证安全生产责任制度得到真正落实。

（2）制定程序

1）明确所有管理人员和从业人员的安全职责和权限，形成文件。主要负责人对从业人员的安全负最终责任，并在安全生产中起领导作用，各级管理人员应有效管理其管辖范围内的安全生产工作。

2）应界定不同职能间和不同层次间的职责衔接，形成文件。企业应将安全生产职责和权限向所有相关人员传达，确保使其了解各自职责的范围、接口关系和实施途径。

3）应建立考核职责、频次、方法、标准、奖惩办法等，对安全职责的履行情况和安全生产责任制的实现情况进行考核。

5.1.4 建筑施工企业安全生产责任制的内容

建筑施工企业的安全生产责任制应当涵盖全体人员和全部生产经营活动，其主要内容如下：

（1）建筑施工企业应设立由企业主要负责人及各部门负责人组成的安全生产决策机构，负责领导企业安全管理工作，组织制定企业安全生产中长期管理目标，审议、决策重大安全事项。

（2）各管理层主要负责人中应明确安全生产的第一责任人，对本管理层的安全生产工作全面负责。

（3）各管理层主要负责人应明确并组织落实本管理层各职能部门和岗位的安全生产职责，实现本管理层的安全管理目标。

（4）各管理层的职能部门及岗位负责落实职能范围内与安全生产相关的职责，实现相关安全管理目标。

（5）各管理层专职安全生产管理机构承担的安全职责应包括以下内容：

1）宣传和贯彻国家安全生产法律法规和标准规范；

2）编制并适时更新安全生产管理制度并监督实施；

3）组织或参与企业生产安全相关活动；

4）协调配备工程项目专职安全生产管理人员；

5）制订企业安全生产考核计划，查处安全生产问题，建立管理档案；

6）建筑施工企业各管理层、职能部门、岗位的安全生产责任应形成责任书，并经责任部门或责任人确认。责任书的内容应包括安全生产职责、目标、考核奖惩规定等。

5.2 安全生产组织机构保障制度

5.2.1 法律法规要求

《安全生产法》第二十一条规定：矿山、金属冶炼、建筑施工、道路运输单位和危险物品的生产、经营、储存单位，应当设置安全生产管理机构或者配备专职安全生产管理人员。

前款规定以外的其他生产经营单位，从业人员超过一百人的，应当设置安全生产管理机构或者配备专职安全生产管理人员；从业人员在一百人以下的，应当配备专职或者兼职的安全生产管理人员。

《建设工程安全生产管理条例》第二十三条规定：施工单位应当设立安全生产管理机

构，配备专职安全生产管理人员。专职安全生产管理人员负责对安全生产进行现场监督检查。发现安全事故隐患，应当及时向项目负责人和安全生产管理机构报告；对于违章指挥、违章操作的，应当立即制止。

5.2.2　建筑施工企业安全生产管理机构职责及安全管理人员配备要求

（1）建筑施工企业应当依法设置安全生产管理机构，在企业主要负责人的领导下开展本企业的安全生产管理工作。建筑施工企业安全生产管理机构具有以下职责：

1）宣传和贯彻国家有关安全生产法律法规和标准；

2）编制并适时更新安全生产管理制度并监督实施；

3）组织或参与企业生产安全事故应急救援预案的编制及演练；

4）组织开展安全教育培训与交流；

5）协调配备项目专职安全生产管理人员；

6）制订企业安全生产检查计划并组织实施；

7）监督在建项目安全生产费用的使用；

8）参与危险性较大工程安全专项施工方案专家论证会；

9）通报在建项目违规违章查处情况；

10）组织开展安全生产评优评先表彰工作；

11）建立企业在建项目安全生产管理档案；

12）考核评价分包企业安全生产业绩及项目安全生产管理情况；

13）参加生产安全事故的调查和处理工作；

14）企业明确的其他安全生产管理职责。

（2）建筑施工企业安全生产管理机构专职安全生产管理人员的配备应满足下列要求，并应根据企业经营规模、设备管理和生产需要予以增加：

1）建筑施工总承包资质序列企业：特级资质不少于 6 人；一级资质不少于 4 人；二级和二级以下资质企业不少于 3 人。

2）建筑施工专业承包资质序列企业：一级资质不少于 3 人；二级和二级以下资质企业不少于 2 人。

3）建筑施工劳务分包资质序列企业：不少于 2 人。

4）建筑施工企业的分公司、区域公司等较大的分支机构（以下简称分支机构）应依据实际生产情况配备不少于 2 人的专职安全生产管理人员。

5.2.3　项目安全生产管理机构职责及安全管理人员配备要求

建筑施工企业应当在建设工程项目组建安全生产领导小组。建设工程实行施工总承包的，安全生产领导小组由总承包企业、专业承包企业和劳务分包企业项目经理、技术负责人和专职安全生产管理人员组成。

（1）项目安全生产领导小组的主要职责：

1）贯彻落实国家有关安全生产法律法规和标准；

2）组织制定项目安全生产管理制度并监督实施；

3）编制项目生产安全事故应急救援预案并组织演练；

4）保证项目安全生产费用的有效使用；

5）组织编制危险性较大工程安全专项施工方案；

6）开展项目安全教育培训；

7）组织实施项目安全检查和隐患排查；

8）建立项目安全生产管理档案；

9）及时、如实报告安全生产事故。

（2）项目专职安全生产管理人员具有以下主要职责：

1）负责施工现场安全生产日常检查并做好检查记录；

2）现场监督危险性较大工程安全专项施工方案实施情况；

3）对作业人员违规违章行为有权予以纠正或查处；

4）对施工现场存在的安全隐患有权责令立即整改；

5）对于发现的重大安全隐患，有权向企业安全生产管理机构报告；

6）依法报告生产安全事故情况。

（3）总承包单位配备项目专职安全生产管理人员应当满足下列要求：

1）建筑工程、装修工程按照建筑面积配备：

① 1 万平方米以下的工程不少于 1 人；

② 1 万～ 5 万平方米的工程不少于 2 人；

③ 5 万平方米及以上的工程不少于 3 人，且按专业配备专职安全生产管理人员。

2）土木工程、线路管道、设备安装工程按照工程合同价配备：

① 5000 万元以下的工程不少于 1 人；

② 5000 万～ 1 亿元的工程不少于 2 人；

③ 1 亿元及以上的工程不少于 3 人，且按专业配备专职安全生产管理人员。

（4）分包单位配备项目专职安全生产管理人员应当满足下列要求：

1）专业承包单位应当配置至少 1 人，并根据所承担的分部分项工程的工程量和施工危险程度增加。

2）劳务分包单位施工人员在 50 人以下的，应当配备 1 名专职安全生产管理人员；50 人～ 200 人的，应当配备 2 名专职安全生产管理人员；200 人及以上的，应当配备 3 名及以上专职安全生产管理人员，并根据所承担的分部分项工程施工危险实际情况增加，不得少于工程施工人员总人数的 5‰。

采用新技术、新工艺、新材料或致害因素多、施工作业难度大的工程项目，项目专职安全生产管理人员的数量应当根据施工实际情况，在上述规定的配备标准上增加。

施工作业班组可以设置兼职安全巡查员，对本班组的作业场所进行安全监督检查。建筑施工企业应当定期对兼职安全巡查员进行安全教育培训。

5.3　安全文明资金保障制度

5.3.1　法律法规要求

《安全生产法》第二十条规定：生产经营单位应当具备的安全生产条件所必需的资金投

入，由生产经营单位的决策机构、主要负责人或者个人经营的投资人予以保证，并对由于安全生产所必需的资金投入不足导致的后果承担责任。

有关生产经营单位应当按照规定提取和使用安全生产费用，专门用于改善安全生产条件。安全生产费用在成本中据实列支。安全生产费用提取、使用和监督管理的具体办法由国务院财政部门会同国务院安全生产监督管理部门征求国务院有关部门意见后制定。

《建设工程安全生产管理条例》第二十二条规定：施工单位对列入建设工程概算的安全作业环境及安全施工措施所需费用，应当用于施工安全防护用具及设施的采购和更新、安全施工措施的落实、安全生产条件的改善，不得挪作他用。

5.3.2　安全文明施工措施费构成及计提规定

安全文明施工措施费，是指工程施工期间的施工作业区、办公区、生活区达到现行的建设施工安全、文明环境卫生标准要求，所需购置和更新施工安全防护、文明施工设施的费用。

安全文明措施费由安全施工费、文明施工费（含环境保护费、临时设施费）组成。安全施工费用主要包括安全技术措施、安全教育培训、劳动保护、应急救援，以及必要的安全评价、监测、检测、论证等所需费用。根据《企业安全生产费用提取和使用管理办法》（财企〔2012〕16 号），建筑施工企业以建筑安装工程造价为计提依据，房屋建筑工程、水利水电工程、电力工程、铁路工程、城市轨道交通工程按 2.0% 提取，市政公用工程、冶炼工程、机电安装工程、化工石油工程、港口与航道工程、公路工程、通信工程按 1.5% 提取。

建筑施工企业应按规定提取安全生产所需的费用，并列入工程造价，在竞标时，不得删减，列入标外管理。总包单位应当将安全费用按比例直接支付分包单位并监督使用，分包单位不再重复提取。

5.3.3　安全文明施工措施费使用计划及范围

建筑施工企业应当保证安全生产条件所需资金的投入，企业法定代表人是安全投入管理的第一责任人，对由于安全生产、文明施工所必需的资金投入不足而导致的后果承担责任。

（1）编制使用计划

1）建筑施工企业各管理层应根据安全生产、文明施工管理需要，编制费用使用计划，明确费用使用的项目、类别、额度、实施单位及责任者、完成期限等内容，并应经审核批准后执行。

2）建筑施工企业各管理层相关负责人必须在其管辖范围内，按专款专用、及时足额的要求，组织实施安全生产费用使用计划。

（2）使用范围

建筑施工企业安全生产费用不得挪作他用，应当按照以下范围使用：

1）完善、改造和维护安全防护设施设备支出（不含"三同时"要求初期投入的安全设施），包括施工现场临时用电系统、洞口、临边、机械设备、高处作业防护、交叉作业防护、防火、防爆、防尘、防毒、防雷、防台风、防地质灾害、地下工程有害气体监测、通风、临时安全防护等设施设备支出；

2）配备、维护、保养应急救援器材、设备支出和应急演练支出；

3）开展重大危险源和事故隐患评估、监控和整改支出；

4）安全生产检查、咨询、评价和标准化建设支出；

5）配备和更新现场作业人员安全防护用品支出；

6）安全生产宣传、教育、培训支出；

7）安全生产新技术、新装备、新工艺、新标准的推广应用支出；

8）安全设施及特种设备检测检验支出；

9）其他与安全生产直接相关的支出。

文明施工与环境费应当用于设置安全警示标志牌、安全板图、现场围挡、企业标志、场容场貌、材料堆放、现场防火、垃圾清运以及扬尘治理、硬化绿化、大气监测等。

5.3.4　安全文明施工措施费使用管理规定

根据《建筑工程安全防护、文明施工措施费用及使用管理规定》（建办 [2005]89 号），建筑工程安全文明施工措施费用管理应符合下列要求：

（1）建设单位、设计单位在编制工程概（预）算时，应当依据工程所在地工程造价管理机构测定的相应费率，合理确定工程安全文明措施费。

（2）依法进行工程招投标的项目，招标方或具有资质的中介机构编制招标文件时，应当按照有关规定并结合工程实际单独列出安全防护、文明施工措施项目清单。

（3）投标方应当根据现行标准规范，结合工程特点、工期进度和作业环境要求，在施工组织设计文件中制定相应的安全防护、文明施工措施，并按照招标文件要求结合自身的施工技术水平、管理水平对工程安全防护、文明施工措施项目单独报价。投标方安全防护、文明施工措施的报价，不得低于依据工程所在地工程造价管理机构测定费率计算所需费用总额的 90%。

（4）建设单位与施工单位应当在施工合同中明确安全防护、文明施工措施项目总费用，以及费用预付、支付计划，使用要求、调整方式等条款。

（5）建设单位与施工单位在施工合同中对安全文明措施费用预付、支付计划未作约定或约定不明的，合同工期在一年以内的，建设单位预付安全防护、文明施工措施项目费用不得低于该费用总额的 50%；合同工期在一年以上的（含一年），预付安全文明措施费用不得低于该费用总额的 30%，其余费用应当按照施工进度支付。

（6）实行工程总承包的，总承包单位依法将建筑工程分包给其他单位的，总承包单位与分包单位应当在分包合同中明确安全文明措施费用由总承包单位统一管理。安全防护、文明施工措施由分包单位实施的，由分包单位提出专项安全防护措施及施工方案，经总承包单位批准后及时支付所需费用。

（7）建设单位申请领取建筑工程施工许可证时，应当将施工合同中约定的安全文明措施费用支付计划作为保证工程安全的具体措施提交建设行政主管部门。未提交的，建设行政主管部门不予核发施工许可证。

（8）建设单位应当按照本规定及合同约定及时向施工单位支付安全文明措施费，并督促施工企业落实安全防护、文明施工措施。

（9）工程监理单位应当对施工单位落实安全防护、文明施工措施情况进行现场监理。

对施工单位已经落实的安全防护、文明施工措施，总监理工程师或者造价工程师应当及时审查并签认所发生的费用。监理单位发现施工单位未落实施工组织设计及专项施工方案中安全防护和文明施工措施的，有权责令其立即整改；对施工单位拒不整改或未按期限要求完成整改的，工程监理单位应当及时向建设单位和建设行政主管部门报告，必要时责令其暂停施工。

（10）施工单位应当确保安全文明措施费专款专用，在财务管理中单独列出安全防护、文明施工措施项目费用清单备查。施工单位安全生产管理机构和专职安全生产管理人员负责对建筑工程安全防护、文明施工措施的组织实施进行现场监督检查，并有权向建设主管部门反映情况。

（11）工程总承包单位对建筑工程安全文明措施费用的使用负总责。总承包单位应当按照本规定及合同约定及时向分包单位支付安全文明措施费用。总承包单位不按本规定和合同约定支付费用，造成分包单位不能及时落实安全防护措施导致发生事故的，由总承包单位负主要责任。

5.4　安全生产教育培训制度

5.4.1　法律法规要求

早在 1994 年颁布的《中华人民共和国劳动法》中，就将安全教育培训列入了该部法律的重要内容，明确规定用人单位必须对劳动者进行劳动安全卫生教育，防止劳动过程中的事故，减少职业危害；从事特种作业的劳动者必须经过专门培训并取得特种作业资格。《中华人民共和国职业教育法》、《中华人民共和国安全生产法》、《中华人民共和国就业促进法》等法律，也对从事技术工种的职工必须经过岗前培训、从事特种作业的职工必须经过培训并取得特种作业资格等作出了明文规定。

1997 年颁布的《中华人民共和国建筑法》规定，建筑施工企业应当建立健全劳动安全生产教育培训制度，加强对职工安全生产的教育培训；未经安全生产教育培训的人员，不得上岗作业。2003 年颁布的《建设工程安全生产管理条例》进一步规定，施工单位应当建立健全安全生产责任制度和安全生产教育培训制度。垂直运输机械作业人员、安装拆卸工、爆破作业人员、起重信号工、登高架设作业人员等特种作业人员，必须按照国家有关规定经过专门的安全作业培训，并取得特种作业操作资格证书后，方可上岗作业。施工单位的主要负责人、项目负责人、专职安全生产管理人员应当经建设行政主管部门或者其他有关部门考核合格后方可任职。施工单位应当对管理人员和作业人员每年至少进行一次安全生产教育培训，其教育培训情况记入个人工作档案。安全生产教育培训考核不合格的人员，不得上岗。作业人员进入新的岗位或者新的施工现场前，应当接受安全生产教育培训。未经教育培训或者教育培训考核不合格的人员，不得上岗作业。施工单位在采用新技术、新工艺、新设备、新材料时，应当对作业人员进行相应的安全生产教育培训。

2006 年以来，国务院和国务院办公厅相继颁布了《国务院关于解决农民工问题的若干意见》（国发〔2006〕5 号）、《国务院关于进一步加强企业安全生产工作的通知》（国发〔2010〕23 号）、《国务院办公厅关于进一步做好农民工培训工作的指导意见》（国办发

〔2010〕11 号）、《国务院关于坚持科学发展安全发展促进安全生产形势持续稳定好转的意见》（国发〔2011〕40 号）等，都对安全培训特别是农民工的安全培训工作提出明确的要求。2012 年 11 月国务院安委会颁发的《国务院安委会关于进一步加强安全培训工作的决定》（安委〔2012〕10 号），从加强安全培训工作的重要意义和总体要求、全面落实安全培训工作责任、全面落实持证上岗和先培训后上岗制度、全面加强安全培训基础保障能力建设、全面提高安全培训质量、加强安全培训监督检查、切实加强对安全培训工作的组织领导 7 个方面，做出了全面部署。

2016 年 12 月 9 日中共中央、国务院颁布的《关于推进安全生产领域改革发展的意见》，该文件所提出的一系列改革举措和任务要求，为当前和今后一个时期我国安全生产领域的改革发展指明了方向和路径。该文件中明确指出，"健全安全宣传教育体系。把安全生产纳入农民工技能培训内容。严格落实企业安全教育培训制度，切实做到先培训、后上岗。推进安全文化建设，加强警示教育，强化全民安全意识和法治意识。"

住房城乡建设部也制定了一系列的建筑安全教育培训管理办法。这些法律、法规、规章和规范性文件等的颁布实施，使我国建筑安全教育培训和考核工作步入了法制化、规范化的发展轨道。

5.4.2　安全生产教育培训对象及要求

（1）建筑企业主要负责人、项目负责人和安全生产管理人员必须具备与本单位所从事的生产经营活动相应的安全生产知识和管理能力。

（2）建筑施工企业应当对从业人员进行安全教育和培训，保证从业人员具备必要的安全生产知识，熟悉有关的安全生产规章制度和安全操作规程，掌握本岗位的安全操作技能，了解事故应急处理措施，知悉自身在安全生产方面的权利和义务。未经安全生产教育和培训合格的从业人员，不得上岗作业。

（3）使用被派遣劳动者的，应当将被派遣劳动者纳入本单位从业人员统一管理，对被派遣劳动者进行岗位安全操作规程和安全操作技能的教育和培训。劳务派遣单位应当对被派遣劳动者进行必要的安全生产教育培训。

（4）接收中等职业学校、高等学校学生实习的，应当对实习学生进行相应的安全生产教育培训，提供必要的劳动防护用品。学校应当协助生产经营单位对实习学生进行安全生产教育培训。

（5）建筑施工企业各管理层应在作业人员进场前、转岗，节假日、事故后，以及采用新技术、新工艺、新设备、新材料时进行针对性安全生产教育培训；应结合季节施工要求及安全生产形势对从业人员进行日常安全生产教育培训。

（6）建筑施工企业每年应按规定对所有相关人员进行安全生产继续教育。

（7）建筑施工企业新上岗操作工人必须进行岗前教育培训（三级安全教育）。

（8）建筑施工企业应当建立安全生产教育培训档案，如实记录安全生产教育培训的时间、内容、参加人员及考核结果等情况。

5.4.3　安全生产教育培训时间要求

根据《建筑业企业职工安全培训教育暂行规定》（建教〔1997〕83 号），建筑业企业职工每年必须接受一次专门的安全培训：

（1）企业法定代表人、项目经理每年接受安全培训的时间，不得少于 30 学时；

（2）企业专职安全管理人员除按照建教（1991）522 号文《建设企事业单位关键岗位持证上岗管理规定》的要求，取得岗位合格证书并持证上岗外，每年还必须接受安全专业技术业务培训，时间不得少于 40 学时；

（3）企业其他管理人员和技术人员每年接受安全培训的时间，不得少于 20 学时；

（4）企业特殊工种（包括电工、焊工、架子工、司炉工、爆破工、机械操作工、起重工、塔吊司机及指挥人员、人货两用电梯司机等）在通过专业技术培训并取得岗位操作证后，每年仍须接受有针对性的安全培训，时间不得少于 20 学时；

（5）企业其他职工每年接受安全培训的时间，不得少于 15 学时；

（6）企业待岗、转岗、换岗的职工，在重新上岗前，必须接受一次安全培训，时间不得少于 20 学时；

（7）建筑业企业新进场的工人，必须接受公司、项目、班组的三级安全培训教育，经考核合格后，方能上岗。公司级安全教育培训时间不少于 15 学时，项目级不少于 15 学时，班组级不少于 20 学时。

5.4.4 安全生产教育培训计划制定

建筑施工企业主要负责人负责组织制订并实施本单位安全培训计划。

（1）建筑施工企业安全生产教育培训机构负责企业职工的安全生产教育培训，应制订制度、编制计划、建立档案，确保安全生产教育培训工作有序开展。

（2）建筑施工企业安全生产教育培训应贯穿于生产经营的全过程。

（3）建筑施工企业安全生产教育培训计划应依据类型、对象、内容、时间安排、形式等需求进行编制。

（4）安全生产教育培训的对象应包括企业法定代表人、各管理层的负责人、管理人员、特种作业人员以及新上岗、待岗复工、转岗、换岗的作业人员。

建筑施工企业应当建立健全从业人员安全生产教育和培训档案，由安全生产管理机构以及安全生产管理人员详细、准确记录培训的时间、内容、参加人员以及考核结果等情况。

5.4.5 安全生产教育培训内容

（1）年度安全教育培训

建筑施工企业每年度应按规定对所有从业人员进行安全生产教育培训。年度安全生产教育培训情况应记入职工个人档案，培训考核不合格的人员，不得上岗。主要内容有：

1）国家、行业颁布的安全生产法律、法规、标准、规范；

2）地方颁发的法规、规范性文件和地方标准、规范；

3）施工单位制订的安全规章制度和操作规程；

4）典型安全事件和事故案例分析。

（2）新进场工人"三级"安全教育培训

1）公司级安全教育培训的主要内容是：国家、地方有关安全生产的方针、政策、法律法规、标准、规范、规程和企业的安全规章制度等。

2）项目级安全教育培训的主要内容是：工地安全制度、施工现场环境、工程施工特点及可能存在的不安全因素等。

3）班组级安全教育培训的主要内容是：本工种的安全操作规程、生产安全事故案例、劳动纪律和岗位讲评等。

（3）转场、转岗和复岗安全教育培训

作业人员进入新的岗位或者新的施工现场前，应当接受安全生产教育培训。未经教育培训或者教育培训考核不合格的人员，不得上岗作业。

1）转场安全教育培训

"转场"是指作业人员进入新的施工现场。作业人员进入新的施工现场前，必须根据新的施工作业特点接受有针对性的安全生产教育，熟悉安全生产规章制度，了解工程作业特点和安全生产注意事项，并经考核合格后方可上岗。

2）转岗安全教育培训

"转岗"是指作业人员进入新的岗位。施工单位在作业人员进入新的岗位、从事新的工种作业前，必须对其进行有针对性的安全教育培训，使其熟悉新岗位的安全操作规程和注意事项，掌握安全操作技能，并经考核合格方可上岗。属于特种作业人员的，还必须按照有关规定取得特种作业操作资格证书后，方可上岗作业。

3）复岗安全教育培训

"复岗"是指作业人员离开原作业岗位6个月以上，又回到原作业岗位。教育内容应当具有针对性，包括：伤后的复岗安全教育、休假后复岗安全教育和复岗后转场安全教育。

复岗后不能在原施工现场作业的，除进行离岗教育外，还应进行转场安全教育。

（4）新技术、新工艺、新设备、新材料安全教育培训

施工单位在采用新技术、新工艺、新设备、新材料时，应当由技术部门和安全部门负责对作业人员进行相应的安全教育培训。主要内容有：

1）新技术、新工艺、新设备、新材料的特点、特性和使用方法。

2）新技术、新工艺、新设备、新材料投产使用后可能导致的新的危害因素及其防护方法。

3）新产品、新设备的安全防护装置的特点和使用。

4）新技术、新工艺、新设备、新材料的安全管理制度及安全操作规程。

5）采用新技术、新工艺、新设备、新材料应注意的事项。

（5）季节性安全教育

季节性安全教育是针对气候特点（如冬季、夏季、雨期等）可能给施工安全带来危害而组织的安全教育培训。

1）夏季安全教育培训

夏季高温，多雷电、暴雨、台风，是触电、雷击、坍塌等事故的高发期。气候闷热容易造成中暑，职工夜间休息不好，容易引发安全事故。因此，应当加强夏季安全教育培训。主要包括：安全用电知识、预防雷击知识、防坍塌安全知识、预防台风、暴风雨、泥石流等自然灾害的安全知识和防暑降温知识。

2）冬季安全教育培训

北方地区冬季气候干燥、寒冷且常常伴有大风，作业面及道路易结冰，给安全生产带来隐患；由于施工需要和办公、宿舍取暖，使用明火等原因，容易发生火灾和中毒事故；职工衣着笨重、动作不灵敏，容易发生意外事故。因此，应当加强冬季安全教育培训。主要内容包括：防冻、防滑知识、防火安全知识、安全用电知识和防中毒知识。

（6）节假日安全教育培训

节假日期间和前后，职工的思想和工作情绪不稳定，思想不集中，注意力分散，给安全生产带来不利因素。因此，加强对职工的安全教育非常必要。主要内容包括：

1）加强对管理人员和作业人员的思想教育，稳定职工工作情绪。

2）加强劳动纪律和安全规章制度的教育。

3）班组长要做好上岗前的安全教育，可以结合安全技术交底内容进行。

4）对较易发生事故的薄弱环节，进行专门的安全教育。

（7）其他形式的安全教育培训

5.4.6 安全教育培训方法和形式

具备安全生产培训条件的建筑施工企业，应当以自主培训为主；可以委托具备安全生产培训条件的机构对从业人员进行安全培训。不具备安全生产培训条件的建筑施工企业，应当委托具备安全生产培训条件的机构对从业人员进行安全培训。

安全教育培训的方法多种多样，各有特点，在实际应用中，要根据建筑施工企业的特点、培训内容和培训对象灵活选择。

目前安全教育培训的形式主要有广告宣传式、演讲式、会议（讨论）式、报刊式、竞赛式、声像式、现场观摩演示形式、文艺演出式、体验式安全教育培训等。尤其是体验式安全教育培训，以最直接的视觉、听觉和触觉让受训人员进行亲身体验，能够使员工的安全意识在短时间内得到最大程度的提高，掌握安全操作技能、安全防范知识和必要的安全救护知识。

5.5 安全检查制度

5.5.1 法律法规要求

《安全生产法》第十八条第五款规定：生产经营单位的主要负责人应督促、检查本单位的安全生产工作，及时消除生产安全事故隐患。

《安全生产法》第二十八条第五款规定：生产经营单位的安全生产管理机构以及安全生产管理人员应履行检查本单位的安全生产状况，及时排查生产安全事故隐患，提出改进安全生产管理的建议。

《建设工程安全生产管理条例》第二十一条规定，施工单位主要负责人应当对所承担的建设工程进行定期和专项安全检查，并做好安全检查记录。

5.5.2 安全检查的内容

人的不安全行为、物的不安全状态以及管理上的缺陷，是造成生产安全事故发生的基本因素。消除这些因素，就要设法及时发现，进而采取有效的措施，这要求企业应对安全生产状况进行经常性检查，并加以改进。

所谓的安全检查，是指对生产过程及安全管理中可能存在的隐患、有害与危险因素、缺陷等进行查证，以确定隐患与危险因素、缺陷的存在状态，分析可能转化为事故的条件，制定整改措施，消除隐患与危险因素，确保安全生产的工作方法。

安全检查是安全生产管理工作的一项重要内容，是安全生产工作中发现不安全状况和不安全行为的有效措施，是消除事故隐患、落实整改措施、防止伤亡事故发生、改善劳动条件的重要手段。建筑施工企业应当依据法律法规、安全技术标准和企业规章制度、安全规程等开展安全检查工作。

安全检察内容主要包括：

（1）安全目标的实现程度；

（2）安全生产职责的落实情况；

（3）各项安全管理制度的执行情况；

（4）施工现场安全隐患排查和安全防护情况；

（5）生产安全事故、未遂事故和其他违规违法事件的调查、处理情况；

（6）安全生产法律法规、标准规范和其他要求的执行情况。

5.5.3　安全检查的方式

安全检查的方式主要包括综合性检查、经常性检查、专项检查、季节性检查、定期检查、不定期检查等。

（1）**综合性检查**

综合性检查是企业管理层对下属单位及施工现场进行的全面性安全检查，是确保企业各项管理有效落实的重要措施。如企业安全生产条件自评、工程项目安全达标验收等。

（2）**经常性检查**

经常性检查是采取个别的、通过日常的巡视方式实现的。如施工班组班前、班后的岗位安全检查，各级安全员及安全值班人员日常巡回检查等，能够及时发现、及时消除隐患，保证施工正常进行。

（3）**专项检查**

专项检查是针对某个专项问题或在施工中存在的某个突出性安全问题进行的单项或定向检查。专项检查具有较强的针对性和专业性要求，一般针对检查难度较大或者存在问题较多的部位或分部分项工程开展。如模板工程、施工起重机械、防尘、防毒及防火检查等。

（4）**季节性、节假日安全检查**

季节性安全检查是针对气候特点（如冬季、夏季、雨期等）可能给安全施工带来危害而组织的安全检查。

节假日安全检查是在节假日（如元旦、春节、劳动节、国庆节）期间和节假日前后，针对职工纪律松懈、思想麻痹等进行的安全检查。

（5）**定期检查**

定期检查一般是通过有计划、有目的、有组织的形式来实现的。检查周期可根据施工单位的具体情况确定。如施工单位可确定季查、月查、施工现场周查、班组日查制度。定期检查面广、深度大，能解决一些普遍存在的问题。

工程项目部每天应结合施工动态，实行安全巡查；总承包单位工程项目部应组织各分包单位每周进行安全检查，每月对照《建筑施工安全检查标准》，至少进行一次定量检查。企业每月应对工程项目施工现场安全职责落实情况至少进行一次检查，并针对检查中发现的倾向性问题、安全生产状况较差的工程项目，组织专项检查。

（6）不定期检查

不定期检查是企业在跟踪企业及工程项目管理现状的状态下采取的时间灵活、随机性检查。如对工程项目开展的突击性安全检查。

5.5.4　安全检查的程序

（1）检查准备

1）确定检查对象、目的和任务；

2）制定检查计划，确定检查内容、方法和步骤；

3）组织检查人员（配备专业人员），成立检查组织；

4）准备必要的检测工具、仪器、检查表格和记录本。

（2）检查实施

1）查阅有关安全生产的文件和资料并进行检查访谈；

2）通过现场观察和仪器测量进行实地检查。

（3）综合分析

1）根据检查情况作出安全检查结论；

2）指出事故隐患和存在问题；

3）提出整改建议和意见。

（4）整改复查

1）监督被检查单位对安全检查中发现的问题和隐患，应定人、定时间、定措施组织整改。

2）被检查单位将整改情况报检查组织；检查组织应当跟踪复查复查隐患整改情况。

（5）总结改进

1）被检查单位对安全检查中发现的问题，进行统计、分析；

2）确定多发和重大隐患，制定治理预防措施；

3）实施治理预防措施。

（6）建档备案

1）检查组织建立并保存安全检查资料与记录；

2）被检查单位（包含工程项目）建立并保存安全检查和改进活动的资料与记录。

5.5.5　施工现场安全检查

建筑施工现场的安全检查是做好工程项目安全管理的重要手段，检查评定的主要依据是《建筑施工安全检查标准》JGJ 59—2011。

建筑施工安全检查评分表是指《建筑施工安全检查标准》JGJ 59—2011 所规定的检查评分表，是建筑施工现场安全检查的主要格式化文件，被广泛应用。该标准于 1988 年由原建设部颁布，1999 年进行了第一次修订，2011 年进行了第二次修订，形成现行版本。现行版本主要包括总则、术语、检查评定项目、检查评分方法和检查评分等级五大部分。该标准是建筑安全标准化的主要组成部分，适用于房屋建筑工程现场安全生产的检查评定，评定分为优良、合格和不合格三个等级，当评定等级为不合格时，必须整改达到合格。

（1）检查表术语

1）保证项目：检查评定项目中，对施工人员生命、设备设施及环境安全起关键性作用的项目。按照规定保证项目必须全数检查。

2）一般项目：检查评定项目中，除保证项目以外的其他项目。

3）公示标牌：在施工现场的进出口处设置的工程概况牌、管理人员名单及监督电话牌、消防保卫牌、安全生产牌、文明施工牌及施工现场总平面图等。

4）临边：施工现场内无围护设施或围护设施高度低于 0.8m 的楼层周边、楼梯侧边、平台或阳台边、屋面周边和沟、坑、槽、深基础周边等危及人身安全的边沿的简称。

（2）检查评定项目

《建筑施工安全检查标准》中将检查评分项目分为安全管理、文明施工、脚手架、基坑工程、模板支架、高处作业、施工用电、物料提升机与施工升降机、塔式起重机与起重吊装、施工机具共 10 项，将检查表分为 19 项分项检查评分表和 1 张检查评分汇总表。

1）安全管理。安全管理检查评定保证项目应包括：安全生产责任制、施工组织设计及专项施工方案、安全技术交底、安全检查、安全教育、应急救援。一般项目应包括：分包单位安全管理、持证上岗、生产安全事故处理、安全标志。

2）文明施工。文明施工检查评定保证项目应包括：现场围挡、封闭管理、施工场地、材料管理、现场办公与住宿、现场防火。一般项目应包括：综合治理、公示标牌、生活设施、社区服务。

3）脚手架。脚手架检查评分表分为扣件式钢管脚手架、门式钢管脚手架、碗扣式钢管脚手架、承插型盘扣式钢管脚手架、满堂脚手架、悬挑式脚手架、附着式升降脚手架、高处作业吊篮等八种脚手架的安全检查评分表。

4）基坑工程。基坑工程安全检查评分表是对施工现场基坑支护工程的安全评价。检查评定保证项目包括施工方案、基坑支护、降排水、基坑开挖、坑边荷载、安全防护。一般项目应包括基坑监测、支撑拆除、作业环境和应急预案。

5）模板支架。模板支架安全检查评分表是对施工过程中模板支架工程的安全评价。检查评定保证项目包括施工方案、支架基础、支架构造、支架稳定、施工荷载、交底与验收。一般项目包括杆件连接、底座与托撑、构配件材质、支架拆除。

6）高处作业。高处作业检查评定项目应包括：安全帽、安全网、安全带、临边防护、洞口防护、通道口防护、攀登作业、悬空作业、移动式操作平台、悬挑式物料钢平台。

7）施工用电。施工用电检查评定的保证项目应包括：外电防护、接地与接零保护系统、配电线路、配电箱与开关箱。一般项目应包括：配电室与配电装置、现场照明、用电档案。

8）物料提升机与施工升降机。物料提升机检查评定保证项目应包括：安全装置、防护设施、附墙架与缆风绳、钢丝绳、安拆、验收与使用。一般项目应包括：基础与导轨架、动力与传动、通信装置、卷扬机操作棚、避雷装置。

施工升降机检查评定保证项目应包括：安全装置、限位装置、防护设施、附墙架、钢丝绳、滑轮与对重、安拆、验收与使用。一般项目应包括：导轨架、基础、电气安全、通信装置。

9）塔式起重机与起重吊装。塔式起重机检查评定保证项目应包括：载荷限制装置、行程限位装置、保护装置、吊钩、滑轮、卷筒与钢丝绳、多塔作业、安拆、验收与使用。一般项目应包括：附着、基础与轨道、结构设施、电气安全。

起重吊装检查评定保证项目应包括：施工方案、起重机械、钢丝绳与地锚、索具、作业环境、作业人员。一般项目应包括：起重吊装、高处作业、构件码放、警戒监护。

10）施工机具。施工机具检查评定项目应包括：平刨、圆盘锯、手持电动工具、钢筋机械、电焊机、搅拌机、气瓶、翻斗车、潜水泵、振捣器、桩工机械。

（3）检查评分表的分值和评分办法

1）在安全管理、文明施工、脚手架、基坑工程、模板支架、施工用电、物料提升机与施工升降机、塔式起重机、施工机具检查评分表中，设立了保证项目和一般项目，保证项目应是对施工人员生命、设备设施及环境安全起关键性作用的项目，是安全检查的重点和关键。

2）各分项检查评分表中，满分为100分。表中各检查项目得分应为按规定检查内容所得分数之和。每张表总得分应为该表内各检查项目实得分数之和。

3）在检查评分中，遇有多个脚手架、塔吊、龙门架与井字架等时，则该项得分应为各单项实得分数的算术平均值。

4）评分应采用扣减分值的方法，扣减分值总和不得超过该检查项目的应得分值。

5）在检查评分中，当保证项目中有一项不得分或保证项目小计得分不足40分时，此检查评分表不应得分。

6）汇总表满分为100分。各分项检查表在汇总表中所占的满分分值应分别为：安全管理10分，文明施工15分，脚手架10分，基坑工程10分，模板工程10分，高处作业10分，施工用电10分，物料提升机与施工升降机10分，塔式起重机与起重吊装10分，施工机具5分。在汇总表中各分项项目实得分数应按下式计算：

$$A_1 = \frac{B \times C}{100}$$

式中　A_1——汇总表各分项项目实得分值；

　　　B——汇总表中该项应得满分值；

　　　C——该检查评分表实得分值。

当评分遇有缺项时，分项检查评分表或检查评分汇总表的总得分值应按下式计算：

$$A_2 = \frac{D}{E} \times 100$$

式中　A_2——遇有缺项时总得分值；

　　　D——实查项目在该表的实得分值之和；

　　　E——实查项目在该表的应得满分值之和。

（4）检查评分表的评分标准

建筑施工安全检查评分，应以汇总表的总得分及保证项目达标与否，作为对一个施工现场安全生产情况的评价依据，分为优良、合格、不合格三个等级。

1）优良。保证项目分值均应达到《建筑施工安全检查标准》规定得分标准，分项检查评分表无零分，汇总表得分值应为80分及其以上；

2）合格。分项检查评分表无零分，汇总表得分值应在80分以下，70分及以上。

3）不合格。

① 当汇总表得分值不足70分时；

② 当有一分项检查评分表得零分时。

（5）检查评分表分值的计算方法举例

1）汇总表中各项实得分计算：

按《安全管理检查评分表》打分实得分为86分，换算到汇总表中"安全管理"分项实得分为：

分项实得分＝（10×86）÷100＝8.60分

2）汇总表检查中遇有缺项时，汇总表总得分计算：

某施工现场未设置物料提升机与施工升降机，其他各分项汇总得分为84分，该施工现场实得分为：

汇总表实得满分为＝100－10＝90分

缺项的汇总表实得分＝（84÷90）×100＝93.34分

3）分项表中遇有缺项时，分表得分计算：

某施工现场临时用电无外电线路，《施工用电检查评分表》中其他各项实得分为64分，《施工用电检查评分表》实得分为：

施工用电分项表实得满分为＝100－20＝80分

缺项的分表实得分＝64÷80×100＝80.00分

4）当分表中保证项目不足40分时，分项表实得分计算：

某施工现场按《施工用电检查评分表》计算，保证项目实得分为38分，其他项目实得分为35分，该施工现场《施工用电检查评分表》实得分计算。

按照《建筑施工安全检查标准》检查评分表的评分标准规定，保证项目不足40分，该分项表得分为0分。

5）在各个分项表中，遇有多个项目时，分项实得分计算：

某施工现场的脚手架采用满堂脚手架、悬挑脚手架、附着式升降脚手架，满堂脚手架实得分为88分，悬挑脚手架得分为82分，附着式升降脚手架得分为91分，该施工现场脚手架分项表实得分为：

脚手架分项实得分＝（88＋82＋91）÷3＝87.00分

6）分项缺项2项及2项以上时，汇总表实得分的计算：

① 检查某施工现场，物料提升机与施工升降机、塔式起重机与起重吊装缺项，其他分项相加换算后实得分为70分，则该施工现场汇总表实得分为：

汇总表实得满分为＝100－10－10＝80分

汇总表实得分＝70÷80×100＝87.50分

② 某施工现场按照《建筑施工安全检查标准》评分，各分项折合得分如下：安全管理8.2分、文明施工13分、脚手架8分、基坑工程8.5分、模板工程8.2分、高处作业8.5分、

施工用电 8.8 分、物料提升机与施工升降机 8.3 分、施工机具 4.2 分，塔式起重机与起重吊装缺项。该施工现场实得分为：

汇总表实得分＝(8.2 ＋ 13 ＋ 8 ＋ 8.5 ＋ 8.2 ＋ 8.5 ＋ 8.8 ＋ 8.3 ＋ 4.2)÷(100 － 10)×100 ＝ 84.11 分。

该工程有一个检查项目为缺项，没有分项检查评分表得 0 分，根据评分标准该工程安全检查评定等级为"优良"。

5.6　隐患排查治理制度

5.6.1　法律法规要求

安全生产事故隐患，是指生产经营单位违反安全生产法律、法规、规章、标准、规程和安全生产管理制度的规定，或者因其他因素在生产经营活动中存在可能导致事故发生的物的危险状态、人的不安全行为和管理上的缺陷。

事故隐患分为一般事故隐患和重大事故隐患。一般事故隐患，是指危害和整改难度较小，发现后能够立即整改排除的隐患。重大事故隐患，是指危害和整改难度较大，应当全部或者局部停产停业，并经过一定时间整改治理方能排除的隐患，或者因外部因素影响致使生产经营单位自身难以排除的隐患。

《安全生产法》规定："生产经营单位应当建立健全生产安全事故隐患排查治理制度，采取技术、管理措施，及时发现并消除事故隐患。事故隐患排查治理情况应当如实记录，并向从业人员通报。"安监局 2007 年印发的《安全生产事故隐患排查治理暂行规定》(安监总局令第 16 号)，明确了生产经营单位的职责、监督管理等内容。

5.6.2　隐患排查治理制度内容

施工单位是建筑施工事故隐患排查、治理和防控的责任主体，应当建立和完善隐患排查治理制度。主要包括以下内容：

(1)建立健全事故隐患排查治理和建档监控等制度，逐级落实从主要负责人到每个从业人员的隐患排查治理和监控职责；

(2)建立资金使用专项制度，保证事故隐患排查治理所需资金的投入；

(3)组织人员对工程项目存在的事故隐患进行排查整治；

(4)制定事故隐患报告和举报奖励措施，鼓励、发动职工发现和排除事故隐患，鼓励社会公众举报。

5.6.3　隐患排查治理实施

(1)施工单位应当落实隐患排查制度，定期组织安全生产管理人员、工程技术人员和其他相关人员排查每一个工程项目的重大隐患，特别是对深基坑、高支模、地铁隧道等技术难度大、风险大的重要工程应重点定期排查。

(2)对排查出的事故隐患，应当按照事故隐患的等级进行登记，建立事故隐患信息档案，并按照职责分工实施监控治理。事故隐患治理方案应当包括以下内容：

① 治理的目标和任务；

② 采取的方法和措施；

③ 经费和物资的落实；

④ 负责治理的机构和人员；

⑤ 治理的时限和要求。

（3）施工单位在事故隐患治理过程中，应当采取相应的安全防范措施，防止事故发生。事故隐患排除前或者排除过程中无法保证安全的，应当从危险区域内撤出作业人员，并疏散可能危及的其他人员，设置警戒标志，暂时停止施工，防止事故发生。

（4）施工单位应加强对自然灾害的预防。对于因自然灾害可能导致事故灾难的隐患，应按照有关法律、法规、标准的要求排查治理，采取可靠的预防措施，制定应急预案。在接到有关自然灾害预报时，应及时向下属单位发出预警通知；发生可能危及人员安全的自然灾害时，应当采取撤离人员、停止作业、加强监测等安全措施，并及时向建设单位和有关部门报告。

（5）施工单位应当每季、每年对本单位事故隐患排查治理情况进行统计分析，形成隐患排查治理报告，并分类建档。隐患排查治理报告内容应当包括：

1）隐患的现状及其产生原因；

2）隐患的危害程度和整改难易程度分析；

3）隐患的治理方案。

5.7　安全生产标准化

5.7.1　法律法规要求

《安全生产法》第四条规定：生产经营单位必须遵守本法和其他有关安全生产的法律、法规，加强安全生产管理，建立、健全安全生产责任制和安全生产规章制度，改善安全生产条件，推进安全生产标准化建设，提高安全生产水平，确保安全生产。

2004 年 1 月，国务院印发了《关于进一步加强安全生产工作的决定》（国发〔2004〕2 号），提出："在全国所有工矿、商贸、交通运输、建筑施工等企业普遍开展安全质量标准化活动。"

2010 年 7 月，国务院印发了《关于进一步加强企业安全生产工作的通知》（国发〔2010〕23 号），提出："全面开展安全达标。深入开展以岗位达标、专业达标和企业达标为内容的安全生产标准化建设。"

2011 年 5 月，国务院安委会印发了《关于深入开展企业安全生产标准化建设的指导意见》（安委〔2011〕4 号），提出："在工矿商贸和交通运输行业（领域）深入开展安全生产标准化建设。""抓达标，严格考评。各地区、各有关部门要加强对企业安全生产标准化建设的督促检查，严格组织开展达标考评。"

2011 年 5 月，住房城乡建设部安委会办公室印发了《关于继续深入开展建筑安全生产标准化工作的通知》（建安办函〔2011〕14 号），对进一步深入开展建筑施工企业安全生产标准化工作进行了部署。

2011 年 11 月，国务院印发了《关于坚持科学发展安全发展促进安全生产形势持续稳定好转的意见》（国发〔2011〕40 号），提出："推进安全生产标准化建设。在工矿商贸和交通运输行业领域普遍开展岗位达标、专业达标和企业达标建设。"

2013 年 3 月，住房城乡建设部办公厅印发了《关于开展建筑施工安全生产标准化考评工作的指导意见》（建办质〔2013〕11 号），对建筑施工安全生产标准化考评工作提出了总体要求。

2014 年 7 月，住房城乡建设部印发了《建筑施工安全生产标准化考评暂行办法》（建质〔2014〕111 号），明确了标准化实施主体及考评主体，规范了标准化考评的流程，完善了奖惩措施。

开展建筑施工安全生产标准化，是实现建筑施工安全的标准化、规范化，促使建筑施工企业建立自我约束、持续改进的安全生产长效机制，实现建筑安全生产形势持续稳定的根本途径。

5.7.2　安全生产标准化内涵

建筑施工安全生产标准化，是指建筑施工企业在建筑施工活动中，贯彻执行建筑施工安全法律法规和标准规范，建立企业和项目安全生产责任制，制定安全管理制度和操作规程，监控危险性较大分部分项工程，排查治理安全生产隐患，使人、机、物、环始终处于安全状态，形成过程控制、持续改进的安全管理机制。

5.7.3　安全生产标准化内容

建筑施工企业安全生产标准化主要包括企业安全生产管理标准化、安全技术管理标准化、设备和设施管理标准化、企业市场行为管理标准化和施工现场安全管理标准化五项内容。

（1）安全生产管理

安全生产管理评价是对企业安全管理制度建立和落实情况的考核，其内容包括安全生产责任制度、安全文明资金保障制度、安全教育培训制度、安全检查及隐患排查制度、生产安全事故报告处理制度、安全生产应急救援制度等 6 个评定项目。

（2）安全技术管理

安全技术管理评价是对企业安全技术管理工作的考核，其内容包括法规、标准和操作规程配置，施工组织设计，专项施工方案（措施），安全技术交底，危险源控制等 5 个评定项目。

（3）设备和设施管理

设备和设施管理评价是对企业设备和设施安全管理工作的考核，其内容包括设备安全管理、设施和防护用品、安全标志、安全检查测试工具 4 个评定项目。

（4）企业市场行为

企业市场行为评价是对企业安全管理市场行为的考核，其内容包括安全生产许可证、安全生产文明施工、安全质量标准化达标、资质机构与人员管理制度 4 个评定项目。

（5）施工现场安全管理

施工现场安全管理评价是对企业所属施工现场安全状况的考核，其内容包括施工现场安全达标、安全文明资金保障、资质和资格管理、生产安全事故控制、设备设施工艺选用、保险 6 个评定项目。

建筑施工企业应根据自身特点和规模，建立并完善以安全生产责任制为核心的安全管理制度，实施安全生产体系管理。开展安全生产标准化建设时，要注意以下几点：

1）坚持"安全第一、预防为主、综合治理"的方针和以人为本的科学发展观；

2）突出企业安全生产工作的规范化、制度化、标准化、科学化、法制化；

3）注重企业安全基础管理工作的拓展、规范和提升。

（6）任务分工

1）建筑施工企业应建立健全以法定代表人为第一责任人的企业安全生产管理体系，实施企业安全生产标准化工作。

2）工程项目应建立健全以项目负责人为第一责任人的项目安全生产管理体系，实施项目安全生产标准化工作。

3）建筑施工项目实行施工总承包的，施工总承包单位对项目安全生产标准化工作负总责。施工总承包单位应当组织专业承包单位等开展项目安全生产标准化工作。

5.7.4　安全生产标准化考评

（1）安全生产标准化自评

根据《建筑施工安全生产标准化考评暂行办法》（建质〔2014〕111 号），建筑施工企业应开展安全生产标准化自评。

建筑施工企业安全生产标准化自评工作采用"策划、实施、检查、改进"动态循环的模式，建立并保持安全生产标准化系统，通过自我检查、自我纠正和自我完善，建立安全绩效持续改进的安全生产长效机制。

建筑施工安全生产标准化自评包括建筑施工项目安全生产标准化自评和建筑施工企业安全生产标准化自评。

1）项目自评

① 工程项目应成立由施工总承包及专业承包单位等组成的项目安全生产标准化自评机构，在项目施工过程中每月主要依据《建筑施工安全检查标准》JGJ59 等开展安全生产标准化自评工作。

② 建筑施工企业安全生产管理机构应定期对项目安全生产标准化工作进行监督检查，检查及整改情况应当纳入项目自评材料。

③ 建设、监理单位应对建筑施工企业实施的项目安全生产标准化工作进行监督检查，并对建筑施工企业的项目自评材料进行审核并签署意见。

④ 项目完工后办理竣工验收前，建筑施工企业应向建设主管部门提交项目安全生产标准化自评材料。主要包括：

a. 项目建设、监理、施工总承包、专业承包等单位及其项目主要负责人名录；

b. 项目主要依据《建筑施工安全检查标准》JGJ59 等进行自评结果及项目建设、监理单位审核意见；

c. 项目施工期间因安全生产受到住房城乡建设主管部门奖惩情况（包括限期整改、停工整改、通报批评、行政处罚、通报表扬、表彰奖励等）；

d. 项目发生生产安全责任事故情况；

e. 住房城乡建设主管部门规定的其他材料。

2）企业自评

① 建筑施工企业应成立企业安全生产标准化自评机构，每年主要依据《施工企业安全生产评价标准》JGJ/T 77 等开展企业安全生产标准化自评工作。

② 建筑施工企业在办理安全生产许可证延期时，应向建设主管部门提交企业自评材料。自评材料主要包括：

a. 企业承建项目台账及项目考评结果；

b. 企业主要依据《施工企业安全生产评价标准》（JGJ/T 77）等进行自评结果；

c. 企业近三年内因安全生产受到住房城乡建设主管部门奖惩情况（包括通报批评、行政处罚、通报表扬、表彰奖励等）；

d. 企业承建项目发生生产安全责任事故情况；

e. 省级及以上住房城乡建设主管部门规定的其他材料。

（2）建设主管部门考评

根据《建筑施工安全生产标准化考评暂行办法》（建质〔2014〕111 号），建设主管部门应对建筑施工企业安全生产标准化自评情况进行考评。

1）对工程项目的考评

① 建设主管部门应对已办理施工安全监督手续并取得施工许可证的建筑施工项目实施安全生产标准化考评。

② 建设主管部门收到建筑施工企业提交的材料后，经查验符合要求的，以项目自评为基础，结合日常监管情况对项目安全生产标准化工作进行评定，在 10 个工作日内向建筑施工企业发放项目考评结果告知书。

③ 项目考评结果分为"优良""合格"及"不合格"。评定结果为不合格的，建设主管部门应在项目考评结果告知书中说明理由及项目考评不合格的责任单位。

2）对施工企业的考评

① 建设主管部门应对取得安全生产许可证且许可证在有效期内的建筑施工企业实施安全生产标准化考评。

② 建设主管部门收到建筑施工企业提交的材料后，经查验符合要求的，以企业自评为基础，以企业承建项目安全生产标准化考评结果为主要依据，结合安全生产许可证动态监管情况对企业安全生产标准化工作进行评定，在 20 个工作日内向建筑施工企业发放企业考评结果告知书。

③ 评定结果为"优良""合格"及"不合格"。评定结果为不合格的，建设主管部门应当说明理由，责令限期整改。

（3）奖励与惩戒

建设主管部门应当将建筑施工安全生产标准化考评情况记入安全生产信用档案，并将考评结果作为政府相关部门进行绩效考核、信用评级、诚信评价、评先推优、投融资风险评估、保险费率浮动等重要参考依据。

1）建设主管部门对于安全生产标准化考评不合格的建筑施工企业，应当责令限期整改，在企业办理安全生产许可证延期时，复核其安全生产条件，对整改后具备安全生产条件的，安全生产标准化考评结果为"整改后合格"，核发安全生产许可证；对不再具备安全生产条件的，不予核发安全生产许可证。

2）建设主管部门对于安全生产标准化考评不合格的建筑施工企业及项目，应当在企业主要负责人、项目负责人办理安全生产考核合格证书延期时，责令限期重新考核，对重新考核合格的，核发安全生产考核合格证；对重新考核不合格的，不予核发安全生产考核合格证。

3）经安全生产标准化考评合格或优良的建筑施工企业及项目，发现有下列情形之一的，由建设主管部门撤销原安全生产标准化考评结果，直接评定为不合格，并对有关责任单位和责任人员依法予以处罚。

① 提交的自评材料弄虚作假的；

② 漏报、谎报、瞒报生产安全事故的；

③ 考评过程中有其他违法违规行为的。

第6章 建筑施工企业安全技术管理

6.1 施工组织设计

6.1.1 法律法规要求

《建筑法》第三十八条规定：建筑施工企业在编制施工组织设计时，应当根据建筑工程的特点制定相应的安全技术措施；对专业性较强的工程项目，应当编制专项安全施工组织设计，并采取安全技术措施。

《建设工程安全生产管理条例》第二十六条规定：施工单位应当在施工组织设计中编制安全技术措施和施工现场临时用电方案，对下列达到一定规模的危险性较大的分部分项工程编制专项施工方案，并附具安全验算结果，经施工单位技术负责人、总监理工程师签字后实施，由专职安全生产管理人员进行现场监督。

6.1.2 定义与分类

施工组织设计是以施工项目为对象编制的，用以指导施工的技术、经济和管理的综合性、纲领性文件。具体来讲，施工组织设计是施工单位在施工前，根据工程概况、施工工期、场地环境以及机械设备、施工机具和变配电设施等配备计划，拟定工程施工程序、施工流向、施工顺序、施工进度、施工方法、施工人员、技术措施（包括质量、安全）、材料供应，对运输道路、设备设施和水电能源等现场设施的布置和建设作出规划。

施工组织设计按编制对象一般分为施工组织总设计、单位工程施工组织设计和施工方案三类。

（1）施工组织总设计

施工组织总设计是以若干单位工程组成的群体工程或特大型项目为主要对象编制的施工组织设计，对整个项目的施工过程起统筹规划、重点控制的作用。主要包括建设项目工程概况，总体施工部署，施工总进度计划，总体施工准备与主要资源配置计划，主要施工方法，施工总平面布置等。施工组织总设计是编制单位（项）工程施工组织设计的基础。

（2）单位工程施工组织设计

单位工程施工组织设计是指在群体工程项目中，以单位（子单位）工程为对象编制的施工组织设计，对单位（子单位）工程的施工过程起到指导和制约作用，也是编制施工方案的基础。

（3）施工方案

施工方案是以分部（分项）工程或专项工程为主要对象编制的施工技术与组织方案，用以具体指导其施工过程。

6.1.3　编制原则与依据

（1）编制原则

1）符合施工合同或招标文件中有关工程进度、质量、安全、环境保护、造价等方面的要求；

2）积极开发，使用新技术和新工艺，推广应用新材料和新设备；

3）坚持科学的施工程序和合理的施工顺序，采用流水施工和网络计划等方法，科学配置资源，合理布置现场，采取季节性施工措施，实现均衡施工，达到合理的经济技术指标；

4）采取技术和管理措施，推广建筑节能和绿色施工；

5）与质量、环境和职业健康安全三个管理体系有效结合。

（2）编制依据

1）与工程建设有关的法律、法规和文件；

2）国家现行有关标准和技术经济指标；

3）工程所在地区行政主管部门的批准文件，建设单位对施工的要求；

4）工程施工合同或招标投标文件；

5）工程设计文件；

6）工程施工范围内的现场条件，工程地质及水文地质、气象等自然条件；

7）与工程有关的资源供应情况；

8）施工企业的生产能力、机具设备状况、技术水平等。

6.1.4　安全生产内容

（1）安全生产管理目标：达到五无目标，即"无死亡事故，无重大伤人事故，无重大机械事故，无火灾，无中毒事故"，确保达到安全文明施工现场。

（2）安全保证体系的内容。

（3）安全管理制度。

（4）安全管理工作。

（5）安全经济措施。

（6）具体的安全技术措施。

（7）安全应急救援预案。

6.1.5　编制和审批

施工组织设计应由施工单位组织编制，可根据需要分阶段编制和审批；施工组织总设计应由总承包单位技术负责人审批；单位工程施工组织设计应由施工单位技术负责人或技术负责人授权的技术人员审批；施工方案应由项目技术负责人审批。

6.2　危大工程专项施工方案

6.2.1　法律法规要求

《建设工程安全生产管理条例》第二十六条规定：施工单位应当在施工组织设计中编

制安全技术措施和施工现场临时用电方案，对下列达到一定规模的危险性较大的分部分项工程编制专项施工方案，并附具安全验算结果，经施工单位技术负责人、总监理工程师签字后实施，由专职安全生产管理人员进行现场监督。

（1）基坑支护与降水工程；

（2）土方开挖工程；

（3）模板工程；

（4）起重吊装工程；

（5）脚手架工程；

（6）拆除、爆破工程；

（7）国务院建设行政主管部门或者其他有关部门规定的其他危险性较大的工程。

对前款所列工程中涉及深基坑、地下暗挖工程、高大模板工程的专项施工方案，施工单位还应当组织专家进行论证、审查。

《危险性较大的分部分项工程安全管理办法》（建质〔2009〕87号）规定，对达到一定规模的危险性较大分部分项工程，建筑施工单位应当编制安全专项施工方案，按规定进行审查、论证、批准和实施。

6.2.2　危大工程定义及范围

所谓危险性较大的分部分项工程，是指建筑工程在施工过程中存在的、可能导致作业人员群死群伤或造成重大不良社会影响的分部分项工程。

建筑工程安全专项施工方案，是指施工单位在编制施工组织（总）设计的基础上，针对危险性较大的分部分项工程单独编制的安全技术措施文件。

下列危险性较大的分部分项工程施工前，施工单位应编制安全专项施工方案，对于超过一定规模的危险性较大的分部分项工程，施工单位应当组织专家对专项方案进行论证。见表6-1。

危险性较大的分部分项工程

表6-1

序号	危险性较大的分部分项工程范围		超过一定规模的危险性较大的分部分项工程范围
1	基坑支护、降水工程	开挖深度超过3m（含3m）或虽未超过3m但地质条件和周边环境复杂的基坑（槽）支护、降水工程	（1）深基坑工程中开挖深度超过5m（含5m）的基坑（槽）的土方支护、降水工程。 （2）深基坑工程中开挖深度虽未超过5m，但地质条件、周围环境和地下管线复杂，或影响毗邻建筑（构筑）物安全的基坑（槽）的土方支护、降水工程
2	土方开挖工程	开挖深度超过3m（含3m）的基坑（槽）的土方开挖工程	（1）深基坑工程中开挖深度超过5m（含5m）的基坑（槽）的土方开挖工程。 （2）深基坑工程中开挖深度虽未超过5m，但地质条件、周围环境和地下管线复杂，或影响毗邻建筑（构筑）物安全的基坑（槽）的土方开挖工程
3	模板工程及支撑体系	（1）各类工具式模板工程：包括大模板、滑模、爬模、飞模等工程	（1）工具式模板工程：包括滑模、爬模、飞模工程
		（2）混凝土模板支撑工程：	（2）混凝土模板支撑工程
		1）搭设高度5m及以上	1）搭设高度8m及以上

续表

序号	危险性较大的分部分项工程范围		超过一定规模的危险性较大的分部分项工程范围
3	模板工程及支撑体系	2）搭设跨度10m及以上	2）搭设跨度18m及以上
		3）施工总荷载10kN/m^{2}及以上	3）施工总荷载15kN/m^{2}及以上
		4）集中线荷载15kN/m及以上	4）集中线荷载20kN/m及以上
		5）高度大于支撑水平投影宽度且相对独立无联系构件的混凝土模板支撑工程	—
		（3）承重支撑体系：用于钢结构安装等满堂支撑体系	（3）承重支撑体系：用于钢结构安装等满堂支撑体系，承受单点集中荷载700kg及以上
4	起重吊装及安装拆卸工程	（1）采用非常规起重设备、方法，且单件起吊重量在10kN及以上的起重吊装工程 （2）采用起重机械进行安装的工程 （3）起重机械设备自身的安装、拆卸	（1）采用非常规起重设备、方法，且单件起吊重量在100kN及以上的起重吊装工程。 （2）起重量300kN及以上的起重设备安装工程；高度200m及以上内爬起重设备的拆除工程
5	脚手架工程	（1）搭设高度24m及以上的落地式钢管脚手架工程	（1）搭设高度50m及以上落地式钢管脚手架工程
		（2）附着式整体和分片提升脚手架工程	（2）提升高度150m及以上附着式整体和分片提升脚手架工程
		（3）悬挑式脚手架工程	（3）架体高度20m及以上悬挑式脚手架工程
		（4）吊篮脚手架工程	—
		（5）自制卸料平台、移动操作平台工程	—
		（6）新型及异型脚手架工程	
6	拆除、爆破工程	（1）建筑物、构筑物拆除工程。 （2）采用爆破拆除的工程	（1）采用爆破拆除的工程。（2）码头、桥梁、高架、烟囱、水塔或拆除中容易引起有毒有害气（液）体或粉尘扩散、易燃易爆事故发生的特殊建、构筑物的拆除工程。（3）可能影响行人、交通、电力设施、通信设施或其他建、构筑物安全的拆除工程。（4）文物保护建筑、优秀历史建筑或历史文化风貌区控制范围的拆除工程
7	其他	（1）建筑幕墙安装工程	（1）施工高度50m及以上的建筑幕墙安装工程
		（2）钢结构、网架和索膜结构安装工程	（2）跨度大于36m及以上的钢结构安装工程；跨度大于60m及以上的网架和索膜结构安装工程
		（3）人工挖孔桩工程	（3）开挖深度超过16m的人工挖孔桩工程
		（4）地下暗挖、顶管及水下作业工程	（4）地下暗挖工程、顶管工程、水下作业工程
		（5）预应力工程	—
		（6）采用新技术、新工艺、新材料、新设备及尚无相关技术标准的危险性较大的分部分项工程	（5）采用新技术、新工艺、新材料、新设备及尚无相关技术标准的危险性较大的分部分项工程

6.2.3 安全专项施工方案编制与审批

（1）编制单位

建筑工程实行施工总承包的，专项方案应当由施工总承包单位组织编制。其中，起重机械安装拆卸工程、深基坑工程、附着式升降脚手架等专业工程实行分包的，其专项方案可由专业承包单位组织编制。

（2）编制要求

1）按照建筑施工危险等级的分级规定，有针对危险源及其特征的具体安全技术措施；

2）按照消除、隔离、减弱、控制危险源的顺序选择安全技术措施；

3）采用有可靠依据的方法分析确定安全技术方案的可靠性和有效性；

4）根据施工特点制订安全技术方案实施过程中的控制原则，并明确重点控制与监测部位及要求。

（3）方案内容

安全专项施工方案应根据工程建设标准和勘察设计文件，并结合工程项目和分部分项工程的具体特点进行编制。除工程建设标准有明确规定外，安全专项施工方案主要应包括以下内容：

1）工程概况：危险性较大的分部分项工程概况、施工平面布置、施工要求和技术保证条件；

2）编制依据：根据相关法律、法规、规范性文件、标准、规范及图纸、施工组织设计等；

3）施工计划：包括施工进度计划、材料与设备计划；

4）施工工艺技术：技术参数、工艺流程、施工方法、检查验收等；

5）施工安全保证措施：组织保障、技术措施、应急预案、监测监控等；

6）劳动力计划：专职安全生产管理人员、特种作业人员等；

7）计算书及相关图纸。

（4）方案审核

专项方案应当由施工单位技术部门组织本单位施工技术、安全、质量等部门的专业技术人员进行审核。

（5）方案审批

经审核合格的，由施工单位技术负责人签字。实行施工总承包的，专项方案应当由总承包单位技术负责人及相关专业承包单位技术负责人签字。

不需专家论证的专项方案，经施工单位审核合格后报监理单位，由项目总监理工程师审核签字。

6.2.4 安全专项施工方案专家论证

（1）论证的组织

方案的论证由施工单位组织。实行施工总承包的，由施工总承包单位组织召开专家论证会。

（2）专家组人员的条件

1）诚实守信、作风正派、学术严谨；

2）从事专业工作 15 年以上或具有丰富的专业经验；

3）具有高级专业技术职称。

（3）**论证审查方式**

专家论证审查宜采用会审的方式。专家组成员应当由 5 名及以上符合相关专业要求的专家组成，本项目参建各方的人员不得以专家身份参加专家论证会。

（4）**论证会参加人员**

1）专家组成员；

2）建设单位项目负责人或技术负责人；

3）监理单位项目总监理工程师及相关人员；

4）施工单位分管安全的负责人、技术负责人、项目负责人、项目技术负责人、专项方案编制人员、项目专职安全生产管理人员；

5）勘察、设计单位项目技术负责人及相关人员。

（5）**论证内容**

1）专项方案内容是否完整、可行；

2）专项方案计算书和验算依据是否符合有关标准规范；

3）安全施工的基本条件是否满足现场实际情况。

（6）**论证要求**

专项方案经论证后，专家组应当提交论证报告，对论证的内容提出明确的意见，并在论证报告上签字。该报告作为专项方案修改完善的指导意见。

（7）**重新论证**

如果专家组认为专项施工方案需作重大修改的，施工单位应当按照论证报告修改，并重新组织专家进行论证。

（8）**审批程序**

施工单位应按照专家组提出的论证审查报告对安全专项施工方案进行修改完善，经施工单位技术负责人、工程项目总监理工程师和建设单位项目负责人签字后，方可组织实施。

实行施工总承包的，还应经施工总承包单位、相关专业技术负责人审核签字。

6.2.5 安全专项施工方案实施

（1）**安全专项施工方案的修订**

施工单位必须严格执行安全专项施工方案，不得擅自修改经过审批的安全专项施工方案。如因设计、结构等因素发生变化，确需修订的，应重新履行审核、审批和论证程序。

（2）**安全专项施工方案的交底**

方案在实施前，应由方案编制人员或技术负责人向工程项目的施工、技术、安全管理人员和作业人员进行安全技术交底。

（3）**安全专项施工方案的实施**

1）施工单位应当指定专人对专项方案实施情况进行现场监督和按规定进行监测。发现不按照专项方案施工的，应当要求其立即整改；发现有危及人身安全紧急情况的，应当立即组织作业人员撤离危险区域。

2）施工单位技术负责人应当定期巡查专项方案实施情况。

3）对于按规定需要验收的危险性较大的分部分项工程，施工单位、监理单位应当组织有关人员进行验收。验收合格的，经施工单位项目技术负责人及项目总监理工程师签字后，方可进入下一道工序。

4）监理单位应当将危险性较大的分部分项工程列入监理规划和监理实施细则，应当针对工程特点、周边环境和施工工艺等，制定安全监理工作流程、方法和措施。

5）监理单位应当对专项方案实施情况进行现场监理；对不按专项方案实施的，应当责令整改，施工单位拒不整改的，应当及时向建设单位报告；建设单位接到监理单位报告后，应当立即责令施工单位停工整改；施工单位仍不停工整改的，建设单位应当及时向住房城乡建设主管部门报告。

6.3 危险源控制制度

6.3.1 法律法规要求

《安全生产法》第三十七条规定，生产经营单位对重大危险源应当登记建档，进行定期检测、评估、监控，并制定应急预案，告知从业人员和相关人员在紧急情况下应当采取的应急措施。生产经营单位应当按照国家有关规定将本单位重大危险源及有关安全措施、应急措施报有关地方人民政府安全生产监督管理部门和有关部门备案。

6.3.2 危险等级划分

根据发生生产安全事故可能产生的后果，《建筑施工安全技术统一规范》GB 50870—2013 将建筑施工危险等级划分为Ⅰ、Ⅱ、Ⅲ级；建筑施工安全技术量化分析中，建筑施工危险等级系数的取值应符合表 6-2 的规定。

危险等级系数的取值表   表 6-2

危险等级	事故后果	危险等级系数
Ⅰ	很严重	1.10
Ⅱ	严重	1.05
Ⅲ	不严重	1.00

在建筑施工过程中，应结合工程施工特点和所处环境，根据建筑施工危险等级实施分级管理，并应综合采用相应的安全技术。

6.3.3 危险源辨识方法

危险源辨识就是识别危险源的存在、根源、状态，并确定其特性的过程。危险源辨识不但包括对危险源的识别，而且必须对其性质加以判断，可视危险源发生的概率、危害程度、影响范围将其分为一般危险源和重大危险源。

建筑施工企业必须根据工程对象的特点和条件充分识别各个施工阶段、部位和场所需控制的危险源。识别方法可采用现场交谈询问、经验判断、查阅事故案例、工作任务和工艺过程分析、安全检查表法等方法。此处介绍提示表法。

危险源提示表可以对下列几个方面设问：

（1）在平地上滑倒（跌倒）。

（2）人员从高处坠落（包括从平地处坠入深坑）。

（3）工具、材料等从高处坠落。

（4）头顶以上空间不足。

（5）搬运工具、材料等有关的危险源。

（6）与装配、试车、操作、维护、改造、修理和拆除等有关的装置、机械的危险源。

（7）车辆危险源，包括场地运输和场外道路运输等。

（8）火灾和爆炸。

（9）临近高压线路和起重设备伸出界外作业。

（10）可吸入的物质。

（11）可伤害眼睛的物质或试剂。

（12）可通过皮肤接触和吸收而造成伤害的物质。

（13）可通过摄入（如通过口腔进入体内）而造成伤害的物质。

（14）有害能量（如电、辐射、噪声以及振动等）。

（15）由于经常性的重复动作而造成的与工作有关的肢体损伤。

（16）不适的热环境（如过热）。

（17）照明不良。

（18）易滑、不平坦的场地（地面）。

（19）不合适的楼梯护栏和扶手。

（20）合同方人员的活动。

以上举例并不全面，施工现场应根据工程项目的具体情况辨识各自的危险源。

6.3.4 危险源辨识程序

（1）找出可能引发事故的材料、物品、设施设备、能源等物的不安全状态和人的不安全行为；

（2）查找可能引起事故的原因并进行分析；

（3）确定危险源；

（4）对危险源可能造成的伤害进行分析，确定是否属于"重大危险源"；

（5）对重大危险源进行危险性评价和事故严重度评价。

6.3.5 危险源监控

（1）列出危险源清单

施工企业应根据经营业务的类型编制施工作业流程，逐层分解作业活动情况，并分析辨识出可能存在的危险源，列出危险源清单。

（2）登记建档

建筑施工企业对施工现场重大危险源辨识后，要及时登记建档。重大危险源档案应包括：识别评价记录、重大危险源清单、分布区域与警示布置、监控记录、应急预案等。

（3）编制方案

施工项目部对存在重大危险源的分部分项工程应编制管理方案或专项施工方案，严格履行审批、论证、检验检测等相关手续。

（4）监督实施

施工项目部在对存在重大危险源的分部分项工程组织施工时，应按照经审核、批准的管理方案或专项施工方案组织实施。项目部应对重大危险源作业过程进行旁站式监督，对旁站监督过程中发现的事故隐患及时纠正，发现重大问题时应停止施工。

（5）公示告知

建筑施工企业应建立施工现场重大危险源公示制度，告知现场作业人员及相关方。公示牌应设置于醒目位置，内容应包括：危险性较大的工程的名称、部位、措施、施工期限、安全监控责任人和举报电话等。

（6）跟踪监控

建筑施工企业对登记建档的重大危险源应跟踪管理，定期进行检测、评估、监控。

（7）制定应急预案

建筑施工企业应根据本单位重大危险源的实际情况，在企业生产安全事故应急预案体系下制定并落实重大危险源事故应急预案管理。

（8）告知应急措施

建筑施工企业应当告知从业人员及相关方在紧急情况下应当采取的应急措施，并报有关地方人民政府安全生产监督管理部门和有关部门备案。

6.4 安全技术交底

6.4.1 法律法规要求

《建设工程安全生产管理条例》第二十七条规定：建设工程施工前，施工单位负责项目管理的技术人员应当对有关安全施工的技术要求向施工作业班组、作业人员作出详细说明，并由双方签字确认。

6.4.2 安全技术交底的作用

安全技术交底，是指交底方向被交底方对预防和控制生产安全事故发生及减少其危害的技术措施、施工方法等进行说明的技术活动。其作用在于：

（1）让一线作业人员了解和掌握该作业项目的安全技术操作规程和注意事项，减少因违章操作而导致事故的可能；

（2）安全管理人员在项目安全管理工作中的重要环节；

（3）安全管理内业的内容要求，同时做好安全技术交底也是安全管理人员自我保护的手段。

6.4.3 安全技术交底的程序和要求

安全技术交底应依据国家有关法律法规和有关标准、工程设计文件、施工组织设计和安全技术规划、专项施工方案和安全技术措施、安全技术管理文件等的要求进行。施工单位应建立分级、分层次的安全技术交底制度。

施工技术人员将工程项目、分部分项工程概况以及安全技术措施要求向参加施工的各类人员进行安全技术交底，使全体作业人员明白工程施工特点及各施工阶段安全施工的要求，掌握各自岗位职责和安全操作方法。安全技术交底的主要要求：

（1）安全技术交底应根据工程特点和要求分级、分层次进行：

1）专项施工项目及企业内部规定的重点施工工程开工前，企业的技术负责人应向参加施工的施工管理人员进行安全技术交底。

2）各分部分项工程、关键工序和专项方案实施前，项目技术负责人应当会同方案编制人员就方案的实施向施工管理人员进行技术交底，并提出方案中涉及的设施安装、验收的方法和标准。项目技术负责人和方案编制人员必须参加方案实施的验收和检查。

3）总承包单位向分包单位进行安全技术措施交底，分包单位工程项目的安全技术人员向作业班组进行安全技术措施交底。

4）施工管理人员及各工种管理人员应对新进场的工人实施作业人员工种交底。

5）作业班组应对作业人员进行班前交底。

（2）交底必须具体、明确、针对性强。交底要依据施工组织设计和安全施工方案以及分部分项工程施工给作业人员带来的潜在危险因素，就作业要求和施工中应注意的安全事项有针对性地进行交底。

（3）各工种的安全技术交底一般与分部分项安全技术交底同步进行。对Ⅰ级、Ⅱ级的分部分项工程、机械设备及设施安装拆卸等施工工艺复杂、施工难度较大或作业条件危险的，应当单独进行各工种的安全技术交底。

（4）对变更后经审核、批准的安全技术措施（方案），施工项目部在实施前应当由项目技术负责人重新进行技术交底。

（5）交接底应当采用书面形式。

（6）交接底双方在书面安全技术交底上签字确认。

（7）书面记录应在交底者、被交底者和安全管理者三方留存备查。

6.4.4　安全技术交底的主要内容

生产负责人在生产作业前对直接生产作业人员进行的该作业的安全操作规程和注意事项的培训，并通过书面文件方式予以确认。建设项目中，分部（分项）工程在施工前，项目部应按批准的施工组织设计或专项安全技术措施方案，向有关人员进行安全技术交底。安全技术交底主要包括两个方面的内容：一是在施工方案的基础上按照施工的要求，对施工方案进行细化和补充；二是要将操作者的安全注意事项讲清楚，保证作业人员的人身安全。安全技术交底工作完毕后，所有参加交底的人员必须履行签字手续，施工负责人、生产班组、现场专职安全管理人员三方各留执一份，并纪录存档。

（1）施工单位技术负责人向工程项目管理人员进行安全技术交底的内容

1）工程概况、各项技术经济指标和要求。

2）主要施工方法，关键性的施工技术及实施中存在的问题。

3）特殊工程部位的技术处理细节及其注意事项。

4）新技术、新工艺、新材料、新结构的施工技术要求与实施方案及注意事项。

5）施工组织设计网络计划、进度要求、施工部署、施工机械、劳动力安排与组织。

6）总包与分包单位之间互相协作配合关系及有关问题的处理。

7）施工质量标准和安全技术。

（2）项目技术负责人向项目技术及管理人员、班组长进行施工组织设计交底的内容

1）工程情况和项目地形、地貌、工程地质及各项技术经济指标。

2）设计图纸的具体要求、做法及其施工难度。

3）施工组织设计或施工方案的具体要求及其实施步骤与方法。

4）施工中具体做法，采用的工艺标准和企业工法及关键部位实施过程中可能遇到的问题与解决方法。

5）施工进度要求、工序衔接、施工部署与施工班组任务确定。

6）施工中所采用的主要施工机械型号、数量及其进场时间、作业程序安排等有关问题。

7）新工艺、新结构、新材料的有关操作规程、技术规定及其注意事项。

8）施工质量标准和安全技术具体措施及其注意事项。

（3）各班组长向各工种工人进行安全技术交底的内容

1）具体详尽地说明每一个作业班组负责施工的分部分项工程的具体技术要求和采用的施工工艺标准、企业内部工法。

2）各分部分项工程施工安全技术、质量标准。

3）现场安全检查和可能出现的安全隐患及预防措施、注意事项。

4）介绍以往同类工程的安全事故教训及其采取的具体安全对策。

各作业班组长除了在进入项目时向班组工人进行安全技术交底外，每天作业前要召开安全早会，应针对当天作业任务、作业条件和作业环境，就作业要求和施工中应注意事项向具体作业人员进行提示、交底和要求，并将参加交底人员名单和交底内容记录在班组活动日志中。

（4）总包单位项目技术负责人及项目工程技术人员应对分包单位（包括专业承包、劳务分包）的进场进行安全总交底

安全技术交底应有总包单位、分包单位的项目负责人及安全负责人共同参加，双方签字认可。交底必须有针对工程项目施工特点的安全技术交底内容。

项目技术负责人应在不同季节，根据项目施工不同阶段的安全技术要求进行季节性交底，包括冬季、雨季施工安全技术要求，现场住宿、食堂的安全规定等。

6.5 安全技术资料管理

6.5.1 安全技术资料管理的作用

施工现场安全管理资料，是指建设单位、监理单位、施工单位以及检测机构等工程参建各方在工程建设过程中为实现安全生产、文明施工所形成的工作信息资料，包括文字、图示、声音、影像等信息的纸质、电子资料。

施工现场安全资料的管理是工程项目施工管理的重要组成部分，是预防生产安全事故、加强文明施工管理的有效措施，其作用体现在以下几个方面：

（1）安全技术资料的产生是安全生产过程的产物和结晶，由于资料管理工作的科学化、标准化、规范化，可不断地推动现场施工安全管理向更高的层次和水平发展，使施工现场整体管理更加科学化、标准化、规范化。

（2）安全技术资料有序的管理，是建筑施工实行安全报监制度，贯彻安全监督、分段验收、综合评价全过程管理的重要内容之一。

（3）建立健全正规的资料专业管理，保证了施工现场安全技术资料的原始性和真实性。

（4）真实可靠的安全技术资料对指导今后的工作以及对领导工作的决策提供了依据。有序的安全生产可以减少不必要的时间浪费和费用损失，可进一步规范安全生产技术，提高劳动生产效率。

（5）资料的有效保存为施工过程中发生的伤亡事故处理，提供应有可靠的证据，为今后的事故预测、预防提供可依据的资料。

6.5.2　安全技术资料管理要求

（1）建设、监理、施工等单位以及有关的检测机构应履行各自的安全生产职责，对本工程安全管理资料负责，逐级建立健全施工现场安全资料管理岗位责任制，明确负责人，落实各岗位责任。

（2）建设、监理、施工等单位应建立安全管理资料的管理制度，规范安全管理资料的收集、整理、审核、组卷和归档等工作。工程项目管理人员应根据本岗位安全生产职责，建立、整理相应的安全管理资料，其资料应当保证时效性、真实性和完整性。由专（兼）职安全生产管理人员负责资料的收集、汇总、整理和归档。

（3）施工现场安全管理资料应与工程施工进度同步形成，并做到及时收集、整理、归档。

（4）安全管理纸质资料应为原件，相关证件不能为原件时，可为复印件，复印件应与原件核对无误，加盖原件所持有单位公章；电子资料应保证原始性、安全性和持续可读性，涉及电子签名文档的必须由本单位以授权书的形式认可。

（5）安全管理资料字迹、图像、声音、影像等信息应清晰有效，资料中的签字、盖章、日期等内容应齐全。

（6）施工现场安全管理资料应分类整理和组卷，由各参与单位项目经理部保存备查至工程竣工。

6.5.3　安全技术资料主要内容

（1）安全管理基本资料

1）工程概况、项目部管理人员名册、特种作业人员名册、分包单位登记表和资质审查表、总分包安全协议。

2）项目部安全生产组织机构及目标管理。

3）应急救援预案与事故调查处理。

（2）岗位责任制、管理制度、操作规程

1）施工管理人员安全生产岗位责任制。

2）施工安全生产管理制度（资金保障、现场带班、专项施工方案编审、技术交底等）。

3）施工现场各工种安全技术操作规程。

（3）安全防护用品（具）管理

1）安全防护用品（具）使用计划。

2）进场验收登记表、验收单、生产许可证、合格证、送检报告、发放记录、领用记录等。

（4）安全教育和安全活动记录

1）安全教育培训计划表，作业人员花名册，培训记录汇总表，培训情况登记表，日常教育记录等。

2）建筑工人业余学校管理台账。

3）项目部安全活动记录，安全会议记录，班组安全活动，安全讲评记录。

（5）专项施工方案及安全技术交底

1）专项施工方案（方案编审要求，危险性较大分部分项工程清单，方案报审表，总分包单位审批表，专家论证签到表，专家论证报告，专家论证审批表，专项施工方案）。

2）安全技术交底（编写要求，开工前交底表，分部分项工程交底表，交底记录汇总表，班组交底表，交底记录汇总表）。

（6）安全检查及隐患整改

1）相关部门安全检查记录及汇总表，项目部隐患整改记录，隐患排查记录表和汇总表，项目部安全检查记录表和汇总表，安全动态管理（日）检查表及隐患整改通知单。

2）违章处理登记表和安全奖罚记录汇总表。

（7）安全验收

1）安全验收记录汇总表。

2）临建设施（围挡、装配式活动板房）安全检查表、验收表。

3）分部分项工程（基坑、模板、脚手架等）验收表。

4）防护设施（临边、洞口、防护棚、攀登设施）验收表。

（8）建筑施工机械与临时用电

1）建筑施工起重机械管理（设备登记汇总表；安装拆卸告知单，安装拆卸专项方案报审及审批表；安装、使用验收检查资料，包括塔式起重机、施工升降机、物料提升机的基础验收、安装前检查、安装自检、检测报告、验收记录等；建筑施工起重机械运转及交接班记录、故障修理及验收记录，日常维护保养记录）。

2）建筑施工工具式脚手架管理。

3）建筑施工厂（场）内机动车辆及桩工机械管理。

4）建筑施工中、小型施工机具管理。

5）建筑施工现场临时用电管理。

（9）文明（绿色）施工

1）文明（绿色）施工组织管理（管理组织网络图、创建目标、实施方案、责任制、资金保障计划。

2）环境保护方案（扬尘、噪声、光污染、水污染、建筑垃圾控制，土壤、地下设施文物和资源保护，节材、节水、节能、节地措施）。

3）环境卫生管理（环境卫生管理方案编制、报审，场容场貌验收，现场卫生责任表、检查、评分表等）。

4）消防安全管理（消防管理制度，重点部位登记表，消防人员登记表，消防设施检查验收表等）。

5）平安创建（治安管理，外来人员登记，民工工资管理等）。

（10）工程交竣工安全评估报告

第7章 建筑施工企业设备和设施安全管理

7.1 法律法规要求

《安全生产法》第三十二条规定：生产经营单位应当在有较大危险因素的生产经营场所和有关设施、设备上，设置明显的安全警示标志。

第三十三条规定：安全设备的设计、制造、安装、使用、检测、维修、改造和报废，应当符合国家标准或者行业标准。

生产经营单位必须对安全设备进行经常性维护、保养，并定期检测，保证正常运转。维护、保养、检测应当作好记录，并由有关人员签字。

《建设工程安全生产管理条例》第三十四条规定：施工单位采购、租赁的安全防护用具、机械设备、施工机具及配件，应当具有生产（制造）许可证、产品合格证，并在进入施工现场前进行查验。

施工现场的安全防护用具、机械设备、施工机具及配件必须由专人管理，定期进行检查、维修和保养，建立相应的资料档案，并按照国家有关规定及时报废。

第三十五条规定：施工单位在使用施工起重机械和整体提升脚手架、模板等自升式架设设施前，应当组织有关单位进行验收，也可以委托具有相应资质的检验检测机构进行验收；使用承租的机械设备和施工机具及配件的，由施工总承包单位、分包单位、出租单位和安装单位共同进行验收。验收合格的方可使用。

《特种设备安全监察条例》规定的施工起重机械，在验收前应当经有相应资质的检验检测机构监督检验合格。

施工单位应当自施工起重机械和整体提升脚手架、模板等自升式架设设施验收合格之日起 30 日内，向建设行政主管部门或者其他有关部门登记。登记标志应当置于或者附着于该设备的显著位置。

7.2 机械设备安全管理

施工机械设备在建筑施工中的作用越来越突出，其产品质量、安全性能直接关系到施工生产安全。加强施工机械设备的安全管理，保证其使用的安全性能，能够更好地控制和减少机械设备事故，确保生产安全。

施工机械设备主要包括土方与筑路机械、建筑起重与升降机械设备、桩工机械、混凝土机械、钢筋加工机械、木工机械、装修机械、掘进机械，以及其他施工机械设备。

7.2.1 施工机械设备购置和租赁

施工单位采购、租赁的机械设备、施工机具及配件，应当具有生产（制造）许可证、产品合格证，并在进入施工现场前进行查验。

（1）严格审查生产制造许可证、产品合格证

1）对属于实行生产制造许可证或国家强制性认证的产品（如建筑起重机械），施工单位应当查验其生产制造许可证、产品合格证、检验合格报告、产品使用说明书。

2）对于不实行国家生产制造许可证或强制性认证的产品，应当查验其产品合格证、产品使用说明书和安装维修等技术资料。

3）对不符合国家或行业安全技术标准、规范的产品，不得购置、租赁和使用。

（2）有下列情形之一的，不得租赁和使用：

1）属国家明令淘汰或者禁止使用的。

2）超过安全技术标准或者制造厂家规定的使用年限的。

3）经检验达不到安全技术标准规定的。

4）没有完整安全技术档案的。

5）没有齐全有效的安全保护装置的。

7.2.2　施工机械设备安装和拆除

（1）机械设备经国家或省市有关部门核准的检验检测机构检验合格，并通过了国家或省市有关主管部门组织的产品技术鉴定。

（2）不得安装属于国家、省市明令淘汰或限制使用的机械设备。

（3）采购的二手机械设备，必须有国家或省市有关部门核准的机械检验检测单位出具的质量安全技术检测报告，并组织专业技术人员对机械设备技术性能和质量进行验收，符合安全使用条件，经安全负责人和技术负责人签字同意。

（4）各种施工机械设备应具备下列技术文件：

1）机械设备安装、拆卸及试验图示程序和详细说明书；

2）各安全保险装置及限位装置调试和说明书；

3）维修保养及运输说明书；

4）安全操作规程；

5）生产许可证（国家已经实行生产许可的起重机械设备）；

6）配件及配套工具目录；

7）其他注意事项。

（5）从事机械设备安装、拆除的单位，应依法取得建设行政主管部门颁发的相应等级的资质证书和安全资格证书后，方可在资质等级许可范围内从事机械设备安装、拆除活动。

（6）机械设备安装、拆除单位，应当依照机械设备安全技术规范及本规定的要求，进行安装、拆除活动，机械设备安装单位对其安装的机械设备的安装质量负责。

（7）从事机械设备安装、拆除的作业人员及管理人员，应当经建设行政主管部门考核合格，取得国家统一格式的建筑机械设备作业人员岗位证书，方可从事相应的工作或管理工作。

7.2.3　施工机械设备使用管理

（1）必须设置专人对施工机械设备和施工机具进行管理。

（2）作业前，技术人员应向操作人员进行安全技术交底。

（3）操作人员应熟悉作业环境和施工条件，按规定穿戴劳动保护用品，听从指挥，遵守现场安全管理规定，严格按操作规程作业。

（4）实行多班作业的机械，应执行交接班制度，认真填写交接班记录；接班人员经检查确认无误后，方可进行工作。

（5）应为机械提供道路、水电、机棚及停机场地等必备的作业条件，并应消除各种安全隐患。夜间作业应设置充足的照明。

（6）无关人员不得进入作业区或操作室内。

（7）建立施工机械设备、施工机具及配件的定期检查和维修、保养制度。

（8）停用一个月以上或封存的机械，应认真做好停用或封存前的保养工作，并应采取预防风沙、雨淋、水泡、锈蚀等措施。

（9）建立施工机械设备和施工机具的资料管理档案。

7.2.4 施工机械设备日常检查和维修

（1）必须配备专人负责现场机械设备的安全管理工作；

（2）吊篮、登高车、起重设备等大型设备，生产单位或租赁单位，须配备持证专人驻守施工现场，配合项目安全主管对从事相关工作的相关工作人员进行安全技术交底和培训，做好每日施工前后的机械设备全面检查工作，并如实做好记录；

（3）日常检查过程中发现机械设备问题及时修复，确保功能正常方可使用，若发现重大问题无法修复时，必须及时向安全负责人和生产负责人汇报并停止使用；

（4）电焊机、卷扬机、电动葫芦、以及幕墙施工常用小型电动工具，必须由专业负责机械设备管理人员监督各施工班组做好班前检查工作，不得使用有故障或安全隐患的工具；

（5）施工现场机械设备以及小型电动工具，维修保养记录按月归档；

（6）当机械设备无法修复或无修理价值时，须报备进行报废处理。

7.2.5 施工机械设备报废

施工机械设备凡是属下列情况之一，应予报废：

（1）主要结构和部件损坏严重无法修复的，或修复费用过大，不经济的；

（2）因机械设备陈旧，技术性能低，无利用、改造价值的；

（3）因改建、扩建工程必须拆除，且无利用价值的；

（4）因能耗过大、配件消耗过大，继续使用得不偿失的；

（5）环境污染超过标准，且无法改造或改造又不经济的；

（6）国家明令淘汰的；

（7）使用年限已超过国家规定的使用年限或折旧年限的。

已报废的机械设备，不得继续使用，应予拆除清理。

7.3 劳动防护用品管理

正确使用劳动防护用品是保护职工安全、防止职业危害的必要措施。按照"谁用工，谁负责"的原则，建筑施工企业应依法为作业人员提供符合国家标准的、合格的劳动防护用品，并监督、指导正确使用。

《建筑施工作业劳动防护用品配备及使用标准》JGJ 184 规定：从事新建、改建、扩建和拆除等有关建筑活动的施工企业，应为从业人员配备相应的劳动防护用品，使其免遭或减轻事故伤害和职业危害。进入施工现场的施工人员和其他人员，应正确佩戴相应的劳动防护用品，以确保施工过程中的安全和健康。

建设部发布的《建筑施工人员个人劳动保护用品使用管理暂行规定》（建质 [2007]255号）也对劳动防护用品的使用管理做出了规定，保障了施工作业人员安全与健康。

7.3.1　劳动防护用品的分类及配备

本文所指劳动防护用品为从事建筑施工作业的人员和进入施工现场的其他人员配备的个人防护装备。

劳动防护用品根据不同的分类方法，可分为很多种：

（1）按照防护用品性能：分为特种劳动防护用品、一般劳动防护用品。

（2）按照防护部位：分为头部防护用品、面部防护用品、视觉器官防护用品、听觉器官防护用品、呼吸器官防护用品、手部防护用品和足部防护用品等。

（3）按照防护用途：分为防尘用品、防毒用品、防酸碱用品、防油用品、防高温用品、防冲击用品、防坠落用品、防触电用品、防寒用品和防机械外伤用品等。

7.3.2　劳动防护用品使用管理

（1）建筑施工企业应选定劳动防护用品的合格分供方，为作业人员配备的劳动防护用品必须符合国家有关标准，应具备生产许可证、产品合格证等相关资料。经审查合格后方可使用。

（2）劳动防护用品的使用年限应按国家现行相关标准执行。劳动防护用品达到使用年限或报废标准的应由建筑施工企业统一收回报废，并应为作业人员配备新的劳动防护用品。劳动防护用品有定期检测要求的应按照其产品的检测周期进行检测。

（3）建筑施工企业应建立健全劳动防护用品购买、验收、保管、发放、使用、更换、报废管理制度。在劳动防护用品使用前，应对其防护功能进行必要的检查。

（4）建筑施工企业应教育从业人员按照劳动防护用品使用规定和防护要求，正确使用劳动防护用品。

（5）建筑施工企业应严格执行国家有关法规和标准，使用合格的劳动防护用品。

（6）建筑施工企业应对危险性较大的施工作业场所及具有尘毒危害的作业环境设置安全警示标识及应使用的安全防护用品标识牌。

第8章 建筑施工企业安全生产资质资格管理

8.1 安全生产许可证

8.1.1 安全生产许可制度的产生

2004 年 1 月，国务院颁布《安全生产许可证条例》（国务院令第 397 号），对高危行业实行安全生产许可制度。安全生产许可制度要求企业必须具备规定的安全生产条件才能办理安全生产许可证。安全生产许可证颁发机关必须严格审核企业的安全生产条件，对符合安全生产条件的企业发证，不符合安全生产条件的不予发证。企业未取得安全生产许可证的，不得从事生产活动。

安全生产许可制度将安全生产条件前置，对安全生产实施动态监管，它的建立标志着安全生产管理理念的新变化。安全生产许可制度管理的核心内容为安全生产条件，建筑施工企业安全生产管理的实质就是不断提高和完善安全生产条件。

《安全生产许可证条例》第一次明确规定企业安全生产条件的内容为 13 项。国家建设行政主管部门针对建筑施工企业的行业管理特点和当时的形势制定了《建筑施工企业安全生产许可证管理规定》（建设部令第 128 号），提出了 12 项安全生产条件。

（1）建立、健全安全生产责任制，制订完备的安全生产规章制度和操作规程。

（2）保证本单位安全生产条件所需资金的投入。

（3）设置安全生产管理机构，按照国家有关规定配备专职安全生产管理人员。

（4）主要负责人、项目负责人、专职安全生产管理人员经建设主管部门或者其他有关部门考核合格。

（5）特种作业人员经有关业务主管部门考核合格，取得特种作业操作资格证书。

（6）管理人员和作业人员每年至少进行一次安全生产教育培训并考核合格。

（7）依法参加工伤保险，依法为施工现场从事危险作业的人员办理意外伤害保险，为从业人员交纳保险费。

（8）施工现场的办公、生活区及作业场所和安全防护用具、机械设备、施工机具及配件符合有关安全生产法律、法规、标准和规程的要求。

（9）有职业危害防治措施，并为作业人员配备符合国家标准或者行业标准的安全防护用具和安全防护服装。

（10）有对危险性较大的分部分项工程及施工现场易发生重大事故的部位、环节的预防、监控措施和应急预案。

（11）有生产安全事故应急救援预案、应急救援组织或者应急救援人员，配备必要的应急救援器材、设备。

（12）法律、法规规定的其他条件。

8.1.2 安全生产许可证的申领与管理

（1）建筑施工企业从事建筑施工活动前，应当向省级以上建设主管部门申请领取安全生产许可证。建筑施工企业取得安全生产许可证，应当具备相应的安全生产条件。

（2）安全生产许可证的有效期为 3 年。安全生产许可证有效期满需要延期的，企业应当于期满前 3 个月向原安全生产许可证颁发管理机关申请办理延期手续。企业在安全生产许可证有效期内，严格遵守有关安全生产的法律法规，未发生死亡事故的，安全生产许可证有效期届满时，经原安全生产许可证颁发管理机关同意，不再审查，安全生产许可证有效期延期 3 年。

（3）建筑施工企业变更名称、地址、法定代表人等，应当在变更后 10 日内，到原安全生产许可证颁发管理机关办理安全生产许可证变更手续。

（4）建筑施工企业破产、倒闭、撤销的，应当将安全生产许可证交回原安全生产许可证颁发管理机关予以注销。

（5）建筑施工企业遗失安全生产许可证应当立即向原安全生产许可证颁发管理机关报告，并在公众媒体上声明作废后，方可申请补办。

8.1.3 安全生产许可证的动态监管

建筑施工企业取得安全生产许可证后，不能降低安全生产条件，并应当加强日常安全生产管理，接受建设主管部门的监督检查；不再具备安全生产条件的，应当暂扣或者吊销安全生产许可证。因此，为加强建筑施工企业安全生产许可证的动态监管，促进建筑施工企业保持和改善安全生产条件，控制和减少生产安全事故，住房和城乡建设部发布了《建筑施工企业安全生产许可证动态监管暂行办法》（建质〔2008〕121 号），并针对建筑施工企业降低安全生产条件的不同情况，提出了相应的处罚标准：

（1）有下列情况之一的，将根据情节轻重依法给予暂扣安全生产许可证 30 日至 60 日的处罚：

1）在 12 个月内，同一企业同一项目被两次责令停止施工的；

2）在 12 个月内，同一企业在同一市、县内三个项目被责令停止施工的；

3）施工企业承建工程经责令停止施工后，整改仍达不到要求或拒不停工整改的。

（2）建筑施工企业发生生产安全事故的，将按下列标准给予处罚：

1）发生一般事故的，暂扣安全生产许可证 30 至 60 日；

2）发生较大事故的，暂扣安全生产许可证 60 至 90 日；

3）发生重大事故的，暂扣安全生产许可证 90 至 120 日。

（3）建筑施工企业在 12 个月内第二次发生生产安全事故的，将按下列标准给予处罚：

1）发生一般事故的，暂扣时限为在上一次暂扣时限的基础上再增加 30 日；

2）发生较大事故的，暂扣时限为在上一次暂扣时限的基础上再增加 60 日；

3）发生重大事故的，或按上述两条处罚暂扣时限超过 120 日的，吊销安全生产许可证。

（4）12 个月内同一企业连续发生三次生产安全事故的，将吊销安全生产许可证。

（5）建筑施工企业瞒报、谎报、迟报或漏报事故的，在前暂扣时限的基础上，再处延长暂扣期 30 日至 60 日的处罚。暂扣时限超过 120 日的，将吊销安全生产许可证。

（6）建筑施工企业在安全生产许可证暂扣期内，拒不整改的，将吊销其安全生产许可证。

（7）建筑施工企业安全生产许可证被暂扣期间，企业在全国范围内不得承揽新的工程项目。发生问题或事故的工程项目停工整改，经工程所在地有关建设主管部门核查合格后方可继续施工。

（8）建筑施工企业安全生产许可证被吊销后，自吊销决定做出之日起一年内不得重新申请安全生产许可证。

（9）建筑施工企业安全生产许可证暂扣期满前 10 个工作日，需向颁发管理机关提出发还安全生产许可证申请。颁发管理机关接到申请后，应当对被暂扣企业安全生产条件进行复查，复查合格的，应当在暂扣期满时发还安全生产许可证；复查不合格的，增加暂扣期限直至吊销安全生产许可证。

8.2   三类人员职业资格管理

建筑施工企业管理人员安全生产管理能力考核是《安全生产法》和《建设工程安全生产管理条例》规定的一项法律制度，是国家对个人职业资格设立的一项安全生产行政许可。《建筑施工企业主要负责人、项目负责人和专职安全生产管理人员安全生产管理规定》（住房城乡建设部令第 17 号）规定，施工单位的主要负责人、项目负责人、专职安全生产管理人员等"三类人员"（亦称"安管人员"）应当经建设主管部门或者其他有关部门考核合格后方可任职。

8.2.1   安全生产考核申请条件

申请参加安全生产考核的"三类人员"，应当具备相应文化程度、专业技术职称和一定安全生产工作经历，与企业确立劳动关系，并经企业年度安全生产教育培训合格。

（1）申请建筑施工企业主要负责人安全生产考核，应当具备下列条件：

1）具有相应的文化程度、专业技术职称（法定代表人除外）；

2）与所在企业确立劳动关系；

3）经所在企业年度安全生产教育培训合格。

（2）申请建筑施工企业项目负责人安全生产考核，应当具备下列条件：

1）取得相应注册执业资格；

2）与所在企业确立劳动关系；

3）经所在企业年度安全生产教育培训合格。

（3）申请专职安全生产管理人员安全生产考核，应当具备下列条件：

1）年龄已满 18 周岁未满 60 周岁，身体健康；

2）具有中专（含高中、中技、职高）及以上文化程度或初级及以上技术职称；

3）与所在企业确立劳动关系，从事施工管理工作两年以上；

4）经所在企业年度安全生产教育培训合格。

其中，新申请专职安全生产管理人员安全生产考核只可以在机械、土建、综合三类中选择一类。机械类专职安全生产管理人员在参加土建类安全生产管理专业考试合格后，可以申请取得综合类专职安全生产管理人员安全生产考核合格证书。土建类专职安全生产管理人员在参加机械类安全生产管理专业考试合格后，可以申请取得综合类专职安全生产管理人员安全生产考核合格证书。

8.2.2　安全生产考核内容与方式

建筑施工企业管理人员安全生产考核内容包括安全生产知识和安全生产管理能力。其中，安全生产管理能力考核应当包括实际能力考核。

安全生产知识考核可采用书面或计算机答卷的方式；安全生产管理能力考核可采用现场实操考核或通过视频、图片等模拟现场考核方式。

机械类专职安全生产管理人员及综合类专职安全生产管理人员安全生产管理能力考核内容必须包括攀爬塔式起重机及起重机械隐患识别等。

8.2.3　安全生产考核合格证书管理

（1）延期管理

安全生产考核合格证书有效期为 3 年，证书在全国范围内有效。安管人员应当在安全生产考核合格证书有效期届满前 3 个月内，通过受聘企业向原考核机关申请证书延续。准予证书延续的，证书有效期延续 3 年。

准予证书延续的条件如下：

1）证书有效期内未因生产安全事故或者安全生产违法违规行为受到行政处罚。

2）信用档案中无安全生产不良行为记录。

3）已按规定参加企业和县级以上建设行政主管部门组织的安全生产教育培训。

不符合证书延续条件的应当申请重新考核。不办理证书延续的，证书到期自动失效。

（2）证书跨省变更

建筑施工企业主要负责人、项目负责人和专职安全生产管理人员跨省变更受聘企业的，应到原考核发证机关办理证书转出手续。原考核发证机关应为其办理包含原证书有效期限等信息的证书转出证明。

建筑施工企业主要负责人、项目负责人和专职安全生产管理人员持相关证明通过新受聘企业到该企业工商注册所在地的考核发证机关办理新证书。新证书延续原证书的有效期。

（3）证书的暂扣或撤销

建筑施工企业安全生产管理人员未按规定履行安全生产管理职责，导致发生生产安全事故的，考核机关应当根据事故等级和有关法律法规暂扣或注销其安全生产考核合格证书。

8.3　特种作业人员职业资格管理

特种作业人员所从事的工作，在安全程度上较其他工作危险性更大，因此必须按照国家有关规定经过专门的安全作业培训，取得相应资格后方可上岗作业。

8.3.1 特种作业人员定义

建筑施工特种作业人员是指在房屋建筑和市政工程施工活动中，从事可能对本人、他人及周围设备设施的安全造成重大危害作业的人员。

2008年4月18日，住房和城乡建设部发布《建筑施工特种作业人员管理规定》（建质〔2008〕75号），确定建筑施工特种作业工种包括建筑电工、建筑架子工、建筑起重信号司索工、建筑起重机械司机、建筑起重机械安装拆卸工、高处作业吊篮安装拆卸工和经省级以上建设主管部门认定的其他特种作业。

8.3.2 特种作业人员的基本资格条件

住房和城乡建设部规定，从事建筑施工特种作业的人员，应当具备下列基本条件：

（1）年满18周岁且符合相关工种规定的年龄要求。

（2）经医院体检合格且无妨碍从事相应特种作业的疾病和生理缺陷。

（3）初中及以上学历。

（4）符合相应特种作业需要的其他条件。

8.3.3 特种作业人员考核与发证

（1）建筑施工特种作业人员必须经建设主管部门考核合格，取得建筑施工特种作业人员操作资格证书，方可上岗从事相应作业。

（2）建筑施工特种作业人员的考核发证工作，由省、自治区、直辖市人民政府建设主管部门或其委托的考核发证机构负责组织实施。

（3）建筑施工特种作业人员的考核内容应当包括安全技术理论和实际操作。

（4）资格证书应当采用国务院建设主管部门规定的统一样式，由考核发证机关编号后签发。资格证书在全国通用。

（5）资格证书有效期为2年。有效期满需要延期的，建筑施工特种作业人员应当于期满前3个月内向原考核发证机关申请办理延期复核手续。延期复核合格的，资格证书有效期延期2年。

8.3.4 特种作业人员主要职责

（1）持有资格证书的人员，应当受聘于建筑施工企业或者建筑起重机械出租单位，方可从事相应的特种作业。

（2）建筑施工特种作业人员应当严格按照安全技术标准、规范和规程进行作业，正确佩戴和使用安全防护用品，并按规定对作业工具和设备进行维护保养。

（3）在施工中发生危及人身安全的紧急情况时，建筑施工特种作业人员有权立即停止作业或者撤离作业现场，并向施工现场专职安全生产管理人员和项目负责人报告。

（4）建筑施工特种作业人员应当参加年度安全教育培训或者继续教育，每年不得少于24小时。

（5）拒绝违章指挥，并制止他人违章作业。

（6）法律法规及有关规定明确的其他职责。

8.3.5　特种作业人员管理

（1）与持有效资格证书的特种作业人员订立劳动合同。

（2）对于首次取得资格证书的人员，应当在其正式上岗前安排不少于 3 个月的实习操作。

（3）制订并落实本单位特种作业安全操作规程和有关安全管理制度。

（4）书面告知特种作业人员违章操作的危害。

（5）向特种作业人员提供齐全、合格的安全防护用品和安全的作业条件。

（6）按规定组织特种作业人员参加年度安全教育培训或者继续教育，培训时间不少于 24 小时。

（7）建立本单位特种作业人员管理档案。

（8）查处特种作业人员违章行为并记录在档。

（9）法律法规及有关规定明确的其他职责。

8.4　分包单位资质和人员资格管理

8.4.1　分包单位管理

分包方安全生产管理应包括分包（供）单位选择、施工过程管理、评价等工作内容。

（1）总承包单位应审查分包单位的资质条件、安全生产许可证和人员执业资格，检查分包单位安全生产管理机构建立和人员配备情况。不得将工程分包给不具备相应资质条件的单位。分包单位不得将其承包的工程再分包。

（2）总承包单位应与分包单位签订安全生产协议，或在分包合同中明确各自的安全生产方面的权利、义务。分包单位按照分包合同的约定对总承包单位负责。

（3）总承包单位应依据安全生产管理责任和目标，明确对分包（供）单位和人员的选择和清退标准、合同条款约定和履约过程控制的管理要求。

（4）总承包单位应对各分包单位的安全生产统一协调、管理，及时协调处理分包单位间存在的交叉作业等安全管理问题。

（5）总承包单位应定期对分包（供）单位检查和考核，主要内容包括：

1）分包（供）单位人员配置及履职情况；

2）分包（供）单位违约、违章记录；

3）分包（供）单位安全生产绩效。

（6）分包工程竣工后对分包（供）单位安全生产能力进行评价。

8.4.2　分包单位人员资格管理

（1）分包单位人员资格要求

1）分包单位项目经理、安全员须接受建设主管部门的安全培训、复训，考试合格取得安全生产考核合格证后，办理分包单位安全资格审查认可证后方可组织施工；

2）分包单位的项目技术负责人、施工员、质检员、机管员、材料员等管理人员须接受安全技术培训、参加总包方组织的安全年审考核。

3）分包单位工人入场一律接受三级安全教育，考试合格并取得"安全生产考核证"后方准进入现场施工，如果分包单位的人员需要变动，必须提出计划报告总包方，按规定进行教育、考核合格后方可上岗。

4）分包单位的特种作业人员的配置必须满足施工需要，并持有有效证件（原籍地、市级劳动部门颁发）和当地劳动部门核发的特种作业临时操作证，持证上岗。

5）分包单位工人变换施工现场或工种时，要进行转场和转换工种教育。

（2）现场文明施工及其人员行为的管理

1）分包单位必须遵守现场安全文明施工的各项管理规定，在设施投入、现场布置、人员管理等方面要符合总包方的要求，按总包方的规定执行，在施工过程中，对其全体员工的服饰、安全帽等进行统一管理。

2）分包单位应采取一切合理的措施，防止其劳务人员发生任何违法或妨碍治安的行为，保持安定局面并且保护工程周围人员和财产不受上述行为的危害，否则由此造成的一切损失和费用均由分包方自己负责。

3）分包单位应按照总包方要求建立全工地有关文明安全施工、消防保卫、环保卫生、料具管理和环境保护等方面的各项管理规章制度，同时必须按照要求，采取有效的防扰民、防噪声、防空气污染、防道路遗撒和垃圾清运等措施。

4）分包单位必须严格执行保安制度、门卫管理制度，工人和管理人员要举止文明、行为规范、遵章守纪、对人有礼貌，切忌上班喝酒、寻衅闹事。

5）分包单位在施工现场应按照国家、地方政府及行业管理部门有关规定，配置相应数量的专职安全管理人员，专门负责施工现场安全生产的监督、检查以及因工伤亡事故处理工作，分包单位应赋予安全管理人员相应的权利，坚决贯彻"安全第一、预防为主、综合治理"的方针。

6）分包单位应严格执行国家的法律法规，采取适当的预防措施，以保证其劳务人员的安全、卫生、健康，在整个合同期间，自始至终在工人所在的施工现场和住所，配有医务人员、紧急抢救人员和设备，并且采取适当的措施以预防传染病，并提供应有的福利以及卫生条件。

8.5 安全生产保险

目前，涉及建筑施工安全的保险主要有工伤保险、意外伤害保险和安全生产责任保险等。《安全生产法》和《建筑法》分别对其做出了规定。

8.5.1 工伤保险

（1）概念及法律规定

工伤保险是社会保险制度的重要组成部分，是指国家和社会在生产、工作中遭受事故伤害和患职业性疾病的劳动者及亲属提供医疗救治、生活保障、经济补偿、医疗和职业康复等物质帮助的一种社会保障制度。工伤保险属于强制性保险，建筑施工企业与从业人员订立的劳动合同，应当载明有关保障从业人员劳动安全、防止职业危害的事项，并依法为从业人员办理工伤社会保险的事项，缴纳工伤保险。职工不缴纳工伤保险费。

《安全生产法》规定："生产经营单位必须依法参加工伤保险，为从业人员缴纳保险费。"

2003 年 4 月 27 日，国务院发布《工伤保险条例》，并于 2010 年 12 月 20 日予以修订，自 2011 年 1 月 1 日起施行。主要内容包括总则、工伤保险基金、工伤认定、劳动能力鉴定、工伤保险待遇、监督管理、法律责任等，保障了因工作遭受事故伤害或者患职业病的职工获得医疗救治和经济补偿，促进了工伤预防和职业康复。

《关于进一步做好建筑业工伤保险工作的意见》（人社部发〔2014〕103 号）也对建筑施工企业工伤保险工作有所规定。

（2）**工伤认定**

1）工伤认定的申请

职工发生事故伤害或者被诊断、鉴定为职业病，所在单位应当自事故伤害发生之日或者被诊断、鉴定为职业病之日起 30 日内，向社会保险行政部门提出工伤认定申请。遇有特殊情况，经报社会保险行政部门同意，申请时限可以适当延长。

用人单位未按规定提出工伤认定申请的，工伤职工或者其近亲属、工会组织在事故伤害发生之日或者被诊断、鉴定为职业病之日起 1 年内，可以直接向用人单位所在地社会保险行政部门提出工伤认定申请。

由省级社会保险行政部门进行工伤认定的事项，根据属地原则由用人单位所在地的设区的市级社会保险行政部门办理。

2）工伤认定标准

① 职工有下列情形之一的，应当认定为工伤：

a. 在工作时间和工作场所内，因工作原因受到事故伤害的；

b. 工作时间前后在工作场所内，从事与工作有关的预备性或者收尾性工作受到事故伤害的；

c. 在工作时间和工作场所内，因履行工作职责受到暴力等意外伤害的；

d. 患职业病的；

e. 因工外出期间，由于工作原因受到伤害或者发生事故下落不明的；

f. 在上下班途中，受到非本人主要责任的交通事故或者城市轨道交通、客运轮渡、火车事故伤害的；

g. 法律、行政法规规定应当认定为工伤的其他情形。

② 职工有下列情形之一的，视同工伤：

a. 在工作时间和工作岗位，突发疾病死亡或者在 48 小时之内经抢救无效死亡的；

b. 在抢险救灾等维护国家利益、公共利益活动中受到伤害的；

c. 职工原在军队服役，因战、因公负伤致残，已取得革命伤残军人证，到用人单位后旧伤复发的。

③ 有下列情形之一的，不得认定为工伤或者视同工伤：

a. 故意犯罪的；

b. 醉酒或者吸毒的；

c. 自残或者自杀的。

3）工伤认定时限

对于事实清楚、权利义务关系明确的工伤认定申请，社会保险行政部门应当自受理工伤认定申请之日起 15 日内做出工伤认定决定。

（3）工伤保险管理要求

1）建筑施工企业对相对固定的职工，应按用人单位参加工伤保险；对不能按用人单位参保、建筑项目使用的建筑业职工特别是农民工，按项目参加工伤保险。房屋建筑和市政基础设施工程实行以建设项目为单位参加工伤保险的，可在各项社会保险中优先办理参加工伤保险手续。建设单位在办理施工许可手续时，应当提交建设项目工伤保险参保证明，作为保证工程安全施工的具体措施之一；安全施工措施未落实的项目，各地住房城乡建设主管部门不予核发施工许可证。

2）建筑施工企业应依法与其职工签订劳动合同，加强施工现场劳务用工管理。施工总承包单位应当在工程项目施工期内督促专业承包单位、劳务分包单位建立职工花名册、考勤记录、工资发放表等台账，对项目施工期内全部施工人员实行动态实名制管理。施工人员发生工伤后，以劳动合同为基础确认劳动关系。对未签订劳动合同的，由人力资源社会保障部门参照工资支付凭证或记录、工作证、招工登记表、考勤记录及其他劳动者证言等证据，确认事实劳动关系。相关方面应积极提供有关证据；按规定应由用人单位负举证责任而用人单位不提供的，应当承担不利后果。

3）建设单位要在工程概算中将工伤保险费用单独列支，作为不可竞争费，不参与竞标，并在项目开工前由施工总承包单位一次性代缴本项目工伤保险费，覆盖项目使用的所有职工，包括专业承包单位、劳务分包单位使用的农民工。

4）未参加工伤保险的建设项目，职工发生工伤事故，依法由职工所在用人单位支付工伤保险待遇，施工总承包单位、建设单位承担连带责任；用人单位和承担连带责任的施工总承包单位、建设单位不支付的，由工伤保险基金先行支付，用人单位和承担连带责任的施工总承包单位、建设单位应当偿还；不偿还的，由社会保险经办机构依法追偿。

5）建设单位、施工总承包单位或具有用工主体资格的分包单位将工程（业务）发包给不具备用工主体资格的组织或个人，该组织或个人招用的劳动者发生工伤的，发包单位与不具备用工主体资格的组织或个人承担连带赔偿责任。

8.5.2　意外伤害保险

《建筑法》规定："鼓励企业为从事危险作业的职工办理意外伤害保险，支付保险费。"

《建设部关于加强建筑意外伤害保险工作的指导意见》（建质〔2003〕107 号）也对建筑意外伤害保险做出了相关规定：

（1）建筑意外伤害保险的支付和期限

施工单位为施工现场从事危险作业的人员办理意外伤害保险时，意外伤害保险费应当由施工单位支付。实行施工总承包的，由总承包单位支付。

保险期限应涵盖工程项目开工之日到工程竣工验收合格日。提前竣工的，保险责任自行终止。因延长工期的，应当办理保险顺延手续。

（2）建筑意外伤害保险的保险费和费率

保险费应当列入建筑安装工程费用，由施工企业支付，不得向职工摊派。

施工企业和保险公司双方应本着平等协商的原则，根据各类风险因素商定建筑意外伤害保险费率，提倡差别费率和浮动费率。差别费率可与工程规模、类型、工程项目风险程度和施工现场环境等因素挂钩；浮动费率可与施工企业安全生产业绩、安全生产管理状况等因素挂钩。

（3）建筑意外伤害保险的投保

建筑施工企业应在工程项目开工前办理完投保手续。鉴于工程建设项目施工工艺流程中各工种调动频繁，用工流动性大，投保应实行不计名和不计人数的方式。工程项目中有分包单位的由总承包施工企业统一办理，分包单位合理承担投保费用。业主直接发包的工程项目由承包企业直接办理。

8.5.3 安全生产责任保险

（1）概念及法律规定

安全生产责任保险是生产经营单位向保险机构缴纳保险费，以其在生产经营过程中因生产安全事故造成从业人员、第三者等受害人的人身伤亡或财产损失时依法应当承担的经济赔偿责任为保险标的，按照保险合同约定的赔偿责任进行赔偿的责任保险险种。

《国务院关于保险业改革发展的若干意见》（国发〔2006〕23号）首次提出采取市场运作、政策引导、政府推动、立法强制等方式，发展安全生产责任等保险业务。

《关于在高危行业推进安全生产责任保险的指导意见》（安监总政法〔2009〕137号）明确了安全生产准入保险范围主要是事故死亡人员和伤残人员的经济赔偿、事故应急救援和善后处理费用，原则上要求煤矿、非煤矿山、危险化学品、烟花爆竹、公共聚集场所等高危及重点行业推进安全生产责任保险。

《安全生产法》规定："国家鼓励生产经营单位投保安全生产责任保险"。

（2）费率的确定与浮动

首次安全生产责任保险的费率可以根据本地区确定的保额标准和本地区、行业前3年生产安全事故死亡、伤残的平均人数进行科学测算。各地区、行业安全生产责任保险的费率根据上年安全生产状况实行一年浮动一次。具体费率执行标准及费率浮动办法由省级安全监管部门和煤矿安全监察机构会同有关保险机构共同研究制定。

（3）安全生产责任保险与风险抵押金的关系

安全生产风险抵押金是安全生产责任保险的一种初级形式，在推进安全生产责任保险时，要按照国务院国发〔2006〕23号文件要求继续完善这项制度。原则上企业可以在购买安全生产责任保险与缴纳风险抵押金中任选其一。已缴纳风险抵押金的企业可以在企业自愿的情况下，将风险抵押金转换成安全生产责任保险。未缴纳安全生产风险抵押金的企业，如果购买了安全生产责任保险，可不再缴纳安全生产风险抵押金。

（4）有关保险险种的调整与转换

安全生产责任保险与工伤社会保险是并行关系，是对工伤社会保险的必要补充。安全生产责任保险与意外伤害保险等其他险种是替代关系。生产经营单位已购买意外伤害保险等其他险种的，可以通过与保险公司协商，适时调整为安全生产责任保险，或到期自动终止，转投安全生产责任保险。

第9章　施工现场管理与文明施工

9.1　法律法规要求

建筑施工现场安全生产是文明施工的重要基础，只有加强施工现场的安全管理，才能真正实现文明施工。

（1）《建筑法》对施工现场安全生产作如下规定：

1）建筑施工企业应当在施工现场采取维护安全、防范危险、预防火灾等措施；有条件的，应当对施工现场实行封闭管理。

2）施工现场对毗邻的建筑物、构筑物和特殊作业环境可能造成损害的，建筑施工企业应当采取安全防护措施。

3）建筑施工企业应当遵守有关环境保护和安全生产的法律、法规的规定，采取控制和处理施工现场的各种粉尘、废气、废水、固体废物以及噪声、振动对环境的污染和危害的措施。

（2）《建设工程安全生产管理条例》对施工现场安全生产作如下规定：

1）施工单位应当在施工现场入口处、施工起重机械、临时用电设施、脚手架、出入通道口、楼梯口、电梯井口、孔洞口、桥梁口、隧道口、基坑边沿、爆破物及有害危险气体和液体存放处等危险部位，设置明显的安全警示标志。安全警示标志必须符合国家标准的规定。

2）施工单位应当根据不同施工阶段和周围环境及季节、气候的变化，在施工现场采取相应的安全施工措施。施工现场暂时停止施工的，施工单位应当做好现场防护，所需费用由责任方承担，或者按照合同约定执行。

3）施工单位应当将施工现场的办公、生活区与作业区分开设置，并保持安全距离；办公、生活区的选址应当符合安全性要求。职工的膳食、饮水、休息场所等应当符合卫生标准。施工单位不得在尚未竣工的建筑物内设置员工集体宿舍。

4）施工单位对因建设工程施工可能造成损害的毗邻建筑物、构筑物和地下管线等，应当采取专项防护措施。

5）施工单位应当遵守有关环境保护法律、法规的规定，在施工现场采取措施，防止或者减少粉尘、废气、废水、固体废物、噪声、振动和施工照明对人和环境的危害和污染。

6）在城市市区内的建设工程，施工单位应当对施工现场实行封闭围挡。

7）施工单位应当在施工现场建立消防安全责任制度，确定消防安全责任人，制定用火、用电、使用易燃易爆材料等各项消防安全管理制度和操作规程，设置消防通道、消防水源，配备消防设施和灭火器材，并在施工现场入口处设置明显标志。

8）作业人员进入新的岗位或者新的施工现场前，应当接受安全生产教育培训。未经教育培训或者教育培训考核不合格的人员，不得上岗作业。

9）施工单位在采用新技术、新工艺、新设备、新材料时，应当对作业人员进行相应的安全生产教育培训。

9.2　施工现场的平面布置与划分

施工现场的平面布置与划分是施工组织设计的重要组成部分，对规范施工现场管理、提高施工效率、提高文明施工水平至关重要。

9.2.1　施工总平面图编制的依据

（1）工程所在地区的原始资料，包括建设、勘察、设计以及规划等单位提供的有关资料；

（2）原有建筑物和拟建建筑工程的位置和尺寸；

（3）施工方案、施工进度和资源需要计划；

（4）全部施工设施建造方案；

（5）建设单位可提供的房屋和其他设施。

9.2.2　施工平面布置原则

（1）在保证施工顺利的条件下，尽可能减少临时设施搭设，尽可能利用施工现场附近原有建筑物作为施工临时设施；

（2）施工现场临时设施、临时道路的设置应科学合理，并应符合安全、消防、节能、环保等有关规定；

（3）临时设施的布置，应便于工人生产和生活，办公用房靠近施工现场，娱乐室、淋浴室等应在生活区范围内；

（4）满足施工要求，场内道路畅通，运输方便，各种材料能按计划分期分批进场，充分利用场地；

（5）材料、构配件堆放位置尽量靠近使用地点，减少二次搬运；

（6）现场布置紧凑有序，尽量节约施工用地。

9.2.3　施工总平面图表示的内容

（1）拟建建筑的位置，平面轮廓；

（2）施工机械设备的位置；

（3）塔式起重机轨道、运输路线及回转半径；

（4）施工运输道路、临时供水、排水管线；

（5）临时供电线路及变配电设施位置；

（6）施工临时设施位置；

（7）各作业区及物料堆放位置；

（8）绿化区域位置；

（9）施工现场外围道路及环境；

117

（10）围墙与施工大门位置；

（11）施工现场消防通道、消防设施的位置。

9.2.4 施工现场功能区域划分及设置

施工现场按照功能可划分为施工区、办公区和生活区等区域。

（1）施工区又分为施工作业区、辅助作业区、材料存放区；

（2）办公区一般包括办公室、资料室、会议室、档案室等；

（3）生活区是指工程建设作业人员集中居住、生活的场所，包括施工现场以内和施工现场以外独立设置的生活区。

场内设置的办公区、生活区应当与施工区划分清楚，并保持安全距离，且应采取相应的防护隔离措施，设置明显的指示标识，以免人员误入危险区域。办公、生活区应当设置在建筑物的坠落半径和塔吊等机械作业半径之外，并与用电线路之间保持安全距离；若设置在在建建筑物坠落半径之内，必须采取可靠的防护措施。功能区规划设置时还应考虑交通水电、消防和卫生、环保等因素。

9.3 封闭管理与施工场地

施工现场的作业条件差，不安全因素多，容易对场内人员造成伤害。因此，必须在施工现场周围设置连续性围挡，实施封闭式管理，将施工现场与外界隔离，防止无关人员随意进入场地，既解决了"扰民"又防止了"民扰"，同时起到了保护环境、美化市容的作用。

9.3.1 封闭管理

（1）大门

1）施工现场应当有固定的出入口，出入口处应设置大门；

2）施工现场的大门应牢固美观，两侧应当设置门垛并与围挡连续，大门上方应有企业名称或企业标识；

3）出入口处应当设置门卫值班室，配备专职门卫，制定门卫管理制度及交接班记录制度；

4）施工现场的施工人员应当佩戴工作卡。

（2）围挡

1）围挡分类

施工现场的围挡按照安装位置及功能主要分为外围封闭性围挡和作业区域隔离围挡，常用的主要有砌体围挡、彩钢板围挡、工具式围挡等。

2）围挡的设置

① 材质：施工现场的围挡用材应坚固、稳定、整洁、美，封观闭性围挡宜选用砌体、金属材板等硬质材料，禁止使用竹笆或安全网；

② 高度：围挡的安装应符合规范要求，市区主要路段的工地高度不低于 2.5m，其他一般路段不低于 1.8m；

③ 使用：禁止在围挡内侧堆放泥土、砂石等散状材料，严禁将围挡做挡土墙使用。

（3）公示标牌

标牌是施工现场重要标志的一项内容，不仅内容应有针对性，标牌制作、挂设还应规范整齐、美观、字体工整，宜设置在施工现场进口处。

9.3.2　场地管理

（1）场地硬化

施工现场的场地应当清除障碍物，进行整平处理并采取硬化措施，使施工场地平整坚实，无坑洼和凹凸不平，雨季不积水，大风天不扬尘。有条件的可以做混凝土地面，无条件的可以采用石屑、焦渣、细石等方式硬化。

（2）场地绿化

施工现场应根据季节情况采取相应的绿化措施，达到美化环境和降低扬尘的效果。项目部应在大门口部位和施工现场适当采取花坛、草坪、喷泉、绿化美化的措施，让每个人从进入工地时就强化规范化施工、保护环境的意识。办公区域、生活区域必须进行植株绿化；场内闲置、裸露土地应优先采用草坪进行绿化。

（3）场内排水

施工现场应具有良好的排水系统，办公生活区、主干道路两侧、脚手架基础等部位应设置排水沟及沉淀池；现场废水不得直接排入市政污水管网和河流。

（4）场地清理

作业区及建筑物楼层内，要做到工完料净场地清；施工现场的垃圾应分类集中堆放，应采用容器或搭设专用封闭式垃圾道的方式清运施工线后才能够施工现场的。

（5）材料堆放

1）一般要求

① 建筑材料的堆放应当根据用量大小、使用时间长短、供应与运输情况确定，用量大、使用时间长、供应运输方便的，应当分期分批进场，以减少堆场和仓库面积；

② 施工现场各种工具、构件、材料的堆放必须按照总平面图规定的位置放置；

③ 位置应选择适当，便于运输和装卸，尽量减少二次搬运；

④ 地势较高、坚实、平坦，回填土应分层穷实，要有排水措施，符合安全、防火的要求；

⑤ 应当按照品种、规格分类堆放，并设明显标牌，标明名称、规格和产地等；

⑥ 各种材料物品必须堆放整齐；

⑦ 易燃易爆物品应分类储藏在专用库房内，并应制定防火措施。

2）主要材料半成品的堆放

① 施工现场的材料应按照总平面布置图的布局分类存放，并挂牌标明；

② 大型工具，应当一头见齐；

③ 钢筋应当堆放整齐，用方木垫起，不宜放在潮湿和暴露在外受雨水冲淋；

④ 砖应丁码成方跺，不得超高，距沟槽坑边不小于 0.5m，防止坍塌；

⑤ 砂应堆成方，石子应当按不同粒径规格分别堆放成方；

⑥ 各种模板应当按规格分类堆放整齐，地面应平整坚实，叠放高度一般不宜超过

2m；大模板存放应放在经专门设计的存架上，应当采用两块大模板面对面存放，当存放在施工楼层上时，应当满足自稳角度并有可靠的防倾倒措施；

⑦混凝土构件堆放场地应坚实、平整，按规格、型号分类堆放，垫木位置要正确，多层构件的垫木要上下对齐，垛位不准超高；混凝土墙板宜设插放架，插放架要焊接或绑扎牢固，防止倒塌。

⑧木枋、模板堆码区必须设置灭火器、消防水桶等消防设施，严禁在木枋、模板堆场区附近进行动火作业。雨季，应对木枋、模板堆码区用彩条布覆盖保护。

（6）成品保护

1）混凝土楼面、柱、楼梯踏步的混凝土浇筑后应做好成品保护。

2）梁板混凝土浇筑前，应铺架板马道。

3）现场楼梯、柱子、墙（阳）角在施工过程中容易被破坏，应使用成品或自制护角进行成品保护。

4）地面贴砖后，应使用包装纸或塑料薄膜进行全部遮盖进行成品保护。

9.3.3　道路

（1）道路设置的原则

施工现场的道路应通畅，应当有循环干道，满足运输、消防要求；道路的布置要与现场的材料、构件、仓库等堆场以及塔机位置相协调；施工现场主要道路应尽可能利用永久性道路，或先建好永久性道路的路基，在土建工程结束之前再铺路面。

（2）主干道设置

主干道必须做好硬化处理，硬化材料可以采用混凝土、预制块或用石屑、焦渣、细石等确保坚实平整，保证不沉陷、不扬尘，有效防止泥土带入市政道路；道路应当中间起拱，两侧设排水设施，如因条件限制，应当采取其他措施。

（3）道路指示

施工现场应在显著位置设置道路导向牌，指示各功能区域位置及道路走向。

（4）现场道路的分类

现场道路可分为以下四种：

1）混凝土硬化路面；2）钢板路面；3）装配式路面；4）铺砖路面。

9.4　临时设施

施工现场的临时设施主要是指施工期间暂设性使用的各种临时建筑物或构筑物。临时设施必须合理选址、正确用材，确保满足使用功能，达到安全、卫生、环保、消防的要求。

9.4.1　临时设施的种类

施工现场的临时设施较多，按照使用功能可分为：

（1）办公设施，包括办公室、会议室、资料室、门卫值班室；

（2）生活设施，包括宿舍、食堂、厕所、淋浴室、阅览室、娱乐室、卫生保健室；

（3）生产设施，包括材料仓库、防护棚、加工棚（如混凝土搅拌、砂浆搅拌、木材加工、钢筋加工、金属加工和机械维修厂站）、操作棚；

（4）辅助设施，包括道路、现场排水设施、围挡、大门、供水处、吸烟处。

按照结构类型可分为：

（1）活动式临时房屋，如钢骨架活动房屋、彩钢板房。

（2）固定式临时房屋，主要为砖木结构、砖石结构和砖混结构。

（3）临时房屋应优先选用钢骨架彩钢板房，生活、办公设施，不得选用菱苦土板房。

9.4.2　临时设施的结构设计

施工现场搭建临时设施应采用以概率理论为基础的极限状态设计方法，以分项系数设计表达式进行计算，绘制施工图纸并经企业技术负责人审批方可搭建。《施工现场临时建筑物技术规范》JGJ/T 188 规定，临时建筑的结构安全等级不应低于三级，结构重要性系数不应小于 0.9，临时建筑设计使用年限应为 5 年，临时建筑结构设计应满足抗震、抗风要求，并应进行地基和基础承载力计算。

9.4.3　临时设施的选址与布置原则

（1）办公生活临时设施的选址应考虑与作业区相隔离，保持安全距离，同时保证周边环境具有安全性；

（2）合理布局，协调紧凑，充分利用地形，节约用地；

（3）尽量利用建设单位在施工现场或附近能提供的现有房屋和设施；

（4）临时房屋应本着厉行节约的目的，充分利用当地材料，尽量采用活动式或容易拆装的房屋；

（5）临时房屋布置应方便生产和生活；

（6）临时房屋的布置应符合安全、消防和环境卫生要求；

（7）生活性临时房屋可布置在施工现场以外，若在场内，一般应布置在现场的四周或集中于一侧；

（8）行政管理的办公室等应靠近工地，或是在工地现场出入口；

（9）生产性临时设施应根据生产需要，全面分析比较后选择适当位置。

9.4.4　临时设施的搭设与使用管理

（1）**办公室**

施工现场应设置办公室，办公室内布局应合理，文件资料宜归类存放，并应保持室内清洁卫生，办公室内净高不应低于 2.5m，人均使用面积不宜小于 4m^2。

（2）**会议室**

施工现场应根据工程规模设置会议室，并应当设置在临时用房的首层，其使用面积不宜小于 30m^2。会议室内桌椅必须摆放整齐有序、干净卫生，并制定会议管理制度。

（3）**职工夜校**

施工现场应设置职工夜校，经常对职工进行各类教育培训，并应配置满足教学需求的各类物品，建立职工学习档案；制定职工夜校管理制度。

（4）职工宿舍

1）宿舍应当选择在通风、干燥的位置，防止雨水、污水流入；不得在尚未竣工建筑物内设置员工集体宿舍；

2）宿舍内应保证有必要的生活空间，室内净高不得小于 2.5m，通道宽度不得小于 0.9m，每间宿舍居住人员不应超过 8 人，人均使用面积不宜小于 2.5m²；

3）宿舍必须设置可开启式外窗，床铺不得超过 2 层，高于地面 0.3m，间距不得小于 0.5m，严禁使用通铺；

4）宿舍内应有防暑降温措施，宿舍应设生活用品专柜、鞋柜或鞋架、垃圾桶等生活设施；

5）宿舍周围应当搞好环境卫生，应设置垃圾桶；

6）生活区内应为作业人员提供晾晒衣物的场地；

7）房屋外应道路平整、硬化，晚间有良好的照明；

8）施工现场宜采用集中供暖，使用炉火取暖时应采取防止一氧化碳中毒的措施。彩钢板活动房严禁使用炉火或明火取暖；

9）宿舍临时用电宜使用安全电压，采用强电照明的宜使用限流器。生活区宜单独设置手机充电柜或充电房间；

10）制定宿舍管理制度，并安排专人管理，床头宜设置姓名卡。

（5）食堂

1）食堂应当选择在通风、干燥、清洁、平整的位置，防止雨水、污水流入，应当保持环境卫生，距离厕所、垃圾站、有毒有害场所等污染源不宜小于 15m，且不应设在污染源的下风侧，装修材料必须符合环保、消防要求；

2）食堂应设置独立的制作间、储藏间；门扇下方应设不低于 0.2m 的防鼠挡板。制作间灶台及周边应采取宜清洁、耐擦洗措施，墙面处理高度大于 1.5m，地面应做硬化和防滑处理，并保持墙面、地面整洁；

3）食堂应配备必要的排风设施和冷藏设施；宜设置通风天窗和油烟净化装置，油烟净化装置应定期清理；

4）食堂宜使用电炊具。使用燃气的食堂，燃气罐应单独设置存放间并应加装燃气报警装置，存放间应通风良好并严禁存放其他物品；供气单位资质应齐全，气源应有可追溯性；

5）食堂制作间的炊具宜存放在封闭的橱柜内，刀、盆、案板等炊具必须生熟分开；

6）食堂制作间、锅炉房、可燃材料库房及易燃爆易危险品库房等应采用单层建筑，应与宿舍和办公用房分别设置，并应按相关规定保持安全距离；

7）临时用房内设置的食堂、库房应设在首层；

8）食堂外应设置密闭式泔水桶，并应及时清运，保持清洁。

9）施工现场设置的食堂，用餐人数在 100 人以上的，应设置有效的隔油池，加强管理，专人负责定期清理。

（6）厕所

1）厕所大小应根据施工现场作业人员的数量设置，按照男厕所 1：50、女厕所 1：25 的比例设置蹲便器，蹲便器间距不小于 0.9m，并且应在男厕每 50 人设置 1m 长小便槽；

2）高层建筑施工超过 8 层以后，每隔四层宜设置临时厕所；

3）施工现场应设置水冲式或移动式厕所，厕所地面应硬化，门窗齐全并通风良好；

4）厕位宜设置隔板，隔板高度不宜低于 0.9m；

5）厕所应设专人负责，定时进行清扫、冲刷、消、毒防止蚊蝇孳生，化粪池应及时清掏。

（7）盥洗室

1）在宿舍及食堂旁设置盥洗室。

2）地面应做防滑处理，室外盥洗池应设置防雨棚。

3）水槽贴砖或采用不锈钢洗手池，水龙头排成一条直线。

4）盥洗室设有电热锅炉，设有洗漱区导向牌、节约用水等标语。

5）定期对水龙头和排水口进行检查。

6）污水排放畅通，保持水槽清洁。

（8）淋浴室

1）淋浴室内应设置储衣柜或挂衣架，室内使用安全电压，设置防水防爆灯具；

2）淋浴间内应设置满足需要的淋浴器，淋浴器与员工的比例宜为 1 ∶ 20，间距不小于 1m；

3）应设专人管理，并有良好的通风换气措施，定期打扫卫生。

（9）防护棚

施工现场的防护棚较多，如加工站厂棚、机械操作棚、通道防护棚等。

大型站厂棚可用砖混、砖木结构，应当进行结构计算，保证结构安全。小型防护棚一般可用钢管、扣件、脚手架材料搭设，并应当严格按照《建筑施工扣件式钢管脚手架安全技术规范》JGJ 130 要求搭设。防护棚顶应当满足承重、防雨要求。在施工坠落半径之内的，棚顶应当具有抗冲击能力，可采用多层结构。最上层材料强度应能承受 10kPa 的均布静荷载，也可采用 50mm 厚木板双层架设，间距应不小于 600mm。

（10）搅拌站

1）搅拌站应有后上料场地，应当综合考虑砂石堆场、水泥库的设置位置，既要相互靠近．又要便于材料的运输和装卸；

2）搅拌站应当尽可能设置在垂直运输机械附近，在塔式起重机吊运半径内，尽可能减少混凝土、砂浆水平运输距离；采用塔式起重机吊运时，应当留有起吊空间，使吊斗能方便地从出料口直接挂钩起吊和放下；采用小车、翻斗车运输时，应当设置在施工道路附近，以方便运输；

3）搅拌站场地四周应当设置沉淀池、排水沟，避免清洗机械时，造成场地积水；清洗机械用水应沉淀后循环使用，节约用水；避免将未沉淀的污水直接排入城市排水设施和河流；

4）搅拌站应当搭设搅拌棚，挂设搅拌安全操作规程和相应的警示标志、混凝土配合比牌；

5）搅拌站应当采取封闭措施，以减少扬尘的产生，冬期施工还应考虑保温、供热等。

（11）仓库

1）仓库的面积应根据在建工程的实际情况和施工阶段的需要计算确定；

2）水泥仓库应当选择地势较高、排水方便、靠近搅拌站的地方；

3）仓库内工具、器件、物品应分类放置，设置标牌，标明规格、型号；

4）易燃易爆物品仓库的布置应当符合防火、防爆安全距离要求，并建立严格的进出库制度，设专人管理。

9.5 安全标志

施工现场应当根据工程特点及施工的不同阶段，在容易发生事故或危险性较大的作业场所，有针对性的设置、悬挂安全标志。

9.5.1 安全标志的定义与分类

根据《安全标志及其使用导则》GB 2894 规定，安全标志是用于表达特定信息的标志，由图形符号、安全色、几何图形（边框）或文字组成。包括提醒人们注意的各种标牌、文字、符号以及灯光等，以此表达特定的安全信息。其目的是引起人们对不安全因素的注意，防止发生事故。安全标志主要包括安全色和安全标志牌等。

（1）安全色

根据《安全色》GB 2893 规定，安全色是表达安全信息含义的颜色，安全色分为红、黄、蓝、绿四种颜色，分别表示禁止、警告、指令和提示。

（2）安全标志

安全标志分禁止标志、警告标志、指令标志和提示标志。

安全标志的图形、尺寸、颜色、文字说明和制作材料等，均应符合国家标准规定。一般来说，安全标志应当明显，便于作业人员识别。如果是灯光标志，要求明亮显眼；如果是文字图形标志，则要求明确易懂。

1）禁止标志

禁止标志是禁止人们不安全行为的图形标志。

禁止标志的基本形式是带斜杠的圆边框，框内为白底黑色图案，并在正下方用文字补充说明禁止的行为模式。

2）警告标志

警告标志是提醒人们对周围环境或活动引起注意，以避免可能发生危险的图形标志。

几何图形为黄底黑色图形加三角形黑边的图案，并在正下方补充说明当心的行为模式。

3）指令标志

指令标志是强制人们必须做出某种动作或采用防范措施的图形标志。

几何图形为蓝底白色图形的圆形图案，并在正下方用文字补充说明必须执行的行为模式。

4）提示标志

提示标志是向人们提供某种信息（如标明安全设施或场所等）的图形标志。

几何图形为长方形、绿底（防火为红底）白线条加文字说明，如"安全通道"、"灭火器"、"火警电话"等。

9.5.2 安全标志平面布置图

施工单位应当根据工程项目的规模、施工现场的环境、工程结构形式以及设备、机具的位置等情况,确定危险部位,有针对性地设置安全标志。施工现场应绘制安全标志布置总平面图,根据不同阶段的施工特点,组织人员有针对性地进行设置、悬挂和增减。

安全标志布置总平面图,是重要的安全工作内业资料之一,当使用一张图不能完全表明时可以分层表明或分层绘制。安全标志布置总平面图应由绘制人员签名,项目负责人审批。

9.5.3 安全标志的设置与悬挂

按照规定,施工现场应当根据工程特点及施工阶段,有针对性地在施工现场的危险部位和有关设备、设施上设置明显的安全警示标志,提醒、警示进入施工现场的管理人员、作业人员和有关人员,时刻认识到所处环境的危险性,随时保持清醒和警惕,避免事故发生。

（1）安全标志的设置位置与方式

1）高度

安全标志牌的设置高度应与人眼的高度一致,"禁止烟火"、"当心坠物"等环境标志牌下边缘距离地面高度不能小于 2m;"禁止乘人"、"当心伤手"、"禁止合闸"等局部信息标志牌的设置高度应视具体情况确定。

2）角度

标志牌的平面与视线夹角应接近 90°,观察者位于最大观察距离时,最小夹角不小于 75°。

3）位置

标志牌应设在与安全有关的醒目和明亮地方,并使大家看见后,有足够的时间来注意它所表示的内容。环境信息标志宜设在有关场所的入口处和醒目处;局部信息标志应设在所涉及的相应危险地点或设备（部件）附近的醒目处。标志牌一般不宜设置在可移动的物体上,以免这些物体位置移动后,看不见安全标志。标志牌前不得放置妨碍认读的障碍物。

4）顺序

必须同时设置不同类型多个标志牌时,应当按照警告、禁止、指令、提示的顺序,先左后右、先上后下的排列设置。

5）固定

建筑施工现场设置的安全标志牌的固定方式主要为附着式、悬挂式两种。在其他场所也可采用柱式。悬挂式和附着式的固定应稳固、不倾斜,柱式的标志牌和支架应牢固地联接在一起。

（2）危险部位安全标志的设置

根据国家有关规定,施工现场入口处、施工起重机械、临时用电设施、脚手架、出入通道口、楼梯口、电梯井口、孔洞口、桥梁口、隧道口、基坑边沿、爆破物及有害危险气体和液体存放处等属于危险部位，应当设置明显的安全标志。安全标志的类型、数量应当根据危险部位的性质，设置相应的安全警示标志。如在爆破物及有害危险气体和液体存放处设置"禁止烟火"、"禁止吸烟"等禁止标志；在施工机具旁设置"当心触电"、"当心伤手"等警告标志，在施工现场入口处设置"必须佩戴安全帽"等指令标志；在通道口处设置"安全通道"等指示标志。

在施工现场还应根据需要设置"荷载限值"、"距离限值"等安全标识。如应根据卸料平台承载力计算结果，在平台内侧设置"荷载限值"标识；外电线路防护时，设置符合规范要求的"距离限值"标识等。在施工现场的沟、坎、深基坑等处，夜间要设红灯示警。

（3）安全标志登记

安全标志设置后应当进行统计记录，并填写施工现场安全标志登记表。

9.6 卫生与防疫

9.6.1 卫生保健

（1）施工现场宜设置卫生保健室，配备保健医药箱、常用药及绷带、止血带、颈托、担架等急救器材。

（2）施工现场宜配备兼职或专职急救人员，处理伤员和负责职工保健，对生活卫生进行监督和定期检查食堂、饮食等卫生情况。

（3）施工现场应利用黑板报、宣传栏等形式向职工介绍卫生防疫的知识和方法，针对季节性流行病、传染病等做好对职工卫生防病的宣传教育工作。

（4）当施工现场人员发生法定传染病、食物中毒、急性职业中毒时，必须在 2 小时内向事故发生地建设主管部门和卫生防疫部门报告，并应积极配合调查处理。

（5）现场施工人员患有法定的传染病或病源携带者时，应及时进行隔离，并由卫生防疫部门进行处置。

（6）根据 2012 年国家安监总局等四部门联合印发的《防暑降温措施管理办法》，施工单位在下列高温天气期间，应当合理安排工作时间，减轻劳动强度，采取有效措施，保障劳动者身体健康和生命安全：

1）日最高气温达到 40℃以上，应当停止当日室外露天作业；

2）日最高气温达到 37℃以上、40℃以下时，用人单位全天安排劳动者室外露天作业时间累计不得超过 6 小时，连续作业时间不得超过国家规定，且在气温最高时段 3 小时内不得安排室外露天作业；

3）日最高气温达到 35℃以上、37℃以下时，用人单位应当采取换班轮休等方式，缩短劳动者连续作业时间，并且不得安排室外露天作业劳动者加班。

9.6.2 现场保洁

（1）办公生活区应设专职或兼职保洁员，负责卫生清扫和保洁。

（2）办公生活区应采取灭鼠、蚊、蝇、蟑螂等措施，并定期投放和喷洒药物。

9.6.3　食堂卫生

（1）食堂应取得相关部门颁发的许可证，制定食堂卫生制度，认真落实《食品安全法》及其实施条例的具体要求。

（2）炊事人员必须体检合格并持证上岗，上岗应穿戴洁净的工作服、工作帽和口罩，并保持个人卫生。

（3）非炊事人员不得随意进入食堂制作间。

（4）食堂的炊具、餐具和饮水器皿必须及时清洗消毒。

（5）食堂应设置油烟净化装置，并定期维护保养。并设置隔油池。

（6）施工现场应加强食品、原料的进货管理，做好进货登记，严禁购买无照、无证商贩经营的食品和原料，施工现场的食堂严禁出售变质食品。

（7）建筑工地食堂要根据食品安全事故处理的有关规定，制定食品安全事故应急预案，提高防控食品安全事故的能力和水平。

9.6.4　饮水卫生

（1）施工现场饮水可采用市政水源或自备水源。

（2）生活饮用水池（箱）应与其他用水的水池（箱）分开，且应有明显的标识。

（3）生活饮用水池（箱）应采用独立的结构形式，不宜埋地设置，并应采取防污染措施。

（4）生活区应设置开水炉、电热水器或保温水桶，施工区应配备流动保温水桶。开水炉、电热水器、保温水桶应上锁由专人负责管理。

9.7　职业健康

职业健康是研究并预防因工作导致的疾病，防止原有疾病的恶化。职业健康研究以职工的健康在职业活动过程中免受有害因素侵害为目的，包括劳动环境对劳动者健康的影响以及防止职业性危害的对策。

《建筑行业职业病危害预防控制规范》GBZ/T 211、《用人单位职业健康监护监督管理办法》和《职业病分类和目录》等规定了与建筑业有关的职业病危害工种、危害因素以及危害预防控制的基本要求、防护措施和应急救援等。

9.7.1　建筑行业职业病危害工种

根据《职业病分类和目录》，与建筑业有关的职业病主要包括职业中毒、职业尘肺、物理因素职业病、职业性皮肤病、职业性眼病、职业性耳鼻喉口腔疾病、职业性肿瘤以及其他职业病等内容。

9.7.2　职业病危害防控措施

工程项目部应根据施工现场职业病危害的特点，采取以下职业病危害防护措施：

（1）选择不产生或少产生职业病危害的建筑材料、施工设备和施工工艺。

（2）配备有效的职业病危害防护设施，使工作场所职业病危害因素的浓度（或强度）符合《工作场所有害因素职业接触限值第 1 部分：化学有害因素》（GBZ2.1）和《工作场所有害因素职业接触限值第 2 部分：物理因素》（GBZ2.2）等标准要求。

（3）职业病防护设施应进行经常性的维护、检修，确保其处于正常状态。

（4）配备有效的个人防护用品。个人防护用品必须保证选型正确，维护得当。建立、健全个人防护用品的采购、验收、保管、发放、使用、更换、报废等管理制度，并建立发放台账。

（5）制定合理的劳动制度，加强施工过程职业卫生管理和教育培训。

（6）可能产生急性健康损害的施工现场设置检测报警装置、警示标志、紧急撤离通道和泄险区域等。

9.7.3　职业健康监护

职业健康监护是职业危害防治的一项主要内容。通过健康监护起到保护员工健康、提高员工健康素质的作用，也便于早期发现疑似职业病病人，使其在早期得到治疗。职业健康监护工作必须有专职人员负责，并建立健全职业健康监护档案。职业健康监护档案包括劳动者的职业史、职业危害接触史、职业健康检查结果和职业病诊疗等有关个人健康资料。

职业健康监护的主要管理工作内容包括：

（1）按职业卫生有关法规标准的规定组织接触职业危害的作业人员进行上岗前职业健康体检；

（2）按规定组织接触职业危害的作业人员进行在岗期间职业健康体检；

（3）按规定组织接触职业危害的作业人员进行离岗职业健康体检；

（4）禁止有职业禁忌症的劳动者从事其所禁忌的职业活动；

（5）调离并妥善安置有职业健康损害的作业人员；

（6）未进行离岗职业健康体检，不得解除或者终止劳动合同；

（7）职业健康监护档案应符合要求，并妥善保管；

（8）无偿为劳动者提供职业健康监护档案复印件。

9.7.4　职业病应急救援

针对施工现场可能出现的突发性职业病，应有如下应急救援措施：

（1）工程项目部应建立应急救援机构或组织。

（2）工程项目部应根据不同施工阶段可能发生的各种职业病危害事故制定相应的应急救援预案，并定期组织演练，及时修订应急救援预案。

（3）按照应急救援预案要求，合理配备快速检测设备、急救药品、通信工具、交通工具、照明装置、个人防护用品等应急救援装备。

（4）可能突然泄漏大量有毒化学品或者易造成急性中毒的施工现场，应设置自动检测报警装置、事故通风设施、冲洗设备（沐浴器、洗眼器和洗手池）、应急撤离通道和必要的泄险区。除为劳动者配备常规个人防护用品外，还应在施工现场醒目位置放置必需的防毒用具，以备逃生、抢救时应急使用，并设有专人管理和维护，保证其处于良好待用状态。应急撤离通道应保持通畅。

（5）施工现场应配备受过专业训练的急救员，配备急救箱、担架、毯子和其他急救用品，急救箱内应有明确的使用说明，并由受过急救培训的人员进行、定期检查和更换。超过 200 人的施工工地应配备急救室。

（6）根据施工现场可能发生的职业病危害事故，对全体劳动者进行有针对性的应急救援培训，使劳动者掌握事故预防和自救互救等应急处理能力，避免盲目救治。

（7）应与就近医疗机构建立合作关系，以便发生急性职业病危害事故时能够及时获得医疗救援援助。

第 10 章　建筑施工安全技术

10.1　起重吊装工程安全技术

10.1.1　常用索具和吊具

（1）钢丝绳

1）钢丝绳的分类

钢丝绳分为圆股钢丝绳、编织钢丝绳和扁钢丝绳三类。

2）钢丝绳的安全使用要求

① 钢丝绳在卷筒上，应按顺序整齐排列。

② 载荷由多根钢丝绳承受时，应设有各根钢丝绳受力的均衡装置。

③ 起升机构和变幅机构，不得使用编结接长的钢丝绳。

④ 起升高度较大的起重机械，宜采用不旋转、无松散倾向的钢丝绳。采用其他钢丝绳时，应有防止钢丝绳和吊具旋转的装置或措施。

⑤ 当吊钩处于工作位置最低点时，钢丝绳在卷筒上的缠绕，除固定绳尾的圈数外，一般不少于 3 圈。

⑥ 吊运炽热或熔化金属的钢丝绳，应采用石棉芯、金属芯等耐高温的钢丝绳。

⑦ 对钢丝绳应防止损伤、腐蚀或其他物理、化学因素造成的性能降低。

⑧ 钢丝绳展开时，应防止打结或扭曲。

⑨ 钢丝绳切断时，应有防止绳股散开的措施。

⑩ 安装钢丝绳时，不应在不洁净的地方拖线，也不应缠绕在其他物体上，应防止划、磨、碾、压和过度弯曲。

⑪ 钢丝绳应保持良好的润滑状态。所用润滑剂应符合该绳的要求，并且不影响外观检查。润滑时应特别注意不易看到和润滑剂不易渗透到的部位，如平衡滑轮处的钢丝绳。

⑫ 取用钢丝绳时，必须检查该钢丝绳的合格证，以保证机械性能、规格符合设计要求。

⑬ 对日常使用的钢丝绳每天都应进行检查，包括对端部的固定连接、平衡滑轮处的检查，并作出安全性的判断。

⑭ 钢丝绳的润滑。对钢丝绳定期进行系统润滑，可保证钢丝绳的性能，延长使用寿命。润滑之前，应将钢丝绳表面上积存的污垢和铁锈清除干净。钢丝绳润滑的方法有刷涂法和浸涂法。刷涂法就是人工使用专用的刷子，把加热的润滑脂涂刷在钢丝绳的表面。浸涂法就是将润滑脂加热到 60℃，然后使钢丝绳通过一组导辊装置被张紧，同时使之缓慢地在容器里的熔融润滑脂中通过。

（2）钢丝绳夹

　　钢丝绳夹是起重吊装作业中使用较广的钢丝绳夹具。钢丝绳夹主要用于钢丝绳的连接和钢丝绳穿绕滑车组时绳端的固定，以及桅杆上缆风绳绳头的固定等。

　　钢丝绳夹的安全使用要求：

　　① 钢丝绳夹间的距离 A 应等于钢丝绳直径的 6~7 倍。

　　② 钢丝绳夹固定处的强度取决于绳夹在钢丝绳上的正确布置，以及绳夹固定和夹紧的谨慎和熟练程度。不恰当的紧固螺母或钢丝绳夹数量不足，可能使绳端在承载时一开始就产生滑动。

　　③ 在实际使用中，绳夹受载两次以后应作检查，在多数情况下，螺母需要进一步拧紧。

　　④ 钢丝绳夹紧固时须考虑每个绳夹的合理受力，离套环最远处的绳夹不得首先单独紧固；离套环最近处的绳夹（第一个绳夹）应尽可能地紧靠套环，但仍须保证绳夹的正确拧紧，不得损坏钢丝绳的强度。

　　⑤ 绳夹在使用后要检查螺栓丝扣有无损坏，如暂不使用，要在丝扣部位途上防锈油并存放在干燥的地方，以防生锈。

　　（3）卸扣

　　卸扣又称卡环，是起重作业中广泛使用的连接工具，它与钢丝绳等索具配合使用，拆装颇为方便。

　　卸扣的安全使用要求：

　　① 卸扣必须是锻造的，一般是用 20 号钢锻造后经过热处理而制成的，以便消除残余应力和增加其韧性，不能使用铸造和补焊的卸扣。

　　② 使用时不得超过规定的荷载，应使销轴与扣顶受力，不能横向受力。横向使用会造成扣体变形。

　　③ 吊装时使用卸扣绑扎，在吊物起吊时应使扣顶在上、销轴在下。

　　④ 不得从高处往下抛掷卸扣，以防止卸扣落地碰撞而变形和内部产生损伤及裂纹。

　　（4）吊钩

　　吊钩属起重机上重要取物装置之一。吊钩若使用不当，容易造成损坏和折断而发生重大事故，因此，必须加强对吊钩经常性的安全技术检验。

　　吊钩的安全使用要求：

　　① 吊钩的检查。

　　检查吊钩先用煤油洗净钩身，然后用 20 倍放大镜检查钩身是否有疲劳裂纹，特别对危险断面要仔细检查。钩柱螺纹部分的退刀槽是应力集中处，要注意检查有无裂缝。对板钩还应检查衬套、销子、小孔、耳环及其他紧固件是否有松动、磨损现象。对一些大型、重型起重机的吊钩还应采用无损探伤法检验其内部是否存在缺陷。

　　② 吊钩的保险装置。

　　吊钩必须装有可靠的防脱棘爪（吊钩保险），防止工作时索具脱钩。防脱棘爪在吊钩负载时不得张开，安装棘爪后钩口尺寸减小值不得超过钩口尺寸的 10%；防脱棘爪的形态应与钩口端部相吻合。

　　（5）起重链条

　　链条有片式链条和焊接链条之分。片式链条一般安装在设备中用来传递动力；焊接链条是一种起重索具，常用于起重吊装索具。

焊接链条的安全使用要求：

① 只宜于垂直起吊，不宜于双链夹角起吊。

② 不得用于有振动冲击的工作或超负荷使用。

③ 焊接链在光面卷筒上使用时，卷扬速度应小于 1m/s；在链轮上工作时，速度不得超过 0.1m/s。

④ 使用前后应经常检查链环和链条接头处是否有磨损和裂痕，发现问题及时报废更换。

（6）螺旋扣

螺旋扣又称"花兰螺丝"，其主要用在张紧和松弛拉索、缆风绳等，故又被称为"伸缩节"。

螺旋扣的安全使用要求：

1）使用时应钩口向下；

2）防止螺纹轧坏；

3）严禁超负荷使用；

4）长期不用时，应在螺纹上涂好防锈油脂。

（7）化学纤维绳

化学纤维绳又叫合成纤维绳。目前多采用绵纶、尼纶、涤纶、维尼纶、乙纶、内纶等合成纤维制成。化学纤维绳具有重量轻、质地柔软、耐腐蚀、有弹性、能减少冲击的优点，它的吸水率只有 4%，但对温度的变化较敏感，不耐高温。

化学纤维绳的安全使用要求：

使用化学纤维绳进行吊装作业时，应注意以下安全事项：

① 遇高温时易熔化，要防止曝晒，远离明火。

② 弹性较大，起吊时不稳定，应防止吊物摆动伤人。

③ 伸长率大，断绳时其回弹幅度较大，应采取防止回弹伤人的措施。

④ 摩擦力小，当带载从缆桩上放出时，要防止绳子全部滑出伤人。

⑤ 禁止使一头吊装带套同时受两个方向的力，使两层吊装带分开，造成事故。

（8）麻绳

麻绳在起重作业中主要用于捆绑物体，起吊 500kg 以下的较轻物件；当起吊物件或重物时，麻绳拉紧物体，以保持被吊物体的稳定和在规定的位置就位。

麻绳的安全使用要求：

① 麻绳只适用于工具及轻便主件的移动和起吊，或用于吊装工件的控制绳。在机械驱动的起重机具中不得使用。

② 麻绳不得向一个方向连续扭转，以免松散或扭劲。使用中，如果麻绳有扭曲时，应抖直。

③ 麻绳使用中，严禁与锐利的物体直接接触，如无法避免时应垫以保护物；不容许麻绳在尖锐或粗糙的物体上拖拉，以免降低麻绳的强度。

④ 麻绳在当作跑绳使用时，安全系数不得小于 10；当作捆绑绳使用时，安全系数不得小于 12。

⑤ 麻绳不得与酸、碱等腐蚀性介质接触。

⑥ 麻绳应存放在通风、干燥的地方，不得受热、受潮。

⑦ 麻绳使用前应认真检查，当表面均匀磨损不超过直径的 30%，局部触伤不超过同断面直径的 10% 时，可按直径折减降级别使用。如局部触伤和局部腐蚀严重的，可截去受损部分插接使用。

⑧ 麻绳使用于滑车组时，滑轮的直径应大于麻绳直径的 10 倍，其绳槽半径应大于麻绳半径的 1/4。

10.1.2　常用起重机具

（1）千斤顶

千斤顶是一种用较小的力将重物顶高、降低或移位的简单而方便的起重设备。

千斤顶的安全使用要求

① 使用前应拆洗干净，并检查各部件是否灵活、有无损伤，液压千斤顶的阀门、活塞、皮碗是否良好，油液是否干净。

② 使用时，应放在平整、坚实的地面上。如地面松软，应铺设方木以扩大承压面积。设备或物件的被顶点应选择坚实的平面部位并应清洁至无油污，以防打滑，还须加垫木板以免顶坏设备或物件。

③ 严格按照千斤顶的额定起重量使用千斤顶，每次顶升高度不得超过活塞上的标志。

④ 在顶升过程中要随时注意千斤顶的平整直立，不得歪斜，严防倾倒，不得任意加长手柄或操作过猛。

⑤ 操作时，先将物件顶起一点后暂停，检查千斤顶、枕木跺、地面和物件等情况是否良好。如发现千斤顶和枕木跺不稳等情况，必须处理后才能继续工作。顶升过程中，应设保险垫，并要随顶随垫，其脱空距离应保持在 50mm 以内，以防千斤顶倾倒或突然回汕而造成事故。

⑥ 用两台或两台以上千斤顶同时顶升一个物件时，要有统一的指挥，动作一致，升降同步，保证物件平稳。

⑦ 应存放在干燥、无尘士的地方，避免日晒雨淋。

（2）滑车和滑车组

滑车和滑车组是起重吊装、搬运作业中较常用的起重工具。滑车一般由吊钩（链环）、滑轮、轴、轴套和夹板等组成。

滑车及滑车组的安全使用要求

① 使用前应查明标识的允许荷载，检查滑车的轮槽、轮轴、夹板、钩吊（链环）等有无裂缝和损伤，滑轮转动是否灵活。

② 滑车组绳索穿好后，要慢慢地加力，绳索收紧后应检查各部分是否良好，有无卡绳现象。

③ 滑车的吊钩（链环）中心，应与吊物的重心在一条垂线上，以免吊物起吊后不平稳，滑车组上、下滑车之间的最小距离应根据具体情况而定，一般为 200 ~ 700mm。

④ 滑车在使用前、后都要刷洗干净，轮轴要加油润滑，防止磨损和锈蚀。

⑤ 为了提高钢丝绳的使用寿命，滑轮直径最小不得小于钢丝绳直径的 16 倍。

（3）倒链

倒链又称"链式滑车"、"手拉葫芦"，它适用于小型设备和物体的短距离吊装，可用来拉紧缆风绳，以及用在构件或设备运输时拉紧捆绑的绳索。倒链具有结构紧凑、手拉力小携带方便操作简单等优点，它不仅是起重常用的工具，也常用作机械设备的检修拆装工具。

倒链的安全使用要求

① 使用前需检查传动部分是否灵活，链子和吊钩及轮轴是否有裂纹损伤，手拉链是否有跑链或掉链等现象。

② 挂上重物后，要慢慢拉动链条，当起重链条受力后再检查各部分有无变化，自锁装置是否起作用，经检查确认各部分情况良好后，方可继续工作。

③ 在任何方向使用时，拉链方向应与链轮方向相同，防止手拉链脱槽，拉链时力械要均匀，不能过快过猛。

④ 当手拉链拉不动时，应查明原因，不能增加人数猛拉，以免链式滑车免发生事故。

⑤ 起吊重物中途停止的时间较长时，要将手拉链拴在起重链上，以防时间过长而自锁失灵。

⑥ 转动部分要经常上油，保证滑润，减少磨损，但切勿将润滑油渗进摩擦片内，以防自锁失灵。

（4）起重桅杆

起重桅杆按其材质不同，可分为木桅杆和金属桅杆，按其形式可分为人字桅杆、牵引式桅杆、龙门桅杆。

起重桅杆的安全使用要求

① 新桅杆组装时，中心线偏差不大于总支承长度的 1/1000。

② 多次使用过的桅杆，在重新组装时，每 5m 长度内中心线偏差和局部塑性变形不应大于 20mm。

③ 在诡杆全长内，中心偏差不应大于总支承长度的 1/200。

④ 组装桅杆的连接螺栓，必须紧固牢靠。

⑤ 各种檐杆的基础都必须平整坚实，不得积水。

（5）卷扬机

卷扬机在建筑施工中使用广泛，它可以单独使用，也可以作为其他起重机械的卷扬机构。

卷扬机安全使用要求

① 作业前，应检查卷扬机与地面的固定、安全装置、防护设施、电气线路、接零或接地线、制动装置和钢丝绳等，全部合格后方可使用。

② 使用皮带或开式齿轮的部分，均应设防护罩，导向滑轮不得用开口拉板式滑轮。

③ 正反转卷扬机卷筒旋转方向应在操纵开关上有明确标识。

④ 必须有良好的接地或接零装置，接地电阻不得大于 10Ω；在一个供电网络上，接地和接零不得混用。

⑤ 作业前，要先作空载正、反转试验，检查运转是否平稳，有无异常响声；传动、制动机构是否灵敏可靠；各紧固件及连接部位有无松动现象；润滑是否良好，有无漏油现象。

⑥ 作业前，都应对制动器进行检查。制动片与制动轮之间的接触面应均匀，间隙调

整应适宜，制动应平稳可靠。

⑦ 制动轮的制动摩擦面不应有妨碍制动性能的缺陷或沾染油污。

⑧ 丝绳的选用应符合原厂说明书的规定。建筑施工现场不得使用摩擦式卷扬机。

⑨ 筒上的钢丝绳全部放出时应留有不少于 3 圈，用于起吊作业的卷筒在吊装构件时，卷筒上的钢丝绳应至少保留 5 圈；钢丝绳的末端应固定牢靠；卷筒边缘外周至最外层钢丝绳的距离应不小于钢丝绳直径的 1.5 倍。

⑩ 丝绳应与卷筒及吊笼连接牢固，不得与机架或地面摩擦，通过道路时，应设过路保护装置。

⑪ 筒上的钢丝绳应排列整齐，当重叠或斜绕时，应停机重新排列，严禁在转动中手拉、脚踩钢丝绳。

⑫ 作业中，任何人不得跨越正在作业的卷扬钢丝绳。物件提升后，操作人员不得离开卷扬机，物件或吊笼下面严禁人员停留或通过。休息时，应将物件或吊笼降至地面。导向滑轮三角区内，严禁行人通过或逗留。

⑬ 作业中，如发现异响、制动不灵、制动装置或轴承等温度剧烈上升等异常情况时，应立即停机检查，排除故障后方可使用。

⑭ 作业中，出现制动不灵，应立即采取措施，阻止吊物下落，修复制动装置后，方可继续作业。

⑮ 作业中停电或休息时，应切断电源，将提升物件或吊笼降至地面，操作人员离开现场应锁好开关箱。

（6）地锚

地锚又称锚桩、锚点、锚锭。起重作业中常用地锚来固定拖拉绳、缆风绳、卷扬机、导向滑轮等，地锚一般用钢丝绳、钢管、钢筋混凝土预制件、圆木等作埋件埋入地下做成。

地锚制作的安全使用要求

① 立式地锚。

立式地锚宜在不坚固的土壤条件下采用。

② 桩式地锚。

桩式地锚宜在有地面水或地下水位较高的地方采用。

③ 卧式地锚。

卧式地锚宜在永久性地锚或大型吊装作业中采用。

④ 岩层地锚。

岩层地锚宜在不易挖坑和打桩的岩石地带采用。

⑤ 混凝土地锚。

混凝土地锚宜用于永久性或重型地锚，受力拉杆应焊在混凝土中的型钢梁上。

10.1.3　起重吊装的基本安全要求

（1）必须编制吊装作业施工组织设计，并应充分考虑施工现场的环境、道路、架空电线等情况。作业前，应进行技术交底；作业中，未经技术负责人批准，不得随意更改。

（2）参加起重吊装的人员应经过严格培训，取得培训合格证后，方可上岗。

（3）作业前，应检查起重吊装所使用的起重机滑轮、吊索、卡环和地锚等，应确保其完好，符合安全要求。

（4）起重作业人员必须穿防滑鞋、戴安全帽，高处作业应佩挂安全带且系挂可靠，并严格遵守高挂低用。

（5）吊装作业区四周应设置明显标志，严禁非操作人员入内。夜间施工必须有足够的照明。

（6）起重设备通行的道路应平整坚实。

（7）登高梯子的上端应予以固定，高空用的吊篮和临时工作台应绑扎牢靠。吊篮和工作台的脚手板应铺平、绑牢，严禁出现探头板。吊移操作平台时，平台上面严禁站人。

（8）绑扎所用的吊索、卡环、绳扣等的规格应按计算确定。

（9）起吊前，应对起重机钢丝绳及连接部位和索具设备进行检查。

（10）高空吊装屋架、梁和斜吊法吊装柱时，应于构件两端绑扎溜绳，由操作人员控制。

（11）构件吊装和翻身扶直时的吊点必须符合设计规定。异型构件或无设计规定时，应经计算确定，并保证构件起吊平稳。

（12）安装所使用的螺栓、钢楔（或木楔）、钢垫板、垫木和电焊条等的材质，应符合设计要求的材质标准及国家现行标准的有关规定。

（13）吊装大、重、新结构构件和采用新的吊装工艺时，应先进行试吊，确认无问题后，方可正式起吊。

（14）大雨、雾、大雪及风速12m/s以上大风等恶劣天气应停止吊装作业。事后应及时清理冰雪并采取防滑和防漏电措施。雨雪后作业前，应检查制动器是否灵敏可靠。

（15）严禁采用斜拉、斜吊及起吊埋于地下或黏结在地面上的构件。

（16）起重机靠近架空输电线路作业或在架空输电线路下方行走时，与架空输电线的安全距离应符合《施工现场临时用电安全技术规范（附条文说明）》JGJ 46—2005。当需要在小于规定的安全距离范围内进行作业时，必须采取安全保护措施，并经供电部门审查批准。

（17）采用双机抬吊时，宜选用同类型或性能相近的起重机，负载分配应合理，单机起吊载荷不得超过额定起重量的80%。操作者之间相互配合，动作协调，起吊的速度应平稳缓慢。

（18）严禁超载吊装和起吊重量不明的重大构件和设备。

（19）起吊过程中，在起重机行走、回转、俯仰吊臂、起落吊钩等动作前，起重司机应鸣声示意一次只宜进行一个动作，待前一动作结束后，再进行下一动作。

（20）开始起吊时，应先将构件吊离地面200～300mm后停止起吊，并检查起重机的稳定性、制动装置的可靠性、构件的平衡性和绑扎的牢固性等，待确认无误后，方可继续起吊。已吊起的构件不得长久停滞在空中。

（21）严禁在吊起的构件上行走或站立，不得用起重机载运人员，不得在构件上堆放或悬挂零星物件。

（22）起吊时不得忽快忽慢和突然制动。回转时动作应平稳，当回转未停稳前不得做反向动作。

（23）严禁在已吊起的构件下面或起重臂下旋转范围内作业或行走。

（24）因故（天气、下班、停电等）对吊装中未形成空间稳定体系的部分，应采取有效的加固措施。

（25）高处作业所使用的工具和零配件等，必须放在工具袋（盒）内，严防掉落，并严禁上下抛掷。

（26）吊装中的焊接作业应选择合理的焊接工艺，避免发生过大的变形，冬季焊接应有焊前预热（包括焊条预热）措施，焊接时应有防风防水措施，焊后应有保温措施。

（27）已安装好的结构构件，未经有关设计和技术部门批准，不得用作受力支承点和在构件上随意凿洞开孔。不得在其上堆放超过设计荷载的施工荷载。

（28）永久固定的连接，应经过严格检查，并确保无误后，方可拆除临时固定工具。

（29）高处安装中的电、气焊作业，应严格采取安全防火措施，在作业处下面周围10m 范围内不得有人。

（30）对起吊物进行移动、吊升、停止、安装时的全过程应用旗语或通用手势信号进行指挥，信号不明不得启动，上下相互协调联系应采用对讲机。

10.2　土方机械安全技术

10.2.1　推土机

推土机的安全使用要求：

1）推土机在坚硬土壤或多石土壤地带作业时，应先进行爆破或用松土器翻松。在沼泽地带作业时，应更换湿地专用湿地履带板。

2）不得用推土机推石灰、烟灰等粉尘物料，不得进行碾碎石块的作业。

3）牵引其他机构设备时，应有专人负责指挥。钢丝绳的连接应牢固可靠。在坡道或长距离牵引时，应采用牵引杆连接。

4）作业前应重点检查下列项目，并应符合下列要求：

① 各部件不得松动，应连接良好；

② 燃油、润滑油、液压油等应符合规定；

③ 各系统管路不得有裂纹或泄漏；

④ 各操纵杆和制动踏板的行程、履带的松紧度或轮胎气压应符合要求。

5）启动前，应将主离合器分离，各操纵杆放在空挡位置，不得用拖、顶式启动。

6）启动后，应检查各仪表指示值，液压系统应工作有效；当运转正常、水温达到55℃、机油温度达到45℃ 时，方可全载荷作业。

7）推土机机械四周不得有障碍物，并确认安全后开动，工作时不得有人站在履带或刀片的支架上。

8）采用主离合器传动的推土机接合应平稳，起步不得过猛，不得使离合器处于半接合状态下运转；液力传动的推土机，应先解除变速杆的锁紧状态，踏下减速器踏板，变速杆应在低挡位，然后缓慢释放减速踏板。

9）在块石路面行驶时，应将履带张紧。当需要原地旋转或急转弯时，应采用低速挡。

当行走机构夹入块石时，应采用正、反向往复行驶使块石排除。

10）在浅水地带行驶或作业时，应查明水深，冷却风扇叶不得接触水面。下水前和出水后，应对行走装置加注润滑脂。

11）推土机上、下坡或超过障碍物时应采用低速挡。推土机上坡坡度不得超过25°，下坡坡度不得大于35°，横向坡度不得大于10°。在25°以上陡坡上不得横向行驶，并不得急转弯。上坡时不得换挡，下坡时不得空挡滑行。当需要在陡坡上推土时，应先进行填挖，使机身保持平衡。

12）在上坡途中，当内燃机突然熄灭时，应立即放下铲刀，并锁住制动踏板。在推土机停稳后，将主离合器脱开，把变速杆放到空挡位置，并应用木块将履带或轮胎楔死后，重新启动内燃机。

13）下坡时，当推土机下行速度大于内燃机传动速度时，转向操纵的方向应与平地行走时操纵的方向相反，并不得使用制动器。

14）填沟作业驶近边坡时，铲刀不得越出边缘。后退时，应先换挡，后提升铲刀进行倒车。

15）在深沟、基坑或陡坡地区作业时，应有专人指挥，垂直边坡高度应小于2m。当大于2m时，应放出安全边坡，同时禁止用推土刀侧面推土。

16）推土或松土作业时，不得超载，各项操作应缓慢平稳，不得损坏铲刀、推土架、松土器等装置；无液力变矩器装置的推土机，在作业中有超载趋势时，应稍微提升刀片或变换低速挡。

17）不得顶推与地基基础连接的钢筋混凝土桩等建筑物。顶推树木等物体不得倒向推土机及高空架设物。

18）两台以上推土机在同一地区作业时，前后距离应大于8.0m，左右距离应大于1.5m。在狭窄道路上行驶时，未经前机同意，后机不得超越。

19）作业完毕后，宜将推土机开到平坦安全的地方落下铲刀，有松土器的，应将松土器爪落下。在坡道上停机时，应将变速杆挂低速挡，接合主离合器：锁住制动踏板，并将履带或轮胎楔住。

20）停机时，应先降低内燃机转速，变速杆放在空挡，锁紧液力传动的变速杆，分开主离合器，踏下制动踏板并锁紧，待水温降到75℃以下、油温度降到90℃以下后，方可熄火。

21）推土机长途转移工地时，应采用平板拖车装运。短途行走转移距离不宜超过10km，铲刀距地面宜为400mm，不得用高速挡行驶和进行急转弯，不得长距离倒退行驶。在行走过程中应经常检查润滑行走装置。

22）在推土机下面检修时，内燃机必须熄火，铲刀应放下或垫稳。

10.2.2 铲运机

铲运机的安全使用要求：

1）自行式铲运机安全使用要求

① 自行式铲运机的行驶道路应平整坚实，单行道宽度不宜小于5.5m。

② 多台铲运机联合作业时，前后距离不得小于20m，左右距离不得小于2m。

③ 作业前，应检查铲运机的转向和制动系统，并确认灵敏可靠。

④ 铲土或在利用推土机助铲时，应随时微调转向盘，铲运机应始终保持直线前进。不得在转弯情况下铲土。

⑤ 下坡时，不得空挡滑行，应踩下制动踏板辅助内燃机制动，必要时可放下铲斗，以降低下滑速度。

⑥ 转弯时，应采用较大回转半径低速转向，操纵转向盘不得过猛；当重载行驶或在弯道上、下坡时，应缓慢转向。

⑦ 不得在大于 15° 的横坡上行驶，也不得在横坡上铲土。

⑧ 沿沟边或填方边坡作业时，轮胎离路肩不得小于 0.7m 并应放低铲斗，降速缓行。

⑨ 在坡道上不得进行检修作业：遇在坡道上熄火时，应立即制动，下降铲斗，把变速杆放在空挡位置，然后方可启动内燃机。

⑩ 穿越泥泞或软地面时，铲运机应直线行驶，当一侧轮胎打滑时，可踏下差速器锁止踏板。当离开不良地面时，应停止使用差速器锁止踏板。不得在差速器锁止时转弯。

⑪ 夜间作业时，前后照明应齐全完好，前大灯应能照至 30m；当对方来车时，应在 100m 以外将大灯光改为小灯光，并低速靠边行驶。非作业行驶时，铲斗应用锁紧链条挂牢在运输行驶位置上。

2）拖式铲运机的使用要点

① 拖式铲运机牵引其他设备时，应有专人负责指挥。钢丝绳的连接应牢固可靠。在坡道上或长距离牵引时，应采用牵引杆连接。

② 铲运机作业时，应先采用松土器翻松。铲运作业区内不得有树根、大石块和大量杂草等。

③ 铲运机行驶道路应平整结实，路面宽度应比铲运机宽度大 2m。

④ 启动前，应检查钢丝绳、轮胎气压、铲土斗及卸土板回缩弹簧、拖把万向接头、撑架以及各部滑轮等，并确认处于正常工作状态；液压式铲运机铲斗与拖拉机连接叉座与牵引连接块应锁定，各液压管路连接应可靠。

⑤ 开动前，应使铲斗离开地面，机械周围不得有障碍物。

⑥ 作业中，严禁任何人上下机械、传递物件，以及在铲斗内、拖把或机架上坐立。

⑦ 多台铲运机联合作业时，各机之间前后距离应大于 10m（铲土时应大于 5m），左右距离应大于 2m。行驶中，应遵守下坡让上坡、空载让重载、支线让干线的原则。

⑧ 在狭窄地段运行时，未经前机同意，后机不得超越。两机交会或超越平行时应减速，两机间距不得小于 0.5m。

⑨ 铲运机上、下坡道时，应低速行驶，不得中途换挡，下坡时不得空挡滑行，行驶的横向坡度不得超过 6°，坡宽应大于铲运机宽度 2m。

⑩ 在新填筑的土堤上作业时，离堤坡边缘应大于 1m。需要在斜坡横向作业时，应先将斜坡挖填平整，使机身保持平衡。

⑪ 在坡道上不得进行检修作业。在陡坡上不得转弯、倒车或停车。在坡上熄火时，应将铲斗落地、制动牢靠后再启动。下陡坡时，应将铲斗触地行驶，辅助制动。

⑫ 铲土时，铲土与机身应保持直线行驶。助铲时应有助铲装置，并应正确开启斗门，不得切土过深。两机动作应协调配合，平稳接触，等速助铲。

⑬ 在下陡坡铲土时，铲斗装满后，在铲斗后轮未达到缓坡地段前，不得将铲斗提离地面，应防铲斗快速下滑冲击主机。

⑭ 在不平地段行驶时，应放低铲斗，不得将铲斗提升到高位。

⑮ 拖拉陷车时，应有专人指挥，前后操作人员应协调，确认安全后起步。

⑯ 作业后，应将铲运机停放在平坦地面，并应将铲斗落在地面上。液压操纵的铲运机应将液压缸缩回，将操纵杆放在中间位置，进行清洁、润滑后，锁好门窗。

⑰ 非作业行驶时，铲斗应用锁紧链条挂牢在运输行驶位置上；拖式铲运机不得载人或装载易燃、易爆物品。

⑱ 修理斗门或在铲斗下检修作业时，必须将铲斗提起后用销子或锁紧链条固定，再用垫木将斗身顶住，并用木楔楔住轮胎。

10.2.3　装载机

装载机的安全使用要求：

（1）作业前的准备工作

1）发动机部分按柴油机操作规程进行检查和准备。机械在启动前，先将变速杆置于空挡位置，各操纵杆置于停车位置，铲斗操作杆置于浮动位置，然后再启动发动机。

2）作业前，应检查作业场地周围有无障碍物和危险品，并对施工场地进行半整，便于装载机和汽车的出入，作业前，装载机应先无负荷运转 3~5min，检查各部件是否完好，确认一切正常后，再开始装载作业。

（2）作业与行驶中的安全注意事项

1）装载机与汽车配合装运作业时，自卸汽车的车厢容积应与装载机铲斗容量相匹配。

2）装载机作业场地坡度应符合使用说明书的规定。作业区内不得有障碍物及无关人员。

3）轮胎式装载机作业场地和行驶道路应平坦坚实。在石块场地作业时，应在轮胎上加装保护链条。

4）作业前应重点检查下列项目，并应符合相应要求：

① 照明、信号及警报装置等齐全有效；

② 燃油、润滑油、液压油应符合规定；

③ 各铰链部分应连接可靠；

④ 液压系统不得有泄露现象；

⑤ 轮胎气压应符合规定。

5）装载机行驶前，应先鸣笛示意，铲斗宜提升离地 0.5m。装载机行驶过程中应测试制动器的可靠性。装载机搭乘人员应符合规定。装载机铲斗不得载人。

6）装载机高速行驶时应采用前轮驱动；低速铲装时，应采用四轮驱动。铲斗装载后升起行驶时，不得急转弯或紧急制动。

7）装载机下坡时不得空挡滑行。

8）装载机的装载量应符合说明书的规定。装载机铲斗应从正面铲料，铲斗不得单边受力。装载机应低速缓慢举臂翻转铲斗卸料。

9）装载机操纵手柄换向应平稳。装载机满载时，铲臂应缓慢下降。

10）在松散不平的场地作业时，应把铲臂放在浮动位置，使铲斗平稳地推进；当推进阻力增大时，可稍微提升铲臂。

11）当铲臂运行到上下最大限度时，应立即将操纵杆回到空挡位置。

12）装载机运载物料时，铲臂下铰点宜保持地面 0.5m，并保持平稳行驶。铲斗提升到最高位置时，不得运输物料。

13）铲装或挖掘时，铲斗不应偏载。铲斗装满后，应先举臂，再行走、转向、卸料。铲斗行走中不得收斗或举臂。

14）当铲装阻力较大，出现轮胎打滑时，应立即停止铲装，排除过载后再铲装。

15）在向汽车装料时，铲斗不得在汽车驾驶室上方越过。如汽车驾驶室顶无防护，驾驶室内不得有人。

16）向汽车装料，宜降低铲斗高度，减小卸落冲击。汽车装料不得偏载、超载。

17）装载机在坡、沟边卸料时，轮胎离边缘应保留安全距离，安全距离宜大于1.5m；铲斗不宜伸出坡、沟边缘。在大于 3°的坡面上，装载机不得朝下坡方向俯身卸料。

18）作业时，装载机变矩器油温不得超过 110℃，超过时，应停机降温。

19）作业后，装载机应停放在安全场地，铲斗应平放在地面上，操纵杆应置于中位，制动应锁定。

20）装载机转向架未锁闭时，严禁站在前后车架之间进行检修保养。

21）装载机铲臂升起后，在进行润滑或检修等作业时，应先装好安全销，或先采取其他措施支住铲臂。

22）停车时，应使内燃机转速逐步降低，不得突然熄火，应防止液压油因惯性冲击而溢出油箱。

10.2.4　挖掘机

挖掘机的安全使用要求：

1）挖掘机作业前，必须查明施工场地内明、暗铺设的各类管线的设施，并应采用明显记号标识。严禁在离地下管线、承压管道 1m 距离内进行作业。

2）挖掘机机械回转作业时，配合人员必须在机械回转半径外工作。当需在回转半径以内工作时，必须将机械停止回转并制动。

3）单斗挖掘机的作业和行走场地应平整、坚实，松软地面应用枕木或垫板垫实，沼泽或淤泥场地应进行路基处理或更换专用湿地履带。

4）轮胎式挖掘机使用前应支好支腿，并应保持水平位置，支腿应置于作业面的方向，转向驱动桥置于作业面的后方。履带式挖掘机的驱动轮应置于作业面的后方。采用液压悬挂装置的挖掘机，应锁住两个悬挂液压缸。

5）作业前应重点检查下列项目，并应符合相应要求：

①照明、信号及报警装置等应齐全有效；

②燃油、润滑油、液压油应符合规定；

③各铰接部分应连接可靠；

④液压系统不得有泄漏现象；

⑤轮胎气压应符合规定。

6）启动前，应将主离合器分离，各操纵杆放在空挡位置，并应发出信号，确认安全后启动设备。

7）启动后，应先使液压系统从低速到高速空载循环 10 ～ 20 min，不得有吸空等不正常噪声，并应检查各仪表指示值，运转正常后接合主离合器，再进行空载运转，顺序操纵各工作机构并测试各制动器，确认正常后开始作业。

8）作业时，挖掘机应保持水平位置，行走机构应制动，履带或轮胎应楔紧。

9）平整场地时，不得用铲斗进行横扫或用铲斗对地面进行夯实。

10）挖掘岩石时，应先进行爆破。挖掘冻土时，应采用破冰锤或爆破法使用冻土层破碎。不得用铲斗破碎石块、冻土，或用单边斗齿硬啃。

11）挖掘机最大开挖高度和深度，不应超过机械本身性能规定。在拉铲或反铲作业时，履带式挖掘机的履带与工作面边缘距应大于 1.0m，轮胎式挖掘机的轮胎与工作面边缘应大于 1.5m。

12）在坑边进行挖掘作业，当发现有塌方危险时，应立即处理险情，或将挖掘机撤至安全地带。坑边不得留有伞状边沿及松动的大块石。

13）挖掘机应停稳后再进行挖土作业，当铲斗未离开工作面时，不得做回转、行走等动作。应使用回转制动器进行回转制动，不得用转向离合器反转制动。

14）作业时，各操纵过程应平稳，不宜紧急制动。铲斗升降不得过猛，下降时，不得撞碰车架或履带。

15）斗臂在抬高及回转时，不得碰到坑、沟侧壁或其他物体。

16）挖掘机向运土车辆装车时，应降低卸落高度，不得偏装或砸坏车厢。回转时，铲斗不得从运输车辆驾驶室顶上越过。

17）作业中，当液压缸伸缩将达到极限位时，应动作平稳，不得冲撞极限块。

18）作业中，当需制动时，应将变速阀置于低速挡位置。

19）作业中，当发现挖掘力突然变化，应停机检查，不得在未查明原因前调整分配阀压力。

20）作业中，不得打开压力表开关，且不得将工况选择阀的操纵手柄放在高速挡位置。

21）挖掘机应停稳后再反铲作业，斗柄伸出长度应符合规定要求，提斗应平稳。

22）作业中，履带式挖掘机做短距离行走时，主动轮应在后面，斗臂应在正前方与履带平行，并应制动回转机构，坡道坡度不得超过机械允许的最大坡度，下坡应慢速行驶。不得在坡道上变速和空挡滑行。

23）轮胎式挖掘机行驶前，应收回支腿并固定可靠，监控仪表和报警信号灯应处于正常显示状态。轮胎气压应符合规定，工作装置应处于行驶方向，铲斗宜离地面 1m。长距离行驶时，应将回转制动板踩下，并应采用固定销锁定回转平台。

24）挖掘机在坡道上行走时熄火，应立即制动，并应楔住履带或轮胎，重新发动后，再继续行走。

25）作业后，挖掘机不得停放在高边坡附近和填方区，应停放在坚实、平坦、安全的位置，并应将铲斗收回平放在地面，所有操纵杆置于中位，关闭操纵室和机棚。

26）履带式挖掘机转移工地应采用平板拖车装运。短距离自行转移时，应低速行走。

27）保养或检修挖掘机时，应将内燃机熄火，并将液压系统卸荷，铲斗落地。

28）利用铲斗将底盘顶起进行检修时，应使用垫木将抬起的履带或轮胎垫稳，用木楔将落地履带或轮胎楔牢，然后将液压系统卸荷，否则不得进入底盘下工作。

10.2.5　平地机

平地机的安全使用要求：

1）在平整不平度较大的地面时，应先用推土机推平，再用平地机平整。

2）平地机作业区不得有树根、大石块等障碍物。

3）作业前重点检查项目应符合下列要求：

① 照明、音响装置齐全有效；

② 燃油、润滑油、液压油等符合规定；

③ 各连接件无松动；

④ 液压系统无泄漏现象；

⑤ 轮胎气压符合规定。

4）平地机不得用于拖拉其他机械。

5）启动内燃机后，应检查各仪表指示值并应符合要求。

6）开动平地机时，应鸣笛示意，并确认机械周围无障碍物及行人，用低速挡起步后，应测试并确认制动器灵敏有效。

7）作业时，应先将刮刀下降到接近地面，起步后再下降刮刀铲土。铲土时，应根据铲土阻力大小，随时少量调整刮刀的切土深度。

8）刮刀的回转、铲土角的调整以及向机外侧斜，应在停机时进行；刮刀左右端的升降动作，可在机械行驶中调整。

9）刮刀角铲土和齿耙松地时，应采用一挡速度行驶；刮土和平整作业时，可用二、三挡速度行驶。

10）土质坚实的地面应先用齿耙翻松，翻松时应缓慢下齿。

11）使用平地机清除积雪时，应在轮胎上安装防滑链，并应探明工作面的深坑、沟槽位置。

12）平地机在转弯或调头时，应使用低速挡；在正常行驶时，应采用前轮转向，当场地特别狭小时，方可使用前、后轮同时转向。

13）平地机行驶时，应将刮刀和齿耙升到最高位置，并将刮刀斜放，刮刀两端不得超出后轮外侧。行驶速度不得超过使用说明书规定。下坡时，不得空挡滑行。

14）平地机作业中，变矩器的油温不得超过 120℃。

15）作业后，平地机应停放在平坦、安全的场地，刮刀应落在地面上，手制动器应拉紧。

10.2.6　机动翻斗车

机动翻斗车的安全使用要求：

1）机动翻斗车驾驶员应经考试合格，持有机动翻斗车专用驾驶证上岗。

2）机动翻斗车行驶前，应检查锁紧装置，并应将料斗锁牢。

3）机动翻斗车行驶时，不得用离合器处于半结合状态来控制车速。

4）在路面不良状况行驶时，应低速缓行，车辆不得靠近路边或沟旁行驶，并应防止侧滑。

5）在坑沟边缘卸料时，应设置安全挡块。车辆接近坑边时，应减速行驶：不得冲撞挡块。

6）上坡时，应提前换入低挡行驶；下坡时，不得空挡滑行；转弯时，应先减速，急转弯时，应先换入低挡。机动翻斗车不宜紧急刹车，防止向前倾覆。

7）机动翻斗车不得在卸料工况下行驶。

8）机动翻斗车运转或料斗内有载荷时，不得在车底下进行作业。

9）多台机动翻斗车纵队行驶时，前后车之间应保持安全距离。

10.3 筑路机械安全技术

10.3.1 压实机械

在建设道路、广场及各种坪地时，主要采用的道路建筑材料有沥青混凝土和水泥混凝土、稳定土（灰土、水泥加固稳定土和沥青加固稳定土等），以及其他筑路材料。为了使筑路材料颗粒处于较紧的状态和增加他们之间的内聚力，可以采用静力和动力作用的方法使其变得更为密实。这种密实过程对提高各种筑路材料和整体构筑物的强度有着实质性的影响。对于塑性水泥混凝土，材料的密实过程主要是依靠振动液化作用使材料颗粒之间的内摩擦力和内凝聚力降低，从而在自重的作用下下沉而变得更加密实；对于包括碾压混凝土在内的大多数筑路材料来说，它们都可以通过压实机械的压实作用来完成这种密实过程。

在筑路过程中，路基和路面压实效果的好坏，是直接影响工程质量优劣的重要因素。因此，在必须要采用专用的压实机械对路基和路面进行压实以提高它们的强度、不透水性和密实度，防止因受雨水风雪侵蚀而产生沉陷破坏。

10.3.2 夯实机械

（1）振动冲击夯

振动冲击夯的安全使用要求：

① 振动冲击夯适用于压实黏性土、砂及砾石等散状物料，不得在水泥路面和其他坚硬地面作业。

② 内燃机冲击夯作业前，应检查并确认有足够的润滑油，油门控制器应转动灵活。

③ 内燃机冲击夯启动后，应逐渐加大油门，夯机跳动稳定后开始作业。

④ 振动冲击夯作业时，应正确掌握夯机，不得倾斜，手把不宜握得过紧，能控制夯机前进速度即可。

⑤ 正常作业时，不得使劲往下压手把，以免影响夯机跳起高度。夯实松软土或上坡时，可将手把稍向下压，并应能增加夯机前进速度。

⑥ 根据作业要求，内燃式冲击夯应通过调整油门的大小，在一定范围内改变夯机振

动频率。

⑦ 内燃冲击夯不宜在高速下连续作业。

⑧ 当短距离转移时，应先将冲击夯手把稍向上抬起，将运转轮装人冲击夯的挂钩内，再压下手把，使重心后倾，然后推动手把转移冲击夯。

（2）蛙式夯实机

蛙式夯实机的安全使用要求：

① 蛙式夯实机适用于夯实灰土和素土。蛙式夯实机不得冒雨作业。

② 作业前应重点检查下列项目，并应符合相应要求。

③ 漏电保护器应灵敏有效，接零或接地及电缆线接头应绝缘良好。

④ 传动皮带应松紧合适，皮带轮与偏心块应安装牢固。

⑤ 转动部分应安装防护装置，并应进行试运转，确认正常。

⑥ 负荷线应采用耐气候型的四芯橡皮护套软电缆。电缆线长不应大于 50m。

⑦ 夯实机启动后，应检查电动机旋转方向，错误时应倒换相线。

⑧ 作业时，夯实机扶手上的按钮开关和电动机的接线应绝缘良好。当发现有漏电现象时，应立即切断电源，进行检修。

⑨ 夯实机作业时，应一人挟夯，一人传递电缆线，并应戴绝缘手套和穿绝缘鞋。递线人员应跟随夯机后或两侧调顺电缆线。电缆线不得扭结或缠绕，并应保持 3~4m 的余量。

⑩ 作业时，不得夯击电缆线。

⑪ 作业时，应保持夯实机平衡，不得用力压扶手。转弯时应用力平稳，不得急转弯。

⑫ 夯实填高松软土方时，应先在边缘以内 100～150mm 夯实 2～3 遍后，再夯实边缘。

⑬ 不得在斜坡上夯行，以防夯头后折。

⑭ 夯实房心土时，夯板应避开钢筋混凝土及地下管道等地下物。

⑮ 在建筑物内部作业时，夯板或偏心块不得撞击墙壁。

⑯ 多机作业时，其平行间距不得小于 5m，前后间距不得小于 10m。

⑰ 夯实机作业时，夯实机四周 2m 范围内不得有非夯实机操作人员。

⑱ 夯实机电动机温升超过规定时，应停机降温。

⑲ 作业时，夯实机有异常响声，应立即停机检查。

⑳ 作业后，应切断电源，卷好电缆线，清理夯实机。夯实机保管应防水防潮。

（3）振动平板夯

振动平板夯的安全使用要求

① 振动平板夯启动时，严禁操作人员离开。

② 作业时，夯实区域要有警示标记，严禁非操作人员进人夯实作业区域 2m 以内；非操作人员进人夯实作业区时，应停止作业。

③ 振动平板夯夯实作业，不应在通风不畅的狭小空间、有火源的区域作业。

④ 安全保护装置不在预设位置，不应作业。

⑤ 进行斜坡、堤坝等压实作业时，应符合下列要求：操作人员应站在斜表面上方位置；最大作业坡度不应大于 20°。

10.3.3 压路机

压路机的安全使用要求:

1）压路机碾压的工作面，应经过适当平整，对新填的松软路基，应先用羊足碾或打夯机逐层碾压或夯实后，方可用压路机碾压。

2）当土的含水量超过30%时不得碾压，含水量少于5%时，宜适当洒水。

3）工作地段的纵坡不应超过压路机最大爬坡能力，横坡不应大于20°

4）应根据碾压要求选择机重。当光轮压路机需要增加机重时，可在滚轮内加砂或水。当气温降至0℃时，不得用水增重。

5）轮胎压路机不宜在大块石基础层上作业。

6）作业前，各系统管路及接头部分应无裂纹、松动和泄漏现象，滚轮的刮泥板应平整良好，各紧固件不得松动，轮胎压路机还应检查轮胎气压，确认正常后方可启动。

7）不得用牵引法强制启动内燃机，也不得用压路机拖拉任何机械或物件。

8）启动后，应进行试运转，确认运转正常、制动及转向功能灵敏可靠后，方可作业。开动前，压路机周围应无障碍物或人员。

9）碾压时应低速行驶，变速时必须停机。速度宜控制在 3～4km/h 范围内，在一个碾压行程中不得变速。碾压过程中应保持正确的行驶方向，碾压第二行时必须与第一行重叠半个滚轮压痕。

10）变换压路机前进、后退方向，应待滚轮停止后进行。不得利用换向离合器进行制动。

11）在新建道路上进行碾压时，应从中间向两侧碾压。碾压时，距路基边缘不应少于0.5m。

12）修筑坑边道路时，应由里侧向外侧碾压，距路基边缘不应少于1m。

13）上、下坡时，应事先选好挡位，不得在坡上换挡，下坡时不得空挡滑行。

14）两台以上压路机同时作业时，前后间距不得小于3m，在坡道上不得纵队行驶。

15）在运行中，不得进行修理或加油。需要在机械底部进行修理时，应将内燃机熄火，刹车制动，并楔住滚轮。

16）对有差速器锁住装置的三轮压路机，当只有一只轮子打滑时，方可使用差速器锁住装置，但不得转弯。

17）作业后，应将压路机停放在平坦坚实的地方，并制动住。不得停放在土路边缘及斜坡上，也不得停放在妨碍交通的地方。

18）严寒季节停机时，应将滚轮用木板垫离地面，防止冻结。

19）压路机转移工地距离较远时，应采用汽车或平板拖车装运，不得用其他车辆拖拉牵运。

10.3.4 路面机械

用于处理和铺筑各种路面材料的机械与设备称为路面机械。随着公路、市政、机场、港口、码头等建设的迅速发展，我国道路路面铺砌层的基本形成正由低级铺砌路、过渡式铺砌路向高级铺砌路——沥青混凝土路、水泥混凝土发展。我国路面工程机械的保有量和使用量迅速增加，机械化施工取代了人工平地、人工搅拌、人工摊铺、人工捣实等工序，对提高路面施工的质量、加快工程进度、缩短施工期限、节省人力等起着极其重要的作用。

在路面机械施工过程中，对低级路面的建筑需采用路拌机械、自动平地机械和压实机械；对过渡式路面需使用碎石摊铺机、石屑撒布机、整平和压实机械；在建筑高级路面时，为了执行结合料（沥青或水泥）的贮藏、转运和撒布，水泥混凝土或沥青混凝土的拌制、摊铺、整平和压实等工作，需广泛使用沥青贮藏与加热熔化设备、沥青撒布机（车）、沥青混凝土或水泥混凝土拌和机、摊铺机，以及水泥混凝土整面机、切缝机和混凝土振动器等机械。

根据路面机械的结构、性能、用途可以有多种分类方法。根据路面结构层按照机械用途将路面机械分成面层施工机械、基层施工机械、沥青材料加工处理设备、石料集料加工处理设备等四大类。

10.4　建筑起重与升降机械设备安全技术

10.4.1　塔式起重机

塔式起重机指臂架安置在垂直的塔身顶部的可回转臂架型起重机，简称塔机。主要用于建筑结构和工业设备的安装、建筑材料和建筑构件的吊运。

塔式起重机的安全使用要求：

塔式起重机起重司机、信号工、司索工等操作人员应取得特种作业人员资格证书，严禁无证上岗。塔式起重机使用前，应对起重司机、信号工、司索工等作业人员进行安全技术交底。

塔式起重机的力矩限制器、重量限制器、变幅限位器、行走限位器、高度限位器等安全保护装置不得随意调整和拆除，严禁用限位装置代替操纵机构。塔式起重机回转、变幅、行走、起吊动作前应示意警示。起吊时应统一指挥，明确指挥信号；当指挥信号不清楚时，不得起吊。

塔式起重机起吊前，当吊物与地面或其他物件之间存在吸附力或摩擦力而未采取处理措施时，不得起吊。起吊前，应对安全装置进行检查，确认合格后方可起吊；安全装置失灵时，不得起吊。应对吊具与索具进行检查，确认合格后方可起吊；当吊具与索具不符合相关规定的，不得用于起吊作业。

作业中遇突发故障，应采取措施将吊物降落到安全地点，严禁吊物长时间悬挂在空中。

遇到风速在 12m/s 及以上的大风或大雨、大雪、大雾等恶劣天气时，应停止作业。雨雪过后，应先经过试吊，确认制动器灵敏可靠后方可进行作业。夜间施工应有足够照明，照明的安装应符合现行行业标准《施工现场临时用电安全技术规范》JGJ 46 的要求。

塔式起重机不得起吊重量超过额定载荷的吊物，且不得起吊重量不明的吊物。在吊物载荷达到额定载荷的 90% 时，应先将吊物吊离地面 200 ～ 500mm 后，检查机械状况、制动性能、物件绑扎情况等，确认无误后方可起吊。对有晃动的物件，必须栓拉溜绳使之稳固。物件起吊时应绑扎牢固，不得在吊物上堆放或悬挂其他物件；零星材料起吊时，必须用吊笼或钢丝绳绑扎牢固。当吊物上站人时不得起吊。标有绑扎位置或记号的物件，应按标明位置绑扎。钢丝绳与物件的夹角宜为 45°～60°，且不得小于 30°。吊索与吊物棱角之间应有防护措施；未采取防护措施的，不得起吊。

作业完毕后，应松开回转制动器，各部件应置于非工作状态，控制开关应置于零位，并应切断总电源。

行走式塔式起重机停止作业时，应锁紧夹轨器。

当塔式起重机使用高度超过 30m 时，应配置障碍灯，起重臂根部铰点高度超过 50m 时应配备风速仪。

严禁在塔式起重机塔身上附加广告牌或其他标语牌。

每班作业应作好例行保养，并应作好记录。记录的主要内容应包括结构件外观、安全装置、传动机构、连接件、制动器、索具、夹具、吊钩、滑轮、钢丝绳、液位、油位、油压、电源、电压等。

塔式起重机应实施各级保养。转场时，应作转场保养，并应有记录。塔式起重机的主要部件和安全装置等应进行经常性检查，每月不得少于一次，并应有记录；当发现有安全隐患时，应及时进行整改。当塔式起重机使用周期超过一年时，应进行一次全面检查，合格后方可继续使用。当使用过程中塔式起重机发生故障时，应及时维修，维修期间应停止作业。

10.4.2　施工升降机

临时安装的、带有有导向的平台、吊笼，或其他运载装置并可在建设施工工地各层站停靠服务的升降机械，主要应用于高层和超高层建筑施工的垂直运输。

施工升降机的安全使用要求：

1）使用前准备工作

施工升降机司机应持有建筑施工特种作业操作资格证书，不得无证操作。使用单位应对施工升降机司机进行书面安全技术交底，交底资料应留存备查。

使用单位应按使用说明书的要求对需润滑部件进行全面润滑。

2）操作使用

不得使用有故障的施工升降机。严禁施工升降机使用超过有效标定期的防坠安全器。施工升降机额定载重量、额定乘员数标牌应置于吊笼醒目位置。严禁在超过额定载重量或额定乘员数的情况下使用施工升降机。

当电源电压值与施工升降机额定电压值的偏差超过 ±5%，或供电总功率小于施工升降机的规定值时，不得使用施工升降机。

应在施工升降机作业范围内设置明显的安全警示标志，应在集中作业区做好安全防护。

当建筑物超过 2 层时，施工升降机地面通道上方应搭设防护棚。当建筑物高度超过 24m 时，应设置双层防护棚。

使用单位应根据不同的施工阶段、周围环境、季节和气候，对施工升降机采取相应的安全防护措施。使用单位应在现场设置相应的设备管理机构或配备专职的设备管理人员，并指定专职设备管理人员、专职安全生产管理人员进行监督检查。

当遇大雨、大雪、大雾、施工升降机顶部风速大于 20m/s 或导轨架、电缆表面结有冰层时，不得使用施工升降机。

严禁用行程限位开关作为停止运行的控制开关。

使用期间，使用单位应按使用说明书的要求对施工升降机定期进行保养。

在施工升降机基础周边水平距离 5m 以内，不得开挖井沟，不得堆放易燃易爆物品及其他杂物。施工升降机运行通道内不得有障碍物。不得利用施工升降机的导轨架、横竖支撑、层站等牵拉或悬挂脚手架、施工管道、绳缆标语、旗帜等。

施工升降机安装在建筑物内部井道中时，应在运行通道四周搭设封闭屏障。安装在阴暗处或夜班作业的施工升降机，应在全行程装设明亮的楼层编号标志灯。夜间施工时作业区应有足够的照明，照明应满足现行行业标准《施工现场临时用电安全技术规范》JGJ 46 的要求。

施工升降机不得使用脱皮、裸露的电线、电缆。

施工升降机吊笼底板应保持干燥整洁，各层站通道区域不得有物品长期堆放。

施工升降机司机严禁酒后作业。工作时间内司机不应与其他人员闲谈，不应有妨碍施工升降机运行的行为。施工升降机司机应遵守安全操作规程和安全管理制度。实行多班作业的施工升降机，应执行交接班制度，交班司机应按规程规定填写交接班记录表。接班司机应进行班前检查，确认无误后，方能开机作业。施工升降机每天第一次使用前，司机应将吊笼升离地面 1.2m，停车验制动器的可靠性。当发现问题，应经修复合格后方能运行。

施工升降机每 3 个月应进行 1 次 1.25 倍额定重量的超载试验，确保制动器性能安全可靠。

工作时间内司机不得擅自离开施工升降机。当有特殊情况需离开时，应将施工升降机停到最底层，关闭电源并锁好吊笼门。操作手动开关的施工升降机时，不得利用机电连锁开动或停止施工升降机。

层门门闩宜设置在靠施工升降机一侧，且层门应处于常闭状态。未经施工升降机司机许可，不得启闭层门。

施工升降机专用开关箱应设置在导轨架附近便于操作的位置，配电容量应满足施工升降机直接启动的要求。

施工升降机使用过程中，运载物料的尺寸不应超过吊笼的界限。散状物料运载时应装入容器、进行捆绑或使用织物袋包装，堆放时应使载荷分布均匀。运载溶化沥青、强酸、强碱、溶液、易燃物品或其他特殊物料时，应由相关技术部门做好风险评估和采取安全措施，且应向施工升降机司机、相关作业人员书面交底后方能载运。

当使用搬运机械向施工升降机吊笼内搬运物料时，搬运机械不得碰撞施工升降机。卸料时，物料放置速度应缓慢。当运料小车进入吊笼时，车轮处的集中荷载不应大于吊笼底板和层站底板的允许承载力。

吊笼上的各类安全装置应保持完好有效。经过大雨、大雪、台风等恶劣天气后应对各安全装置进行全面检查，确认安全有效后方能使用。

当在施工升降机运行中发现异常情况时，应立即停机，直到排除故障后方能继续运行。当在施工升降机运行中由于断电或其他原因中途停止时，可进行手动下降。吊笼手动下降速度不得超过额定运行速度。

作业结束后应将施工升降机返回最底层停放，将各控制开关拨到零位，切断电源，锁好开关箱，吊笼门和地面防护围栏门。

3）检查、保养和维修

在每天开工前和每次换班前，施工升降机司机应按使用说明书及规程规定的要求对施工升降机进行检查。对检查结果应进行记录，发现问题应向使用单位报告。

在使用期间，使用单位应每月组织专业技术人员按规程规定对施工升降机进行检查，并对检查结果进行记录。

当遇到可能影响施工升降机安全技术性能的自然灾害、发生设备事故或停工6个月以上时，应对施工升降机重新组织检查验收。

应按使用说明书的规定对施工升降机进行保养、维修。保养、维修的时间间隔应根据使用频率、操作环境和施工升降机状况等因素确定。使用单位应在施工升降机使用期间安排足够的设备保养、维修时间。

对保养和维修后的施工升降机，经检测确认各部件状态良好后，宜对施工升降机进行额定载重量试验。双吊笼施工升降机应对左右吊笼分别进行额定载重量试验。试验范围应包括施工升降机正常运行的所有方面。

施工升降机使用期间，每3个月应进行不少于一次的额定载重量坠落试验。坠落试验的方法、时间间隔及评定标准应符合使用说明书和现行国家标准《货用施工升降机》（GB/T 10054.1 ~ 10054.2）的有关要求。

对施工升降机进行检修时应切断电源，并应设置醒目的警示标志。当需通电检修时，应做好防护措施。

不得使用未排除安全隐患的施工升降机。

严禁在施工升降机运行中进行保养、维修作业。

施工升降机保养过程中，对磨损、破坏程度超过规定的部件，应及时进行维修或更换，并由专业技术人员检查验收。

应将各种与施工升降机检查、保养和维修相关的记录纳入安全技术档案，并在施工升降机使用期间内在工地存档。

10.4.3　物料提升机

物料提升机是建筑施工现场常用的一种输送物料的垂直运输设备。它以卷扬机为动力，以底架、立柱及天梁为架体，以钢丝绳为传动，以吊笼（吊篮）为工作装置。

物料提升机的安全使用要求：

1）使用单位应建立设备档案，档案内容应包括下列项目：

① 安装检测及验收记录。

② 大修及更换主要零部件记录。

③ 设备安全事故记录。

④ 累计运转记录。

2）物料提升机必须由取得特种作业操作证的人员操作。

3）物料提升机严禁载人。

4）物料应在吊笼内均匀分布，不应过度偏载。

5）不得装载超出吊笼空间的超长物料，不得超载运行。

6）在任何情况下，不得使用限位开关代替控制开关运行。

7）在物料提升机每班作业前，司机应进行作业前检查，确认无误后方可作业。应检查确认下列内容：

① 制动器可靠有效。

② 限位器灵敏完好。

③ 停层装置动作可靠。

④ 钢丝绳磨损在允许范围内。

⑤ 吊笼及对重导向装置无异常。

⑥ 滑轮、卷筒防钢丝绳脱槽装置可靠有效。

⑦ 吊笼运行通道内无障碍物。

8）当发生防坠安全器制停吊笼的情况时，应查明制停原因，排除故障，并应检查吊笼、导轨架及钢丝绳，应确认无误并重新调整防坠安全器后运行。

9）物料提升机夜间施工应有足够照明，照明用电应符合现行行业标准《施工现场临时用电安全技术规范》JGJ 46 的规定。

10）物料提升机在大雨、大雾、风速 13m/s 及以上大风等恶劣天气时，必须停止运行。

11）作业结束后，应将吊笼返回最底层停放，控制开关应扳至零位，并应切断电源，锁好开关箱。

10.4.4 高处作业吊篮

高处作业吊篮适用于建筑外墙装饰、幕墙安装、涂料粉刷、外墙清洗、外墙维修等，也可用于罐体、桥梁、冷却塔、烟囱、铁塔等构筑物外壁的维修、清洗。

高处作业吊篮的安全作业要求：

1）高处作业吊篮应设置作业人员专用的挂设安全带的安全绳及安全锁扣。安全绳应固定在建筑物可靠位置上，不得与吊篮上任何部位有连接。

2）吊篮宜安装防护棚，防止高处坠物造成作业人员伤害。

3）吊篮应安装上限位装置，宜安装下限位装置。

4）使用吊篮作业时，应排除影响吊篮正常运行的障碍。在吊篮下方可能造成坠落物伤害的范围，应设置安全隔离区和警告标志，人员和车辆不得停留或通行。

5）在吊篮内从事安装、维修等作业时，操作人员应配带工具袋。

6）使用境外吊篮设备时应有中文使用说明书，产品的安全性能应符合我国的行业标准。

7）不得将吊篮作为垂直运输设备，不得采用吊篮运输物料等。

8）吊篮内作业人员不应超过 2 人。

9）吊篮正常工作时，人员应从地面进入吊篮内，不得从建筑物顶部、窗口或其他孔洞处上下吊篮。

10）在吊篮内的作业人员应戴安全帽、系安全带，并应将安全锁扣正确挂置在独立设置的安全绳上。

11）吊篮平台内应保持荷载均衡，不得超载运行。

12）吊篮做升降运行时，工作平台两端高差不得超过150mm。

13）安全锁必须在标定有效期内使用，有效标定期限不大于1年。

14）使用离心触发式安全锁的吊篮在空中停留作业时，应将安全锁锁定在安全绳上；空中启动吊篮时，应先将吊篮提升使安全绳松弛后再开启安全锁。不得在安全绳受力时强行扳动安全锁开启手柄；不得将安全锁开启手柄固定于开启位置。

15）吊篮悬挂在高度在60m及其以下的，宜选用长边不大于7m的吊篮平台；吊篮悬挂在高度在100m及其以下的，宜选用长边不大于5.5m的吊篮平台；吊篮悬挂在高度100m以上的，宜选用长边不大于2.5m的吊篮平台。

16）进行喷涂作业或使用腐蚀性液体进行清洗作业时，应对吊篮的提升机、安全锁、电气控制柜采取防污染保护措施。

17）悬挑结构平行移动时，应将吊篮平台降落至地面，并应使其钢丝绳处于松弛状态。

18）在吊篮内进行电焊作业时，应对吊篮设备、钢丝绳、电缆采取保护措施。不得将电焊机放置在吊篮内；电焊缆线不得与吊篮任何部位接触；电焊钳不得搭挂在吊篮上。

19）在高温、高湿等不良气候条件下使用吊篮时，应采取相应的安全技术措施。

20）当吊篮施工遇有雨雪、大雾、风沙及风速大于9m/s（相当于5级风力）的恶劣天气时，应停止作业，并应将吊篮平台停放至地面，应对钢丝绳、电缆进行绑扎固定。

21）当施工中发现吊篮设备故障和安全隐患时，应及时排除；对可能危机人身安全时，应停止作业，并应由专业人员进行维护。维修后的吊篮应重新进行检查验收，合格后方可使用。

22）下班后不得将吊篮停留在半空中，应将吊篮放置于地面。人员离开吊篮、进行吊篮维修或每日收工后应将主电源切断，并应将电气柜中各开关置于断开位置并加锁。

10.4.5 跗着式升降脚手架

附着式升降脚手架是21世纪初随着我国高层、超高层建筑快速发展而推广应用的新型脚手架技术，具有经济、安全、便捷等特点。

附着式升降脚手架的安全使用要求：

（1）附着式升降脚手架的安全防护措施应满足现行行业标准《建筑施工扣件式钢管脚手架安全技术规范》（JGJ 130—2011）的相关规定，并应符合下列要求：

a. 架体外侧应用密目式安全网等进行全封闭；

b. 架体底层的脚手板应铺设严密，在脚手板的下部应采用安全网兜底，与建筑物外墙之间应采用硬质翻板封闭；

c. 作业层外侧应设置1.2m高的防护栏杆和180mm高的挡脚板；

d. 当架体遇到塔吊、施工电梯、物料平台需断开或开洞时，断开处应加设栏杆和封闭，开口处应有可靠的防止人员及物料坠落的措施。

（2）物料平台不得与附着式升降脚手架各部位和各结构构件相连，其荷载应直接传递给建筑工程结构。

（3）附着式升降脚手架架体上应有防火措施。

（4）附着式升降脚手架出现下列情况的，应当予以报废：

a. 焊接结构件严重变形或锈蚀；

b. 螺栓等连接件严重变形、磨损或锈蚀；

c. 升降装置主要部件损坏；

d. 防坠、防倾装置的部件发生明显变形。

（5）附着式升降脚手架在正常使用过程中严禁进行下列作业：

a. 利用架体吊运物料；

b. 利用架体作为吊装点和张拉点；

c. 在架体内推车；

d. 任意拆除结构件或松动连接件；

e. 随意拆除或移动架体上的安全防护设施；

f. 起吊物料碰撞或扯动架体；

g. 利用架体支撑模板或物料平台；

h. 其他影响架体安全的作业。

（6）作业层上的施工荷载应符合设计要求，不得超载。不得将模板支架、缆风绳、泵送混凝土和砂浆的输送管等固定在架体上；不得用其悬挂起重设备。

（7）使用过程中，使用单位应定期对防坠落装置的有效性和可靠性进行检测；安全装置受冲击荷载后应进行解体检验。

（8）当附着式升降脚手架停用超过 3 个月时，应提前采取加固措施。

（9）当附着式升降脚手架停用超过 1 个月或遇 6 级以上大风复工时，应进行检查，确认合格后方可使用。

10.4.6　常用流动式起重机械

在起重作业中常用的移动式起重机械主要有以下几类：履带式起重机、汽车式起重机、轮胎式起重机。

（1）履带式起重机的安全使用要求：

① 起重机械应在平坦坚实的地面上作业、行走和停放。作业时，坡度不得大于3°，起重机械应与沟渠、基坑保持安全距离。

② 起重机启动前应重点检查以下项目，并符合相应要求：

a. 各安全防护装置及各指示仪表齐全完好；

b. 钢丝绳及连接部位应符合规定；

c. 燃油、润滑油、液压油、冷却水等应添加充足；

d. 各连接件不得松动；

e. 在回转空间范围内不得有障碍物。

③ 起重机械启动前应将主离合器分离，各操纵杆放在空挡位置，并应按《建筑机械使用安全技术规程》JGJ 33—2012 规定启动内燃机。

④ 内燃机启动后，应检查各仪表指示值，应在运转正常后接合主离合器；空载运转时，应按顺序检查各工作机构及制动器，应在确认正常后作业。

⑤ 作业时，起重臂的最大仰角不得超过使用说明书的规定。当无资料可查时，不得超过 78°。

⑥ 起重机械变幅应缓慢平稳，在起重臂未停稳前不得变换挡位。

⑦ 起重机械工作时，在行走、起升、回转及变幅四种动作中，应只允许不超过两种动作的复合操作。当负荷超过该工况额定负荷的 90% 及以上时，应慢速升降重物，严禁超过两种动作的复合操作和下降起重臂。

⑧ 在重物起升过程中，操作人员应把脚放在制动踏板上，控制起升高度，防止吊钩冒顶。当重物悬停空中时，即使制动踏板被固定，仍应脚踩在制动踏板上。

⑨ 采用双机抬吊作业时，应选用起重性能相似的起重机进行。抬吊时应统一指挥，动作应配合协调，载荷应分配合理，起吊重量不得超过两台起重机在该工况下允许起重量总和的 75%，单机的起吊载荷不得超过允许载荷的 80%。在吊装过程中，两台起重机的吊钩滑轮组应保持垂直状态。

⑩ 起重机械行走时，转弯不应过急；当转弯半径过小时，应分次转弯。

⑪ 起重机械不宜长距离负载行驶。起重机械负载时应缓慢行驶，起重量不得超过相应工况额定起重量的 70%，起重臂应位于行驶方向正前方，载荷离地面高度不得大于500mm，并应拴好拉绳。

⑫ 起重机械上、下坡道时应无载行走，上坡时应将起重臂仰角适当放小，下坡时应将起重臂仰角适当放大。下坡严禁空挡滑行。在坡道上严禁带载回转。

⑬ 作业结束后，起重臂应转至顺风方向，并应降至 40°～60° 之间，吊钩应提升到接近顶端的位置，关停内燃机，并应将各操纵杆放在空挡位置，各制动器应加保险固定，操作室和机棚应关门加锁。

⑭ 起重机械转移工地，应采用火车或平板拖车运输，所用跳板的坡度不得大于15°；起重机械装上车后，应将回转、行走、变幅等机构制动，应采用木楔楔紧履带两端，并应绑扎牢固；吊钩不得悬空摆动。

⑮ 起重机械自行转移时，应卸去配重，拆短起重臂，主动轮应在后面，机身、起重臂、吊钩等必须处于制动位置，并应加保险固定。

⑯ 起重机械通过桥梁、水坝、排水沟等构筑物时，应先查明允许载荷后再通过，必要时应采取加固措施。通过铁路、地下水管、电缆等设施时，应铺设垫板保护，机械在上面行走时不得转弯。

（2）汽车式起重机

汽车式起重机的安全使用要求：

a.汽车式起重机司机必须经过专业培训，并经有关部门考核合格后，取得起重机械作业特种作业证，方可操作起重机。严禁酒后或身体有不适应症时进行操作。严禁无证人员动用汽车式起重机。

b.汽车式起重机司机应按厂家的规定，及时对起重机进行维护和保养，定期检验，保证车辆始终处于完好状态。

c.必须按起重特性表所规定起重量及作业半径进行操作，严禁超负荷作业。起吊物件时不能超过厂家规定的风速。

d.汽车式起重机停放的地面应平整坚实，应与沟渠、基坑保持安全距离。

e. 行驶前，必须收回臂杆、吊钩及支腿。行驶时保持中速，避免紧急制动。通过铁路道口和不平道路时，必须减速慢行。下坡时严禁空挡滑行，倒车时必须有人监护。汽车式起重机冬季行走时，路面应做好防滑措施。

f. 作业前应将汽车式起重机支腿全部伸出，对于松软或承压能力不够的地面，撑脚下必须垫枕木。调整支腿使机体达到水平要求。

g. 调整支腿作业必须在无荷载时进行，将已经伸出的臂杆缩回并转至正前方或正后方，作业中严禁扳动支腿操纵阀。

h. 汽车式起重机工作前，必须检查起重机各部件是否齐全完好，并符合安全规定。起重机启动后应空载运转，检查各操作装置、制动器、液压装置和安全装置等各部件工作是否正常和灵敏可靠。严禁机件带病运行。作业前应注意在起重机回转范围内有无障碍物。

i. 当场地比较松软时，必须进行试吊（吊重离地高不大于 30cm），检查起重机各支腿有无松动或下陷，在确认正常的情况下方可继续起吊。

j. 在起吊较重物件时，应先将重物吊离地面 10cm 左右，检查起重机的稳定性和制动器等是否灵活和有效，在确认正常的情况下方可继续起吊。

k. 起重机在进行满负荷或接近满负荷起吊时，禁止同时进行两种或两种以上的操作动作。起重臂的左右旋转角度都不能超过 45°并严禁斜吊、拉吊和快速起落。严禁带重负荷伸长臂杆。

m. 在夜间使用起重机时，在作业场所要有足够的照明设备和畅通的吊运通道，并且应与附近的设备、建筑物保持一定的安全距离，使其在运行时不致发生碰撞。

n. 起重机操作正常需缓慢匀速进行，只有在特殊情况下，方可进行紧急操作。

o. 两台起重机同时起吊一件重物时，必须有专人统一指挥；两车的升降速度要保持相等，其物件的重量不得超过两车所允许的起重量总和的 75%；绑扎吊索时要注意负荷的分配，每车分担的负荷不能超过所允许的最大起重量的 80%。

p. 起重机在工作时，被吊物应尽量避免在驾驶室上方通过。作业区域、起重臂下以及吊钩和被吊物下面严禁任何人站立、工作或通行。负荷在空中，司机不准离开驾驶室。

q. 起重机在带电线路附近工作时，应与带电线路保持一定的安全距离。

r. 起重机工作时，吊钩与滑轮之间应保持一定的距离，防止卷扬过限把钢丝绳拉断或起重臂后翻。起重机卷筒上的钢丝绳在工作时不可全部放尽，卷扬筒上的钢丝绳至少保留三圈以上。

s. 起重机在工作时，不准进行检修和调整机件。严禁无关人员进入驾驶室。

t. 司机与起重工必须密切配合，听从指挥人员的信号指挥。操作前，必须先鸣喇叭，如发现指挥手势不清或错误时，司机有权拒绝执行。工作中，司机对任何人发出的紧急停车信号必须立即停车，待消除不安全因素后方可继续工作。

u. 严禁作业人员搭乘吊物上下升降，工作中禁止用手触摸钢丝绳和滑轮。

v. 无论在停工或休息时，不得将吊物悬挂在空中。

w. 作业中出现支腿沉陷、起重机倾斜等情况，必须立即放下吊物，经调整、消除不安全因素后方可继续作业。

x. 作业后，伸缩式起重机的臂杆应全部缩回、放妥，并挂好吊钩。各机构的制动器必须制动牢固，操作室和机棚应关门上锁。

y. 严格遵守起重作业"十不吊"安全规定。指挥信号不明不吊；超负荷或物体重量不明不吊；斜拉重物不吊；光线不足、看不清重物不吊；重物下站人不吊；重物埋在地下不吊；重物紧固不牢或绳打结、绳不齐不吊；棱刃物体没有衬垫措施不吊；重物越人头不吊；安全装置失灵不吊。

z. 作业难度较大的吊装作业，必须由有关人员先做好施工方案，在作业过程中派专人观察起重机安全。

（3）轮胎式起重机

轮胎式起重机的安全技术要求：

① 起重机械工作的场地应保持平坦坚实，符合起重时的受力要求；起重机应与沟渠、基坑保持安全距离。

② 起重机械启动前应重点检查下列项目，并应符合相应要求：

a. 各安全保护装置和指示仪表应齐全完好；

b. 钢丝绳及连接部位应符合规定；

c. 燃油、润滑油、液压油及冷却水应添加充足；

d. 各连接件不得松动；

e. 轮胎气压应符合规定；

f. 起重臂应可靠搁置在支架上。

③ 起重机械启动前，应将各操纵杆放在空挡位置，手制动器应锁死，并应按《建筑机械使用安全技术规程》JGJ 33—2012 第 3.2 节有关规定启动内燃机。应在怠速运转 3 ~ 5min 后进行中高速运转，并应在检查各仪表指示值，确认运转正常后接合液压泵，液压达到规定值，油温超过 30℃时，方可作业。

④ 作业前，应全部伸出支腿，调整机体使回转支撑面的倾斜度在无载荷时不大于 1/1000（水准居中）。支腿的定位销必须插上。底盘为弹性悬挂的起重机，插支腿前应先收紧稳定器。

⑤ 作业中不得扳动支腿操纵阀。调整支腿时应在无载荷时进行，并先将起重臂转至正前方或正后方之后，再调整支腿。

⑥ 起重作业前，应根据所吊重物的重量和起升高度，并应按起重性能曲线，调整起重臂长度和仰角；应估计吊索长度和重物本身的高度，留出适当的起吊空间。

⑦ 起重臂顺序伸缩时，应按使用说明书进行，在伸臂的同时应下降吊钩。当制动器发出警报时，应立即停止伸臂。

⑧ 起吊重物达到额定起重量的 50% 及以上时，应使用低速挡。

⑨ 作业中发现起重机倾斜、支腿不稳等异常现象时，应在保证作业人员安全的情况下，将重物降至安全的位置。

⑩ 当重物在空中需停留较长时间时，应将起升卷筒制动锁住，操作人员不得离开操作室。

⑪ 起吊重物达到额定起重量的 90% 以上时，严禁向下变幅，同时严禁进行两种及以上的操作动作。

⑫ 起重机械带载回转时，操作应平稳，应避免急剧回转或急停，换向应在停稳后进行。

⑬ 起重机械带载行走时，道路应平坦坚实，载荷应符合使用说明书的规定，重物离

地面不得超过 500mm，并应拴好拉绳，缓慢行驶。

⑭ 作业后，应先将起重臂全部缩回放在支架上，再收回支腿；吊钩应使用钢丝绳挂牢；车架尾部两撑杆分别撑在尾部下方的支座内，并应采用螺母固定；阻止机身旋转的销式制动器应插入销孔，并应将取力器操纵手柄放在脱开位置，最后应锁住起重操作室门。

⑮ 起重机械行驶前，应检查确认各支腿的收存牢固，轮胎气压应符合规定。行驶时，发动机水温应在 80~90℃ 范围内，当水温未达到 80℃ 时，不得高速行驶。

⑯ 起重机械应保持中速行驶，不得紧急制动，过铁道口或起伏路面时应减速，下坡时严禁空挡滑行，倒车时应有人监护指挥。

⑰ 行驶时，底盘走台上不得有人员站立或蹲坐，不得堆放物件。

10.5　混凝土机械安全技术

10.5.1　混凝土搅拌机

混凝土搅拌机是将水泥、砂子、碎石和水等配合料按一定配合比均匀搅拌而制成混凝土的专用机械。

混凝土搅拌机的安全使用要求：

1）混凝土搅拌机运输时，应将进料斗提升至上止点，并用插销插住或保险铁链锁住。轮胎式搅拌机的搬运可以用机动车拖行，但其拖行速度不得超过 15km/h。

2）混凝土搅拌机的安装要求：作业区应排水畅通，并应设置沉淀池及防尘设施，固定式搅拌机应安装在牢固的台座上；移动式搅拌机就位后，应放下支腿将机架顶起达到水平位置，使轮胎离地。安装时，自落式混凝土搅拌机一般要使进料口一侧稍抬高 30 ~ 50mm，以适应上料时所产生的偏重。为防止搅拌机遭受雨淋，应搭设机棚。

3）操作人员视线应良好，操作台应铺设绝缘板。

4）作业前应重点检查下列项目，并应符合相应要求：

① 料斗上、下限位装置灵敏有效，保险销、保险链齐全完好。钢丝绳断丝、断股、磨损未超标准。

② 应进行料斗提升试验，应观察并确认离合器、制动器灵活可靠。

③ 各传动机构、工作装置无异常。开式齿轮、皮带轮等传动装置的安全防护罩齐全可靠。齿轮箱、液压油箱内的油质和油量符合要求。

④ 搅拌筒与托轮接触良好，不窜动、不跑偏。

⑤ 搅拌筒内叶片紧固不松动，与衬板间隙应符合说明书规定。

⑥ 搅拌机开关箱应设置在距搅拌机 5m 范围内。

5）作业前应先进行空载运转，确认搅拌筒或叶片运转方向正确。反转出料的搅拌机应进行正、反转运转。空载运转无冲击和异常噪声。

6）供水系统的仪表计量准确，水泵、管道等部件连接无误，正常供水无泄漏。

7）搅拌机应达到正常转速后进行上料，不应带负荷启动。上料时应及时加水。每次加入的拌和料不得超过搅拌机的额定容量，加料的次序应为石子→水泥→砂子或砂子→水泥→石子。

8）进料时，人员严禁在料斗下停留或通过。当需要在料斗下方进行清理或检修时，应将料斗提升至上止点，并必须用保险销锁牢或用保险链挂牢。运转中，严禁用手或工具伸入搅拌筒内扒料、出料。

9）搅拌机在使用中，要严防砂、石等物料落入机械运转部分。

10）搅拌机运转时，不得进行维修、清理工作。当作业人员需进入搅拌筒内作业时，必须先切断电源，锁好开关箱，悬挂"禁止合闸"的警示牌，并派专人监护。

11）搅拌过程中不宜停机，如因故必须停机，在再次启动前应卸除荷载，不得带载启动；作业中如遇停电，应将电源切断，将搅拌筒内的物料清出、洗净。

12）操作工必须坚守岗位，随时注意机械运转情况，如发现不正常的声响或其他问题时，要立即停机、切断电源进行检修。

13）作业后，必须将搅拌筒内外积灰黏渣清除干净，料筒内不得有积水；搅拌机料斗必须用保险销锁牢。

14）停机后电源必须切断，锁好电闸箱，保证各机构处于空挡，冬季作业后应将供水系统中的积水排尽。

10.5.2　混凝土搅拌站（楼）

混凝土搅拌站（楼）是用来集中搅拌混凝土的联合机械装置，主要由物料输送设备、物料储存设备、计量设备、搅拌设备及控制系统组成。

混凝土搅拌站（楼）的安全使用要求：

1）操作人员必须熟悉设备的性能与特点，并认真执行操作规程和保养规程。

2）设备安装使用前必须经过调试合格，方可投产使用。

3）设备安装使用一个班次后，应对各紧固件及钢丝绳卡进行检查和紧固。

4）设备安装后高于周围的建筑或设施时，应加设避雷装置。

5）电源电压、频率、相序必须与搅拌设备的电器相符。电气系统的保险丝必须按照电流大小规定使用，不得任意加大或用其他非熔丝代替。

6）电气部分应按一般电气安全规程进行定期检查。

7）操作盘上的主令开关、旋钮、指示灯等应经常检查其准确性、可靠性。如有损坏应及时更换，限位开关的可靠性必须每天进行检查。操作人员必须弄清楚操作程序和各旋钮、按钮作用后，方可独立进行操作。

8）控制室的室温应保持在25℃以下，以免电子元件因温度而影响灵敏度和精确度。

9）搅拌站工作时，任何人不得进入提升料斗轨道或站在轨道下方，出料区域不得站人。

10）搅拌机运行时，严禁中途停机。如工作时遇到停电，应立即打开混凝土卸料门，放净搅拌筒内的物料，以防凝结。

11）切勿使机械超载工作，并应经常检查电动机的温升，发现运转声音异常、转速达不到规定时，应立即停止运行，并检查其原因。如因电压过低，不得强行运行。

12）搅拌站检修时，必须断开总电源，并指令专人看守。机械运转中，不得进行润滑和调整工作。严禁将手伸入料斗、拌筒探摸进料情况。

13）意外情况下，应立即按下紧急停止按钮，切断控制电源，停机检查，并打开混凝土卸料门放净搅拌筒内的混凝土。

14）停机前应先卸载，然后按顺序关闭各部位开关和管路。

15）冰冻季节，作业后，应放净水泵、外加剂泵、水箱及外加剂箱内存水，并启动水泵和外加剂泵预转 1 ～ 2min。

10.5.3　混凝土输送泵

混凝土输送泵是将混凝土拌和料加压并沿管道作水平或垂直连续输送到浇筑工作面的一种混凝土输送机械。

混凝土泵主要由分配阀及料斗、推送机构、液压系统、电气系统、机架及行走装置、润滑系统、罩壳和输送管道等组成。

混凝土泵的安全使用要求：

1）混凝土泵应安放在平整、坚实的地面上，周围不得有障碍物，支腿应支设牢靠，机身应保持水平和稳定，轮胎应楔紧。

2）混凝土泵的输送管道敷设要求：

① 管道敷设前应检查并确认管壁的磨损量应符合使用说明书的要求，管道不得有裂纹、砂眼等缺陷。新管或磨损量较小的管道应敷设在泵出口处。

② 管道应使用支架或与建筑结构固定牢固，应避免同脚手架等直接摩擦。泵出口处的管道底部应依据泵送高度、混凝土排量等设置独立的基础，并能承受相应荷载。

③ 敷设垂直向上的管道时，垂直管不得直接与泵的输出口连接，应在泵与垂直管之间敷设长度不小于 15m 的水平管，并加装逆止阀，用来防止混凝土倒流。

④ 敷设向下倾斜的管道时，应在泵与斜管之间敷设长度不小于 5 倍落差的水平管。当倾斜度大于 7°时，应加装排气阀。

3）作业前应检查并确认管道连接处管卡扣牢，不得泄漏。混凝土泵的安全防护装置应齐全可靠，各部位操纵开关、手柄等位置应正确，搅拌斗防护网应完好牢固。

4）混凝土泵启动后，应空载运转，观察各仪表的指示值，检查泵和搅拌装置的运转情况，并确认一切正常后再作业。泵送前应向料斗加入清水和水泥砂浆润滑泵及管道。

5）混凝土泵在开始或停止泵送混凝土前，作业人员应与出料软管保持安全距离，作业人员不得在出料口下方停留。出料软管不得埋在混凝土中。

6）泵送混凝土的排量、浇筑顺序应符合混凝土浇筑施工方案的要求。施工载荷应控制在允许范围内。

7）混凝土泵工作时，料斗中混凝土应保持在搅拌轴线以上，不应吸空或无料泵送。泵送过程中应连续泵送，尽量避免泵送中断。

8）泵送混凝土时，清洗水箱应充满洗涤水，并应经常更换和补充，一般 2h 更换一次水。

9）泵送中断措施：泵送停歇期间，应采取措施，防止管内混凝土离析或凝结而引起堵塞。泵送中断期间必须进行间隔推动，每隔 4 ～ 5min 一次，每次进行不少于 4 个行程的正反推动。如停机超过 45min，应将存留在管道内的混凝土排出，并加以清洗。

10）混凝土泵工作时，不得进行维修作业。

11）混凝土泵作业中，应对泵送设备和管路进行观察，发现隐患应及时处理。对磨损超过规定的管子、卡箍、密封圈等应及时更换。

12）安全装置应符合下列规定：

① 液压系统中应设有防止过载和液压冲击的安全装置；安全溢流阀的调整压力不得大于系统额定工作压力的110%；系统的额定工作压力不得大于液压泵的额定压力。

② 安全阀及过载保护装置应齐全、灵敏、有效；压力表应有效且在检定期内。

③ 漏电保护器参数应匹配，安装应正确，动作应灵敏可靠。

④ 料斗上应安装连锁安全装置。

13）混凝土泵作业后应将料斗和管道内的混凝土全部排出，并对泵、料斗、管道进行清洗，不宜采用压缩空气进行清洗。

① 管道的清洗：将一个海绵塞、一个清洗活塞、一个水泥袋装入混凝土缸内，在料斗中装满水，开泵后高压水推动清洗活塞再推动管中的混凝土从出口排出。

② 混凝土泵的清洗：管道清洗完毕后，还应对混凝土泵、料斗进行清洗，用高压水泵冲洗各部位。

③ 清洗完后，应空运转20min，直到各端口的泥浆完全被润滑脂取代，充分润滑。

10.5.4 混凝土搅拌运输车

混凝土搅拌运输车是在载重汽车或专用运载底盘上安装一种独特的混凝土搅拌装置的组合，是长距离运输混凝土的主要工具，在运输途中，装载混凝土拌和料的搅拌筒能缓慢旋转，可有效地防止混凝土离析或较长时间的运输中产生初凝，是具有运输和搅拌双重功能的专用车辆。

混凝土搅拌运输车具有运输平稳、搅拌效果好、性能可靠、出料迅速、操作简便、工作寿命长等特点。

混凝土搅拌运输车的安全使用要求：

1）液压系统、气动装置的安全阀、溢流阀的调整压力必须符合说明书要求。卸料槽锁扣及搅拌筒的安全锁定装置应齐全完好。

2）燃油、润滑油、液压油、制动液及冷却液应添加充足，无渗漏，质量应符合要求。

3）搅拌筒及机架缓冲件无裂纹或损伤，筒体与托轮接触良好。搅拌叶片、进料斗、主辅卸料槽应无严重磨损和变形。

4）装料前应先启动内燃机空载运转，各仪表指示正常，制动气压达到规定值。并应低速旋转搅拌筒3～5min，确认无误方可装料。装载量不得超过规定值。

5）行驶前，应确认操作手柄处于"搅动"位置并锁定，卸料槽锁扣应扣牢。搅拌行驶时最高速度不得大于50km/h。

6）出料作业应将搅拌运输车停靠在地势平坦处，应与基坑及输电线路保持安全距离，并将制动系统锁定。

7）进入搅拌筒进行维修、铲除清理混凝土作业前，必须将发动机熄火，操作杆置于空挡，将发动机钥匙取出并设专人监护，悬挂安全警示牌。

8）行驶时，卸料溜槽必须用锁紧装置锁紧在机架上，防止由于不固定而引起摆动并打伤行人或影响车辆运行。

9）搅拌车通过桥、洞、库等设施时，应注意通过高度及宽度，以免发生碰撞事故。

10）铲除作业时，请佩戴防尘面具、防护眼镜、耳塞等防护用品。

10.5.5　混凝土振动器

混凝土振动器是一种借助动力通过一定装置作为振源产生频繁的振动，并使这种振动传给混凝土，以振动捣实混凝土的设备。

混凝土振动器的安全使用要求：

（1）插入式振动器的安全使用要求

① 作业前应检查电动机、软管、电缆线、控制开关等，并应确认处于完好状态。电缆线连接应正确。

② 操作人员作业时应穿戴符合要求的绝缘鞋和绝缘手套。

③ 电缆线应采用耐气候型橡皮护套铜芯软电缆，并不得有接头。

④ 电缆线长度不应大于 30m。不得缠绕、扭结和挤压，并不得承受任何外力。

⑤ 振动器软管的弯曲半径不得小于 500mm，操作时应将振动器垂直插入混凝土，深度不宜超过 600mm。

⑥ 振动器不得在初凝的混凝土、脚手板和干硬的地面上进行试振。在检修或作业间断时，应切断电源。

⑦ 作业时，要使振动棒自然沉入混凝土，不可用力猛往下推。一般应垂直插入，并插到下层尚未初凝层中 50～100mm，以促使上下层相互结合。

⑧ 作业完毕，应切断电源，并应将电动机、软管及振动棒清理干净。

（2）附着式、平板式振动器安全使用监控要点

① 作业前应检查电动机、电源线、控制开关等完好无破损，附着式振动器的安装位置正确、连接牢固并应安装减震装置。

② 平板式振动器操作人员必须穿戴符合要求的绝缘胶鞋和绝缘手套。

③ 平板式振动器应采用耐气候型橡皮护套铜芯软电缆，并不得有接头和承受任何外力，其长度不应超过 30m。

④ 附着式、平板式振动器的轴承不应承受轴向力，使用时应保持电动机轴线在水平状态。

⑤ 振动器不得在初凝的混凝土和干硬的施亩上筵行试振。在检修或作业间断时应切断电源。

⑥ 平板式振动器作业时应使用牵引绳控制移动速度，不得牵拉电缆。

⑦ 在同一个混凝土模板或料仓上同时使用多台附着式振动器时，各振动器的振频应一致，安装位置宜交错设置。

（3）振动台的安全使用要求

① 作业前应检查电动机、传动及防护装置完好有效。轴承座、偏心块及机座螺栓紧固牢靠。

② 振动台应设有可靠的锁紧夹，振动时将混凝土槽锁紧，严禁混凝土模板在振动台上无约束振动。

③ 振动台连接线应穿在硬塑料管内，并预埋牢固。

④ 作业时应观察润滑油不泄漏、油温正常，传动装置无异常。

⑤在振动过程中不得调节预置拨码开关，检修作业时应切断电源。

⑥振动台面应经常保持清洁、平整，发现裂纹及时修补。

10.5.6　混凝土布料机

混凝土布料机是将混凝土进行分布和摊铺，以减轻工人劳动强度，提高工作效率的一种设备。主要由臂架、输送管、回转架、底座等组成。

混凝土布料机的安全使用要求：

1）设置混凝土布料机前，应确认现场有足够的作业空间，混凝土布料机任一部位与其他设备及构筑物的安全距离不应小于 0.6m。

2）混凝土布料机的支撑面应平整坚实。固定式混凝土布料机的支撑应符合使用说明书的要求，支撑结构应经设计计算，并应采取相应加固措施。

3）手动式混凝土布料机应有可靠的防倾覆措施。

4）混凝土布料机作业前应重点检查下列项目，并应符合相应要求：

①支腿应打开垫实，并应锁紧。

②塔架的垂直度应符合使用说明书要求。

③配重块应与臂架安装长度匹配。

④臂架回转机构润滑应充足，转动应灵活。

⑤机动混凝土布料机的动力装置、传动装置、安全及制动装置应符合要求。

⑥混凝土输送管道应连接牢固。

5）手动混凝土布料机回转速度应缓慢均匀，牵引绳长度应满足安全距离的要求。

6）输送管出料口与混凝土浇筑面宜保持 1m 的距离，不得被混凝土掩埋。

7）人员不得在臂架下方停留。

8）当风速达到 10.8m/s 及以上或大雨、大雾等恶劣天气应停止作业。

10.6　木工机械安全技术

木工机械按加工性质和使用的刀具种类，大致可分为制材机械、细木工机械和附属机具三类。制材机械包括：带锯机、圆锯机、框锯机等；细木工机械包括：刨床、铣床、开榫机、钻孔机、榫槽机、车床、磨光机等；附属机具包括：锯条开齿机、锯条焊接机、锯条辊压机、压料机、锉锯机、刃磨机等，建筑施工现场中常用的有锯机和刨床。

10.6.1　常用木工机械概述

（1）锯机分类与特点

1）带锯机：带锯机是把带锯条环绕在锯轮上使其转动，切削木材的机械，它的锯条的切削运动是单方向连续的，切削速度较快；它能锯割较大径级的圆木或特大方材，且锯割质量好；还可以采用单锯锯割、合理地看材下锯，因此制材等级率高，出材率高；同时锯条较薄、锯路损失较少。故大多数制材车间均采用带锯机制材。

2）圆锯机：圆锯机构造简单，安装容易，使用方便，效率较高，应用比较广泛。但是它的锯路高度小，锯路宽度大，出材率低，锯切质量较差。主要由机架、工作台、锯轴、切削刀片、导尺、传动机构和安全装置等组成。

（2）刨床分类与特点

木工刨床用于方材或板材的平面加工，有时也用于成型表面的加工。工件经过刨床加工后，不仅可以得到精确的尺寸和所需要的截面形状，而且可得到较光滑的表面。

根据不同的工艺用途，木工刨床可分为平刨、压刨、双面刨、三面刨、四面刨和刮光机等多种形式。

10.6.2　木工机械的安全使用要求

1）机械操作人员应穿紧口衣裤，并束紧长发，不得系领带和戴手套。

2）机械的电源安装和拆除及机械电气故障的排除，应由专业电工进行。机械应使用单向开关，不得使用倒顺双向开关。

3）机械安全装置应齐全有效，传动部位应安装防护罩，各部件应连接紧固。

4）机械作业场所应配备齐全可靠的消防器材。在工作场所，不得吸烟和动火，并不得混放其他易燃易爆物品。

5）工作场所的木料应堆放整齐，道路应畅通。

6）机械应保持清洁，工作台上不得放置杂物。

7）机械的皮带轮、锯轮、刀轴、锯片、砂轮等高速转动部件的安装应平衡。

8）各种刀具破损程度不得超过使用说明书的规定要求。

9）加工前，应清除木料中的铁钉、铁丝等金属物。

10）装设除尘装置的木工机械作业前，应先启动排尘装置，排尘管道不得变形、漏气。

11）机械运行中，不得测量工件尺寸和清理木屑、刨花、杂物。

12）机械运行中，不得跨越机械传动部分。排除故障、拆装刀具应在机械停止运转，并切断电源后进行。

13）操作时，应根据木材的材质、粗细（湿度等选择合适的切削和给进速度。操作人员与辅助人员应密切配合，并应同步匀速接送料。

14）使用多功能机械时，应只使用其中一种功能，其他功能的装置不得妨碍操作。

15）作业后，应切断电源，锁好闸箱，并应进行清理、润滑。

16）机械噪声不应超过建筑施工场所噪声限值；当机械噪声超过限值时，应采取降噪措施。操作人员应按规定佩戴个人防护用品。

10.7　钢筋机械安全技术

钢筋机械是完成各种混凝土结构物或钢筋混凝土预制件所用的钢筋和钢筋骨架等作业的机械。按作业方式可分为钢筋强化机械、钢筋加工机械、钢筋焊接机械、钢筋预应力机械。

10.7.1　钢筋强化机械

（1）分类

钢筋强化机械包括钢筋冷拉机、钢筋冷拔机、钢筋轧扭机等机型。

（2）钢筋强化机械的安全使用要求

1）钢筋冷拉机的安全使用要求

① 应根据冷拉钢筋的直径，合理选用卷扬机。卷扬钢丝绳应经封闭式导向滑轮，并和被拉钢筋成直角。卷扬机的位置应使操作人员能见到全部冷拉场地，卷扬机与冷拉中线距离不得小于 5m。

② 冷拉场地应在两端地锚外侧设置警戒区，并应安装防护栏及警告标志，无关人员不得在此停留。操作人员在作业时必须离开被拉钢筋 2m 以外。

③ 用配重控制的设备应与滑轮匹配，并应有指示起落的记号，没有指示记号时应有专人指挥。配重框提起时高度应限制在离地面 300rrm 以内，配重架四周应有栏杆及警告标志。

④ 作业前，应检查冷拉夹具，夹齿应完好，滑轮、拖拉小车应润滑灵活，拉钩、地锚及防护装置均应齐全牢固。确认良好后，方可作业。

⑤ 卷扬机操作人员必须看到指挥人员发出信号，并待所有人员离开危险区后方可作业。冷拉应缓慢、均匀。当有停车信号或见到有人进入危险区时，应立即停拉，并稍稍放松卷扬钢丝绳。

⑥ 用延伸率控制的装置，应装设明显的限位标志，并应有专人负责指挥。

⑦ 夜间作业的照明设施，应装设在张拉危险区外。当需要装设在场地上空时，其高度应超过 5m。灯泡应加防护罩。

⑧ 作业后，应放松卷扬钢丝绳，落下配重，切断电源，锁好开关箱。

2）钢筋冷拔机的安全使用要求

① 应检查并确认机械各连接件牢固，模具无裂纹，轧头和模具的规格配套，然后启动主机空运转，确认正常后，方可作业。

② 在冷拔钢筋时，每道工序的冷拔直径应按机械出厂说明书规定进行，不得超量缩减模具孔径，无资料时，可按每次缩减孔径 0.5 ～ 1.0 mm。

③ 轧头时，应先使钢筋的一端穿过模具长度达 100 ～ 150mm，再用夹具夹牢。

④ 作业时，操作人员的手和轧辊应保持 300 ～ 500mm 的距离。不得用手直接接触钢筋和滚筒。

⑤ 冷拔模架中应随时加足润滑剂，润滑剂应采用石灰和肥皂水调和晒干后的粉末。钢筋通过冷拔模前，应抹少量润滑脂。

⑥ 当钢筋的末端通过冷拔模后，应立即脱开离合器，同时用手闸挡住钢筋末端。

⑦ 拔丝过程中，当出现断丝或钢筋打结乱盘时，应立即停机；在处理完毕后，方可开机。

3）钢丝轧扭机的安全使用要求

① 开机前要检查机器各部有无异常现象，并充分润滑各运动件。

② 在控制台上的操作人员必须注意力集中，发现钢筋乱盘或打结时，要立即停机，待处理完毕后，方可开机。

③ 在轧扭过程中如有失稳堆钢现象发生，要立即停机，以免损坏轧辊。

④ 运转过程中，任何人不得靠近旋转部件。机器周围不准乱堆异物，以防意外。用切刀的中、下部位，紧握钢筋对准刃口迅速投入。应在固定刀片一侧握紧并压住钢筋，以

防钢筋末端弹出伤人。严禁用两手分在刀片两边握住钢筋俯身送料。

⑤ 不得剪切直径及强度超过机械铭牌规定的钢筋和烧红的钢筋。一次切断多根钢筋时，其总截面积应在规定范围内。

⑥ 剪切低合金钢时，应更换高硬度切刀，剪切直径应符合铭牌规定。

⑦ 切断短料时，手和切刀之间的距离应保持在 150mm 以上，如手握端小于 400 mm 时，应采用套管或夹具将钢筋短头压住或夹牢。

⑧ 运转中，严禁用手直接清除切刀附近的断头和杂物。钢筋摆动周围和切刀周围，不得停留非操作人员。

⑨ 发现机械运转有异常或切刀歪斜等情况，应立即停机检修。

10.7.2　钢筋加工机械

钢筋加工机械主要有钢筋切断机、钢筋调直机、钢筋弯曲机和钢筋墩头机等。

钢筋加工机械的安全使用要求

1）钢筋切断机安全使用要求

① 送料的工作台面应和切刀下部保持水平，工作台的长度可根据加工材料长度决定。

② 启动前，必须检查切刀应无裂纹，刀架螺栓紧固，防护罩牢靠。然后用手转动皮带轮，检查齿轮啮合间隙，调整切刀间隙。

③ 机械未达到正常转速时，不可切料。切料时，必须使用切刀的中、下部位，紧握钢筋对准刃口迅速投入。应在固定刀片一侧握紧并压住钢筋，以防钢筋末端弹出伤人。严禁用两手分在刀片两边握住钢筋俯身送料。

④ 不得剪切直径及强度超过机械铭牌规定的钢筋和烧红的钢筋。一次切断多根钢筋时，其总截面积应在规定范围内。

⑤ 剪切低合金钢时应更换高硬度切刀，剪切直径应符合铭牌规定。

⑥ 切断短料时，手和切刀之间的距离应保持在 150mm 以上，如手握端小于 400mm 时，应采用套管或夹具将钢筋短头压住或夹牢。

⑦ 运转中，严禁用手直接清除切刀附近的断头和杂物。钢筋摆动周围和切刀周围不得停留非操作人员。

⑧ 发现机械运转有异常或切刀歪斜等情况，应立即停机检修。

2）钢筋调直机安全使用要求

① 料架、料槽应安装平直，对准导向筒、调直筒和下切刀孔的中心线。

② 用手转动飞轮，检查传动机构和工作装置，调整间隙，紧固螺栓，检查电气系统确 认正常后，启动空运转，并应检查轴承无异响，齿轮啮合良好，运转正常后，方可作业。

③ 按调直钢筋的直径，选用适当的调直块及传动速度，经调试合格，方可送料。

④ 在调直块未固定、防护罩未盖好前不得送料。作业中严禁打开各部防护罩及调整间隙。

⑤ 当钢筋送入后，手与曳轮必须保持一定的距离，不得接近。

⑥ 送料前，应将不直的料头切除，导向筒前应装一根 1m 长的钢管，钢筋必须先穿过钢管再送入调直筒前端的导孔内。

3）钢筋弯曲机安全使用要求

① 挡铁轴的直径和强度不得小于被弯钢筋的直径和强度。不直的钢筋，不得在弯曲机上弯曲。

② 作业中，严禁更换轴芯、销子和变换角度以及调速等作业，也不得进行清扫和加油。

③ 严禁弯曲超过机械铭牌规定直径的钢筋。在弯曲未经冷拉或带有锈皮的钢筋时，必须戴防护镜。

④ 严禁在弯曲钢筋的作业半径内和机身不设固定销的一侧站人。弯曲好的半成品，应堆放整齐，弯钩不得朝上。

4）钢筋墩头机安全使用要求

① 电动镦头机

a. 压紧螺杆要随时注意调整，防止上下夹块滑动移位。

b. 工作前要注意电动机转动方向，行轮应顺指针方向转动。

c. 夹块的压紧槽要根据加工料的直径而定，压紧杆的调整要适当。

d. 调整时凸块与块的工作距离不得大于1.5mm，空位调整按镦帽直径大小而定。

② 液压镦头机

a. 镦头器应配用额定油压在40MPa以上的高压油泵。

b. 镦头部件（锚环）和切断部件（刀架）与外壳的螺纹连接，必须拧紧。应注意在锚环或刀架未装上时，不允许承受高压，否则将损坏弹簧座与外壳连接螺纹。

c. 使用切断器时，应将镦头器用锚环夹片放下，换上刀架。刀架上的定刀片应随切断钢筋的粗细而更换。

d. 在使用过程中要掌握温度，不可温度太低而冷镦。钢筋端头和被夹持部位生锈使钢筋导电性能不好，也属于冷镦，需立即停止，除锈重镦。

e. 未夹钢筋，切不可空载镦头，以免损坏夹具及加热变压器。

f. 镦头钢筋直径必须和夹具直径符合，才可放入夹具，否则会损坏夹具。

g. 设定通电时间及温度，必须有专人管理，不准随意更改，以免造成机械损伤或镦头。温度过低或过高。

h. 待镦头钢筋端头严重不平不可镦头，以免造成温度不均镦头偏向一边。

i. 溢流阀、节流阀不可随意调节，以免造成电动机烧坏和所设定程序不配合。

j. 应调整好限位行程开关，使每一次镦头都是于限位开关动作而结束顶锻加压，从而确保了每次钢筋镦头厚度。

10.7.3 钢筋预应力机械

钢筋预应力机械是在预应力混凝土结构中，用于对钢筋施加张拉力的专用设备，分为机械式、液压式和电热式三种。常用的是液压式拉抻机。

液压式拉伸机的安全使用要求

1）液压千斤顶安全使用要求

① 千斤顶不允许在任何情况下超载和超过行程范围使用。

② 千斤顶张拉计压时，应观察千斤顶位置是否偏斜，必要时应回油调整。进油升压

必须徐缓、均匀平稳，回油降压时应缓慢松开回油阀，并使各油缸回程到底。

③ 双作用千斤顶在张拉过程中，应使顶压油缸全部回油，在顶压过程中，张拉油缸应预持荷，以保证恒定的张拉力，待顶压锚固完成时，张拉缸再回油。

2）高压油泵安全使用要求

① 油泵不宜在超负荷下工作，安全阀应按额定油压调整，严禁任意调整。

② 高压油泵运转前，应将各油路调节阀松开，然后开动油泵，待空载运转正常后，再紧闭回油阀，逐渐旋拧进油阀杆，增大载荷，并注意压力表指针是否正常。

③ 油泵停止工作时，应先将回油阀缓缓松开，待压力表指针退回零位后，方可卸开千斤顶的油管接头螺母。严禁在载荷时拆换油管式压力表。

10.8 桩工机械安全技术

10.8.1 概述

桩工机械是用于各种桩基础、地基改良加固、地下挡土连续墙、地下防渗连续墙施工及其他特殊地基基础等工程施工的机械设备，其作用是将各式桩埋入土中，以提高基础的承载能力。

桩工机械的安全使用要求

1）桩工机械类型应根据桩的类型、桩长、桩径、地质条件、施工工艺等综合考虑选择。

2）施工现场应按桩机使用说明书的要求进行整平压实，地基承载力应满足桩机的使用要求。在基坑和围堰内打桩，应配置足够的排水设备。

3）桩机作业区内不得有妨碍作业的高压线路、地下管道和埋设电缆。作业区应有明显标志或围栏，非工作人员不得进入。

4）桩机电源供电距离宜在 200m 以内，工作电源电压的允许偏差为其公称值的±5%。电源容量与导线截面应符合设备施工技术要求。

5）作业前，应由项目负责人向作业人员作详细的安全技术交底。桩机的安装、试机、拆除应严格按设备使用说明书的要求进行。

6）安装桩锤时，应将桩锤运到立柱正前方 2m 以内，并不得斜吊。桩机的立柱导轨应按规定润滑。桩机的垂直度应符合使用说明书的规定。

7）作业前，应检查并确认桩机各部件连接牢靠，各传动机构、齿轮箱、防护罩、吊具、钢丝绳、制动器等良好，起重机起升、变幅机构正常，润滑油、液压油的油位符合规定，液压系统无泄漏，液压缸动作灵敏，作业范围内不得有非工作人员或障碍物。

8）水上打桩时，应选择排水量比桩机重量大 4 倍以上的作业船或牢固的排架，桩机与船体或排架应可靠固定，并应采取有效的锚固措施。当打桩船或排架的偏斜度超过 3°时，应停止作业。

9）桩机吊桩、吊锤、回转 1 行走等动作不应同时进行。吊桩时，应在桩上拴好拉绳，避免桩与桩锤或机架碰撞。桩机吊锤（桩）时，锤（桩）的最高点离立柱顶部的最小距离应确保安全。轨道式桩机吊桩时应夹紧夹轨器。桩机在吊有桩和锤的情况下，操作人员不得离开岗位。

10）桩机不得侧面吊桩或远距离拖桩。桩机在正前方吊桩时，混凝土预制桩与桩机立柱的水平距离不应大于 4m，钢桩不应大于 7m，并应防止桩与立柱碰撞。

11）使用双向立柱时，应在立柱转向到位，并应采用锁销将立柱与基杆锁住后起吊。

12）施打斜桩时，应先将桩锤提升到预定位置，并将桩吊起，套入桩帽，桩尖插入桩位后再后仰立柱。履带三支点式桩架在后倾打斜桩时，后支撑杆应预紧；轨道式桩架应在平台后增加支撑，并夹紧夹轨器。立柱后仰时，桩机不得回转及行走。

13）桩机回转时，制动应缓慢，轨道式和步履式桩架同向连续回转不应大于一周。

14）桩锤在施打过程中，监视人员应在距离桩锤中心 5m 以外。

15）插桩后，应及时校正桩的垂直度。桩入土 3m 以上时，不得用桩机行走或回转动作来纠正桩的倾斜度。

16）拔送桩时，不得超过桩机起重能力，拔送载荷应符合以下规定：
① 电动桩机拔送载荷不得超过电动机满载电流时的载荷；
② 内燃机桩机拔送桩时，发现内燃机明显降速，应立即停止作业。

17）作业过程中，应经常检查设备的运转情况，当发生异响、吊索具破损、紧固螺栓松动、漏气、漏油、停电以及其他不正常情况时，应立即停机检查，排除故障。

18）桩机作业或行走时，除本机操作人员外，不应搭载其他人员。

19）桩机行走时，地面的平整度与坚实度应符合要求，并应有专人指挥。走管式桩机横移时，桩机距滚管终端的距离不应小于 1m。桩机带锤行走时，应将桩锤放至最低位。履带式桩机行走时，驱动轮应置于尾部位置。

20）在有坡度的场地上，坡度应符合桩机使用说明书的规定，并应将桩机重心置于斜坡上方，沿纵坡方向作业和行走。桩机在斜坡上不得回转。在场地的软硬边际，桩机不应横跨软硬边际。

21）遇风速 12m/s 及以上大风和雷雨、大雾、大雪等恶劣气候时，应停止作业。当风速达到 13.9m/s 及以上时，应将桩机顺风向停置，并应按使用说明书的要求，增设缆风绳，或将桩架放倒。桩机应有防雷措施，遇雷电时，人员应远离桩机。冬期作业应清除桩机上积雪，工作平台应有防滑措施。

22）桩孔成型后，当暂不浇筑混凝土时，孔口必须及时封盖。

23）作业中，当停机时间较长时，应将桩锤落下垫稳。检修时，不得悬吊桩锤。

24）桩机在安装、转移和拆运时，不得强行弯曲液压管路。

25）作业后，应将桩机停放在坚实平整的地面上，将桩锤落下垫实，并切断动力电源。轨道式桩架应夹紧夹轨器。

10.8.2 预制桩施工机械

（1）柴油锤打桩机

柴油锤打桩机由桩架、行走机构、柴油锤、快放卷扬机组成。其中，柴油锤是桩机的核心部件。柴油打桩锤按锤的结构形式分为筒式柴油锤和导杆式柴油锤。

柴油锤打桩机安全使用要求：

1）作业前应检查导向板的固定与磨损情况，导向板不得有松动或缺件，导向面磨损不得大于 7mm。

2）作业前应检查并确认起落架各工作机构安全可靠，启动钩与上活塞接触线距离应在 5 ~ 10mm 之间。

3）作业前应检查柴油锤与桩帽的连接，提起柴油锤，柴油锤脱出砧座后，柴油锤下滑长度不应超过使用说明书的规定值，超过时应调整桩帽连接钢丝绳的长度。

4）作业前应检查缓冲胶垫，当砧座和橡胶垫的接触面小于原面积 2/3 或下汽缸法兰与砧座间隙小于使用说明书的规定值时，均应更换橡胶垫。

5）水冷式柴油锤应加满水箱，并应保证柴油锤连续工作时有足够的冷却水。冷却水应使用清洁的软水。冬期作业时应加温水。

6）桩帽上缓冲垫木的厚度应符合要求，垫木不得偏斜。金属桩的垫木厚度应为 100 ~ 150mm；混凝土桩的垫木厚度应为 200 ~ 250mm。

7）柴油锤启动前，柴油锤、桩帽和桩应在同一轴线上，不得偏心打桩。

8）在软土打桩时，应先关闭油门冷打，当每击贯入度小于 100mm 时，再启动柴油锤。

9）柴油锤运转时，冲击部分的跳起高度应符合使用说明书的要求，达到规定高度时，应减小油门，控制落距。

10）当上活塞下落而柴油锤未燃爆，上活塞发生短时间的起伏时，起落架不得落下，以防撞击碰块。

11）打桩过程中，应有专人负责拉好曲臂上的控制绳，在意外情况下，可使用控制绳紧急停锤。

12）柴油锤启动后，应提升起落架，在锤击过程中起落架与上汽缸顶部之间的距离不应小于 2m。

13）筒式柴油锤上活塞跳起时，应观察是否有润滑油从泄油孔中流出。下活塞的润滑油应按使用说明书的要求加注。

14）柴油锤出现早燃时，应停止工作，并应按使用说明书的要求进行处理。

15）作业后，应将柴油锤放到最低位置，封盖上汽缸和吸排气孔，关闭燃料阀，将操作杆置于停机位置，起落架升至高于桩锤 1m 处，并应锁住安全限位装置。

16）长期停用的柴油锤，应从桩机上卸下，放掉冷却水、燃油及润滑油，将燃烧室及上、下活塞打击面清洗干净，并应做好防腐措施，盖上保护套，入库保存。

（2）振动桩机

振动桩机由振动桩锤和与之相配合的桩架组成。包括锤头、顶部滑轮组、立柱、斜撑、人字拔杆、抬梁、竖架滑轮组、底盘、加压滑轮组、蜗轮箱、移架机构、操作台、配电箱、液压顶升器，双筒卷扬机等。

振动桩机安全使用要求：

1）在作业前，应对桩锤进行检测。检测电动机、电缆的绝缘值是否符合要求；检查电气箱内各元件应完好；检查传动带的松紧度；检查夹持器与振动器连接处的螺栓是否紧固。

2）当桩插入夹桩器内后，将操纵杆扳到夹紧位置，使夹桩器将桩慢慢夹紧，直至听到油压卸载声为止。在整个作业过程中，操纵杆应始终放在夹紧位置，液压系统压力下降。

3）悬挂桩锤的起重机吊钩的保险装置应可靠。

4）拔钢板桩时，应按沉入顺序的相反方向拔起。夹持器在夹持板桩时，应尽量靠近相邻的一根，这样较易起拔。

5）当夹桩器将桩夹持后，须待压力表显示压力达到额定值，方可指挥起拔。当拔桩离地面 1 ～ 1.5m 时，应停止振动，将吊桩用钢丝绳拴好，然后继续启动桩锤进行拔桩。

6）起重机额定起重量应满足拔桩时的载荷要求。

7）桩被完全拔出后，在吊桩钢丝绳未吊紧前，不得将夹桩器松掉。

（3）静力压桩机

静力压桩机，是一种利用静压力将桩压入地层的桩工机械。主要用于软土层压桩，如地下铁道、海港、桥梁、水库电站、海上采油平台和国防工程等的桩工施工。

静力压桩机安全使用要求

1）桩机纵向行走时，不得单向操作一个手柄，应两个手柄一起动作。短船回转或横向行走时，不应碰触长船边缘。

2）桩机升降过程中，四个顶升缸中的两个一组，交替动作，每次行程不得超过100mm。当单个顶升缸动作时，行程不得超过 50mm。压桩机在顶升过程中，船形轨道不宜压在已入土的单一桩顶上。

3）压桩作业时，应有统一指挥，压桩人员和吊桩人员应密切联系，相互配合。

4）起重机吊桩进入夹持机构，进行接桩或插桩作业后，操作人员在压桩前应确认吊钩已安全脱离桩体。

5）操作人员应按桩机技术性能作业，不得超载运行。操作时动作不应过猛，应避免冲击。

6）桩机发生浮机时，严禁起重机作业。如起重机已起吊物体，应立即将起吊物卸下，暂停压桩，在查明原因采取相应措施后，方可继续施工。

7）压桩时，非工作人员应离机 10m。起重机的起重臂及桩机配重下方严禁站人。

8）压桩时，操作人员的身体不得进入压桩台与机身的间隙之中。

9）压桩过程中，桩产生倾斜时，不得采用桩机行走的方法强行纠正，应先将桩拔起，清除地下障碍物后，重新插桩。

10）在压桩过程中，当夹持的桩出现打滑现象时，应通过提高液压油缸压力增加夹持力，不得损坏桩，并应及时找出打滑原因，排除故障。

11）桩机接桩时，上一节桩应提升 350 ～ 400mm，并不得松开夹持板。

12）当桩的贯入阻力超过设计值时，增加配重应符合使用说明书的规定。

13）当桩压到设计要求时，不得用桩机行走的方式，将超过规定高度的桩顶部分强行推断。

14）作业完毕，桩机应停放在平整地面上，短船应运行至中间位置，其余液压缸应缩进回程，起重机吊钩应升至最高位置，各部制动器应制动，外露活塞杆应清理干净。

15）作业后，应将控制器放在"零位"，并依次切断各部电源，锁闭门窗，冬期应放尽各部积水。

16）转移工地时，应按规定程序拆卸桩机，所有油管接头处应加保护帽。

10.8.3　灌注桩施工桩机

（1）**长螺旋钻孔机**

长螺旋钻孔机包括液压步履桩架和钻进系统两部分。

长螺旋钻孔机安全使用要求：

1）安装前，应检查并确认钻杆及各部件不得有变形；安装后，钻杆与动力头中心线的偏斜度不应超过全长的 1%。

2）安装钻杆时，应从动力头开始，逐节往下安装。不得将所需长度的钻杆在地面上接好后一次起吊安装。

3）钻机安装后，电源的频率与钻机控制箱的内频率应相同，不同时，应采用频率转换开关予以转换。

4）钻机应放置在平稳、坚实的场地上。汽车式钻机应将轮胎支起，架好支腿，并应采用自动微调或线锤调整挺杆，使之保持垂直。

5）启动前检查并确认钻机各部件连接牢固，传动带的松紧度应适当，减速箱内油位符合规定，钻深限位报警装置应有效。

6）启动前，应将操纵杆放在空挡位置。启动后，应进行空载运转试验，检查仪表、制动等应正常。

7）钻孔时，应将钻杆缓慢放下，使钻头对准孔位，当电流表指针偏向无负荷状态时即可下钻。在钻孔过程中，当电流表超过额定电流时，应放慢下钻速度。

8）钻机发出下钻限位报警信号时，应停钻，并将钻杆稍稍提升，在解除报警信号后，方可继续下钻。

9）卡钻时，应立即停止下钻。查明原因前，不得强行启动。

10）作业中，当需改变钻杆回转方向时，应在钻杆完全停转后再进行。

11）作业中，当发现阻力过大、钻进困难、钻头发出异响或机架出现摇晃、移动、偏斜时，应立即停钻，在排除故障后，继续施钻。

12）钻机运转时，应有专人看护，防止电缆线被缠入钻杆。

13）钻孔时，不得用手清除螺旋片中的泥土。

14）钻孔过程中，应经常检查钻头的磨损情况，当钻头磨损量超过使用说明书的允许值时，应予更换。

15）作业中停电时，应将各控制器放置零位，切断电源，并应及时采取措施，将钻杆从孔内拔出。

16）作业后，应将钻杆及钻头全部提升至孔外，先清除钻杆和螺旋叶片上的泥土，再将钻头放下接触地面，锁定各部制动，将操纵杆放到空挡位置，切断电源。

（2）**旋挖钻机**

旋挖钻机是一种适合建筑基础工程中成孔作业的施工机械。主要适用于砂土、黏性土、粉质土等土层施工，在灌注桩、连续墙、基础加固等多种地基基础施工中得到广泛应用。旋挖钻机的额定功率一般为 125～450kW，动力输出扭矩为 120～400kN·m，最大成孔直径可达 1.5～4m，最大成孔深度为 60～90m，可以满足各类大型基础施工的要求。

旋挖钻机安全使用要求：

1）作业地面应坚实平整，作业过程中地面不得下陷，工作坡度不得大于2°。

2）钻机驾驶员进出驾驶室时，应利用阶梯和扶手上下。在作业过程中，不得将操纵杆当挟手使用。

3）钻机行驶时，应将上车转台和底盘车架销住，履带式钻机还应锁定履带伸缩油缸的保护装置。

4）钻孔作业前，应检查并确认固定上车转台和底盘车架的销轴已拔出。履带式钻机应将履带的轨距伸至最大。

5）在钻机转移工作点、装卸钻具钻杆、收臂放塔和检修调试时，应有专人指挥，并确认附近不得有非作业人员和障碍。

6）卷扬机提升钻杆、钻头和其他钻具时，重物应位于桅杆正前方。卷扬机钢丝绳与桅杆夹角应符合使用说明书的规定。

7）开始钻孔时，钻杆应保持垂直，位置应正确，并应慢速钻进，在钻头进入土层后，再加快钻进。当钻头穿过软硬土层交界处时，应慢速钻进。提钻时，钻头不得转动。

8）作业中，发生浮机现象时，应立即停止作业，查明原因并正确处理后，继续作业。

9）钻机移位时，应将钻桅及钻具提升到规定高度，并应检查钻杆，防止钻杆脱落。

10）钻机短时停机，钻桅可不放下，动力头及钻具应下放，并宜尽量接近地面。长时间停机，钻桅应按使用说明书的要求放置。

11）钻机保养时，应按使用说明书的要求进行，并应将钻机支撑牢靠。

（3）螺杆桩桩机

螺杆桩适用于砂层、黏土层、卵石层，可穿透强风化岩，进人中风化岩，近几年已在全国桩基工程中大面积使用，施工速度快，无泥浆、无噪声污染，钢筋笼采用后置放施工，不需要泥浆护壁。承载力为普通灌注桩的2～3倍。桩长可随持力层岩面的起伏随时调整。

螺杆桩机安全使用要求：

1）桩机就位后必须调平并稳固，确保成孔垂直度。

2）下钻过程中桩机自控系统严格控制钻杆下降速度和旋转速度，使二者匹配，要求钻杆旋转2周以上，螺杆钻杆下降一个螺距，钻至螺杆桩直线段设计深度，在土体中形成圆柱状；钻杆旋转一周，螺杆钻杆下降一个螺距，钻至螺杆桩螺纹段设计深度，在土体中形成螺纹状。

3）钻头钻到设计标高后，桩机反向旋转提升钻杆，提钻过程中自控系统应严格控制钻杆提升速度和旋转速度，与下降时一样，保持同步和匹配。与此同时制备好的细石混凝土或砂浆迅速填充（泵送）由于钻杆旋转提升所产生的带螺纹状空间和钻杆直接提升或正向旋转提升所产生的带圆柱形空间，形成螺杆桩。

（4）双向螺旋挤扩桩桩机

双向螺旋挤扩桩适用于砂层、黏土层、卵石层，可穿透强风化岩，进人中风化岩。近几年已在全国桩基工程中大面积使用，施工速度快，无泥浆、无噪声污染，钢筋笼采用后置法施工，不需要泥浆护壁，成桩过程不产生渣土。承载力较普通灌注桩可提高2～3倍。桩长可随持力层岩面的起伏随时调整。

双向螺旋挤扩桩桩机安全使用要求

1）钻机安装拆卸时，主机必须停放在坚实平坦的场地上，不得倾斜。

2）钻机和钻具安装拆卸前，应仔细检查发动机、卷扬机、制动装置、钢丝绳、牵引绳、滑轮及各部轴销、螺栓和管路接头是否完好可靠，钻杆和钻头是否有弯曲损伤。

3）各部卷扬钢丝绳应处于油膜状态，防止硬性摩擦，钢丝绳的使用及报废标准须按国家有关规定执行。

4）钻机行走移动时，应将钻头提离地面200mm以上，并注意清除地面障碍物。

5）钻机就位后，必须平整、稳固，确保在成孔过程中不发生倾斜和偏移。

6）当钻机需要在施工场区长时间停机时，应将钻头钻入土中至少1m，并切断全部动力源和电源。

7）遇有大雨、大雪和6级以上大风等恶劣天气时，钻机应停止作业；当风力超过7级时，应将钻机顺风向停置，将钻头钻入土中至少2m，使其制动良好，并切断全部动力源和电源。

8）在雷电天气条件下，钻机须停止作业。

（5）转盘式钻孔机

转盘式钻孔机是一种地质钻探用的回转式钻孔机，由于它的主要回转机构是一个转盘，故名转盘式钻孔机。转盘是一个中心具有方孔的回转部件，它通过方钻杆带动孔内钻具回转。起下钻具时，转盘又是拧卸钻具的机构，可以减轻劳动强度并有利于安全生产。转盘本身不能控制给进，所以在钻进浅孔时，要用钢丝绳或链条加压；钻进深孔时，用绞车调节钻具压在孔底的重量来控制孔底压力。转盘钻机的钻孔方向范围较窄，一般只能钻70°～90°的孔。

转盘式钻孔机安全使用要求

1）钻架的吊重中心、钻机的卡孔和护进管中心应在同一垂直线上，钻杆中心偏差不应大于20mm。

2）钻头和钻杆连接螺纹应良好，滑扣的不得使用。钻头焊接应牢固可靠，不得有裂纹。钻杆连接处应安装便于拆卸的垫圈。

3）作业前，应先将各部操纵手柄置于空挡位置，人力盘动时不得有卡阻现象，然后空载运转，确认一切正常后方可作业。

4）开钻时，应先送浆后开钻；停机时，应先停钻后停浆。泥浆泵应有专人看管，对泥浆质量和浆面高度应随时测量和调整，随时清除沉淀池中杂物，出现漏浆现象时应及时补充。

5）加接钻杆时，应使用特制的连接螺栓紧固，并应做好连接处的清洁工作。

6）钻机下和井孔周围2m以内及高压胶管下，不得站人。钻杆不应在旋转时提升。

7）钻架、钻台平车、封口平车等的承载部位不得超载。

8）作业后，应对钻机进行清洗和润滑，并应将主要部位进行遮盖。

（6）潜水钻孔机

潜水电机变速机构和钻头密封在一起，由桩架及钻杆定位后可潜入水、泥浆中钻孔。工作时动力装置潜入孔底直接驱动钻头回转切削，钻杆不转，其只起到连接传递扭矩输送泥浆等的作用。潜水钻机以其设备简单、操作方便、钻进速度快的特点，广泛应用于河流冲积平原上各类建筑物的基础桩钻孔施工中。

潜水钻机安全使用要求

1）使用前将潜水钻的电缆引出线与电源电缆按规定要求铰接牢靠（或采用电缆密封接头），并试机判断钻头的旋转方向是否正确。

2）提升电缆时，若无电缆卷筒，应戴绝缘手套检查所有电缆有无碰伤漏电现象。现场人员应穿绝缘胶鞋。

3）拆装钻杆时，应保证连接牢靠，注意不要把小工具及钻杆销轴、螺母等丢失到孔内。

4）应根据设计孔径和地质情况选用合适的钻头。钻头切削方向应与主轴旋向一致。

5）钻进速度应根据地层变化，控制电流在50A以下徐徐钻进。

6）钻机工作时，应随时监视电器仪表，倾听各运动机件的运转响声，如发现有不均匀和不正常现象，应立即停钻检查、修理。

（7）**全套管钻机**

按结构形式分为两大类：整机式和分体式。

全套管钻机安全使用要求

1）作业前应检查并确认套管和浇筑管内侧不得有损坏和明显变形，不得有混凝土粘结。

2）钻机内燃机启动后，应先怠速运转，再逐步加速至额定转速。钻机对位后，应进行试调，达到水平后，再进行作业。

3）第一节套管入土后，应随时调整套管的垂直度。当套管入土深度大于5m时，不得强行纠偏。

4）在套管内挖土碰到硬土层时，不得用锤式抓斗冲击硬土等层，应采用十字凿锤将硬土层有效破碎后，再继续挖掘。

5）用锤式抓斗挖掘管内土层时，应在套管上加装保护套管接头的喇叭口。

6）套管在对接时，接头螺栓应按出厂说明书规定的扭矩对称拧紧。接头螺栓拆下时，应立即洗净后浸入油中。

7）起吊套管时，不得用卡环直接吊在螺纹孔内，损坏套管螺纹，应专用工具吊装。

8）挖掘过程中，应保持套管的摆动。当发现套管不能摆动时，应拔出液压缸，将套管上提，再用起重机助拔，直至拔起部分套管能摆动为止。

9）浇筑混凝土时，钻机操作应和灌注作业密切配合，应根据孔深、桩长适当配管，套管与浇筑管保持同心，在浇筑管埋入混凝±2～4m之间时，应同步拔管和拆管。

10）上拔套管时，应左右摆动。套管分离时，下节套管头应用卡环保险，防止套管下滑。

11）作业后，应及时清除机体、锤式抓斗及套管等外表的混凝土和泥砂，将机架放回行走位置，将机组转移至安全场所。

（8）**冲孔桩机**

冲孔打桩机由桩锤、桩架及附属设备等组成。桩锤依附在桩架前部两根平行的竖直导杆（俗称龙门）之间，用提升吊钩吊升。桩架为一钢结构塔架，在其后部设有卷扬机，用以起吊桩管和桩锤。桩架前面有两根导杆组成的导向架，用以控制打桩方向，使桩管按照设计方位准确地贯入地层。打桩机的基本技术参数是冲击部分重量、冲击动能和冲击频率。桩锤按运动的动力来源可分为落锤、汽锤、柴油锤、液压锤等。

冲孔打桩机安全使用要求

1）冲孔桩机施工场地应平整坚实。

2）作业前应重点检查下列项目，并应符合相应要求：

① 连接应牢固，离合器、制动器、棘轮停止器、导向轮等传动应灵活可靠；

② 卷筒不得有裂纹，钢丝绳缠绕应正确，绳头应压紧，钢丝绳断丝、磨损不得超过规定；

③ 安全信号和安全装置应齐全良好；

④ 桩机应有可靠的接零或接地，电气部分应绝缘良好；

⑤ 开关应灵敏可靠。

3）卷扬机启动、停止或到达终点时，速度应平缓。

4）冲孔作业时，不得碰撞护筒、孔壁和钩挂护筒底缘；重锤提升时，应缓慢平稳。

5）卷扬机钢丝绳应按规定进行保养及更换。

6）卷扬机换向应在重锤停稳后进行，减少对钢丝绳的破坏。

7）钢丝绳上应设有标记，提升落锤高度应符合规定，防止提锤过高，击断锤齿。

8）停止作业时，冲锤应提出孔外，不得埋锤，并应及时切断电源，重锤落地前，司机不得离岗。

10.8.4　地基加固机械

（1）深层搅拌机

目前国内使用的深层搅拌桩机械较多，样式基本大同小异。专用于湿喷法施工的机械分别有单轴（SJB-3）、双轴（SJB-1）和三轴（SJB-4）的深层搅拌桩机，加固深度可达 20m，单轴的深层搅拌桩机单桩截面积为 $0.22m^2$，双轴的深层搅拌桩机单桩截面积为 $0.71m^2$，三轴的深层搅拌桩机单桩截面积为 $1.2m^2$（可用于设计中间插筋的重力式挡土墙施工）。SJB 系列的设备施工深度可达 20m，常用钻头设计是多片桨叶搅拌形式。深层搅拌桩施工时除了使用深层搅拌桩机以外，还需要配置灰浆拌制机、集料斗、灰浆泵等配套设备。

深层搅拌桩机安全使用要求

1）搅拌机就位后，应检查搅拌机的水平度和导向架的垂直度，并应符合使用说明书的要求。

2）作业前，应先空载试机，设备不得有异响，并应检查仪表、油泵等，确认正常后，正式开机运转。

3）吸浆、输浆管路或粉喷高压软管的各接头应连接紧固。泵送水泥浆前，管路应保持湿润。

4）作业中，应控制深层搅拌机的入土切削速度和提升搅拌的速度，并应检查电流表，电流不得超过规定。

5）发生卡钻、停钻或管路堵塞现象时，应立即停机，并应将搅拌头提离地面，查明原因，妥善处理后，重新开机施工。

6）作业中，搅拌机动力头的润滑应符合规定，动力头不得断油。

7）当喷浆式搅拌机停机超过 3h，应及时拆卸输浆管路，排除灰浆，清洗管道。

8）作业后，应按使用说明书的要求，做好清洁保养工作。

（2）成槽机

成槽机有多头螺旋钻、冲抓斗、冲击钻、多头钻以及轮铣式、盘铣式、钳槽式和刨切式等。成墙厚度可为 400 ～ 1500mm，一次施工成墙长度可为 2500 ～ 2700mm。为了保证成槽的垂直度，成槽机设有随机监测纠偏装置。

成槽机安全使用要求

1）作业前，应检查各传动机构、安全装置、钢丝绳等，并应确认安全可靠后，空载试车，试车运行中，应检查油缸、油管、油马达等液压元件，不得有渗漏油现象，油压应正常，油管盘、电缆盘应运转灵活，不得有卡滞现象，并应与起升速度保持同步。

2）成槽机回转应平稳，不得突然制动。

3）成槽机作业中，不得同时进行两种及以上动作。

4）钢丝绳应排列整齐，不得松乱。

5）成槽机起重性能参数应符合主机起重性能参数，不得超载。

6）安装时，成槽抓斗应放置在把杆铅垂线下方的地面上，把杆角度应为 75°~78°。起升把杆时，成槽抓斗应随着逐渐慢速提升，电缆与油管应同步卷起，以防油管与电缆损坏。接油管时应保持油管的清洁。

7）工作场地应平坦坚实，在松软地面作业时，应在履带下铺设厚度在 30mm 以上的钢板，钢板纵向间距不应大于 30mm。起重臂最大仰角不得超过 78°，并应经常检查钢丝绳、滑轮，不得有严重磨损及脱槽现象，传动部件、限位保险装置、油温等应正常。

8）成槽机行走履带应平行于槽边，并应尽可能使主机远离槽边，以防槽段塌方。

9）成槽机工作时，把杆下不得有人员，人员不得用手触摸钢丝绳及滑轮。

10）成槽机工作时，应检查成槽的垂直度，并应及时纠偏。

11）成槽机工作完毕，应远离槽边，抓斗应着地，设备应及时清洁。

12）拆卸成槽机时，应将把杆置于 75°～ 78°位置，放落成槽抓斗，逐渐变幅把杆，同步下放起升钢丝绳、电缆与油管，并应防止电缆、油管拉断。

13）运输时，电缆及油管应卷绕整齐，并应垫高油管盘和电缆盘。

10.9 有限空间作业安全技术

10.9.1 有限空间作业种类

有限空间种类很多，大致可归纳为以下 3 类：

（1）密闭设备：指贮罐、塔（釜）、管道等。

（2）地下有限空间：包括地下管道、地下室、地下仓库、地下工程、暗沟、隧道、涵洞、地坑、废井、污水池（井）、沼气池及化粪池等。

（3）地上有限空间：包括贮藏室、垃圾站、料仓等封闭空间。

10.9.2　有限空间作业安全技术

所有准入者、监护者、作业负责人、应急救援服务人员须经培训考试合格。

应保证所有的准入者能够及时获得准入，使准入者能够确信进入前的准备工作已经完成，准入时间不能超过完成特定工作所需时间（按时完成工作，离开现场，避免由于超时引起的危害）。具体安全措施如下：

（1）按照"先通风换气、再检测评估、后安排作业"的原则，凡要进入有限空间危险作业场所作业，必须根据实际情况事先测定其氧气、有害气体、可燃性气体、粉尘的浓度，符合安全要求后，方可进入，检测的时间不得早于作业开始前 30 分钟。

（2）作业过程中应对作业空间进行定时检测或实时检测，而在作业环境条件可能发生变化时，应对作业场所中的危害因素进行持续或定时检测。

（3）确保有限空间危险作业现场的空气质量。正常时氧含量为 18% ～ 22%，短时间作业时必须采取机械通风；有限空间空气中可燃性气体浓度应低于爆炸下限的 10%。

（4）如果在有限空间内的氧气浓度低于 19.5%，那么在进入这些空间之前必须进行通风。将外部新鲜空气吹入此类空间稀释并驱除内部污染物，并向内部空间提供氧气。绝对不可以使用纯氧直接为限制场所做通风，应选择洁净的空气作为通风来源。

（5）有害有毒气体、可燃气体、粉尘容许浓度必须符合国家标准的安全要求，如果高于此要求，应采取机械通风措施和个人防护措施。

（6）进入有限空间危险作业场所，可采用动物（如白鸽、白鼠、兔子等）试验方法或其它简易快速检测方法作辅助检测。根据测定结果采取相应的措施，在有限空间危险作业场所的空气质量符合安全要求后方可作业，并记录所采取的措施要点及效果。

（7）当有限空间内存在可燃性气体和粉尘时，所使用的器具应达到防爆的要求。

（8）当有害物质浓度大于 IDLH 浓度、或虽经通风但有毒气体浓度仍高于 GBZ2.1 所规定的要求，或缺氧时，应当按照 GB/T18664 要求选择和佩戴呼吸性防护用品。

（9）进入有限空间作业时，必须要安排专人现场监护。监护人员应掌握有限空间进入人员的人数和身份，对进出人员和工机具进行清点，定时与进入者进行交流以确定其工作状态。当遇到紧急情况时，监护人员一定要寻求帮助。

（10）当发现缺氧或检测仪器出现报警时，必须立即停止危险作业，作业点人员应迅速离开作业现场。

（11）当发现有缺氧症时，作业人员应立即组织急救和联系医疗处理。

（12）在每次作业前，必须确认其符合安全并制定事故应急救援预案。

（13）设置必要的隔离区域或屏障或有限空间作业告知牌。

（14）有限空间的作业一旦完成，所有准入者及所携带的设备和物品均已撤离，或者在有限空间及其附近发生了准入所不容许的情况，要终止进入并注销准入证。

第 11 章 建筑施工生产安全事故调查与处理

11.1 法律法规要求

（1）《安全生产法》第八十三条规定：事故调查处理应当按照科学严谨、依法依规、实事求是、注重实效的原则，及时、准确地查清事故原因，查明事故性质和责任，总结事故教训，提出整改措施，并对事故责任者提出处理意见。事故调查报告应当依法及时向社会公布。事故调查和处理的具体办法由国务院制定。

事故发生单位应当及时全面落实整改措施，负有安全生产监督管理职责的部门应当加强监督检查。

第八十四条：生产经营单位发生生产安全事故，经调查确定为责任事故的，除了应当查明事故单位的责任并依法予以追究外，还应当查明对安全生产的有关事项负有审查批准和监督职责的行政部门的责任，对有失职、渎职行为的，依照本法第八十七条的规定追究法律责任。

第八十五条：任何单位和个人不得阻挠和干涉对事故的依法调查处理。

（2）《建设工程安全生产管理条例》第五十条规定：施工单位发生生产安全事故，应当按照国家有关伤亡事故报告和调查处理的规定，及时、如实地向负责安全生产监督管理的部门、建设行政主管部门或者其他有关部门报告；特种设备发生事故的，还应当同时向特种设备安全监督管理部门报告。接到报告的部门应当按照国家有关规定，如实上报。

实行施工总承包的建设工程，由总承包单位负责上报事故。

《建设工程安全生产管理条例》第五十条规定第五十一条　发生生产安全事故后，施工单位应当采取措施防止事故扩大，保护事故现场。需要移动现场物品时，应当做出标记和书面记录，妥善保管有关证物。

《建设工程安全生产管理条例》第五十条规定第五十二条　建设工程生产安全事故的调查、对事故责任单位和责任人的处罚与处理，按照有关法律、法规的规定执行。

11.2 生产安全事故定义与特征

11.2.1 生产安全事故的定义

生产安全事故是指生产经营单位在生产经营活动（包括与生产经营有关的活动）中突然发生的。伤害人身安全的健康、损坏设备设施或者造成直接经济损失，导致生产经营活动（包括与生产经营单位有关的活动）暂时中止或永远终止的意外事件。

生产安全事故适用范围仅限于生产经营活动的事故，社会安全、自然灾害、公共卫生事件，不属于生产安全事故。

由于人们的认知和管理水平存在差异，有些安全生产事故可能已经发生，往往被忽视或者未发觉，如生产安全隐患，劳动者工作环境不达标甚至恶劣以及工厂，工地食堂饮食卫生不达标等，都有可能造成人身伤害，身心健康危害或者不同程度的经济损失，使得生产活动不能和谐的开展，顺利地进行，甚至造成不良的社会影响，影响到社会经济发展，社会稳定和社会进步。

11.2.2　生产安全事故特征

事故是一种意外事件，具有一定特征，掌握这些特征，对我们认识事故，了解事故及预防事故具有指导性作用，概括起来，事故主要有以下四种特征：

（1）因果性

因果性指事故是由相互关系的多种因素共同作用的结果，引起事故的原因是多方面的，在伤亡事故调查分析过程中，找出事故发生的原因，对预防类似的事故重复发生将起到积极作用。

（2）随机性

随机性是指事故发生的时间、地点、后果的成都是偶然的，这就给事故的预防带来一定的困难，但是，事故这种随机性在一定范围内也遵循一定的规律。从事故的统计资料中，我们可以找到事故发生的规律。因此，伤亡事故统计分析对制定正确措施有重大意义。

（3）潜伏性

表面上，事故是一种突发事件，但是事故发生之前有一段潜伏期。事故发生之前，系统（人、机、环境）所处的这种状态是不稳定的，即系统存在着事故隐患，具有潜伏的危险性，一旦诱因出现，就会导致事故发生。人们应认识事故的潜伏性，克服麻痹心理。生产活动中，某些企业较长时间内未发生伤亡事故，就会麻痹大意，忽视事故的潜伏性。这是造成重大伤害事故的思想隐患。

（4）可预防性

任何事故，只要采取正确的预防措施，是可以防止的。认识到这一特征，对鉴定信心、防止伤亡事故发生有促进作用。因此，必须通过事故调查，找到已发生事故的原因，采取预防事故的措施，从根本上降低伤亡事故发生频率。

11.3　生产安全事故报告

11.3.1　事故报告时限

（1）施工单位报告时限

事故发生后，事故现场有关人员应当立即向施工单位负责人报告；施工单位负责人接到报告后，应当于 1 小时内向事故发生地县级以上建设主管部门和有关部门报告。

情况紧急时，事故现场有关人员可以直接向事故发生地县级以上建设主管部门和有关部门报告。

实行施工总承包的建设工程，由总承包单位负责上报事故。

（2）建设主管部门报告时限

建设主管部门接到事故报告后，应当依照下列规定上报事故情况，并通知安全生产监督管理部门、公安机关、劳动保障行政主管部门、工会和人民检察院：

1）较大事故、重大事故及特别重大事故逐级上报至国务院建设主管部门；

2）一般事故逐级上报至省、自治区、直辖市建设主管部门；

3）建设主管部门依照本条规定上报事故情况，应当同时报告本级人民政府。国务院建设主管部门接到重大事故和特别重大事故的报告后，应当立即报告国务院。

4）必要时，建设主管部门可以越级上报事故情况。

5）建设主管部门按照本规定逐级上报事故情况时，每级上报的时间不得超过 2 小时。

11.3.2　事故报告内容

（1）建筑施工事故报告一般应当包括下列内容：

1）事故发生的时间、地点和工程项目、有关单位名称；

2）事故的简要经过；

3）事故已经造成或者可能造成的伤亡人数（包括下落不明的人数）和初步估计的直接经济损失；

4）事故的初步原因；

5）事故发生后采取的措施及事故控制情况；

6）事故报告单位或报告人员；

7）其他应当报告的情况。

（2）事故报告应当及时、准确、完整，任何单位和个人对事故不得迟报、漏报、谎报或者瞒报。事故报告后出现新情况，以及事故发生之日起 30 日内伤亡人数发生变化的，应当及时补报。

11.3.3　事故发生后采取的措施

事故发生单位负责人接到事故报告后，应当立即启动事故相应应急预案，或者采取有效措施，组织抢救，防止事故扩大，减少人员伤亡和财产损失。同时，还应当妥善保护事故现场以及相关证据，任何单位和个人不得破坏事故现场、毁灭相关证据。因抢救人员、防止事故扩大以及疏通交通等原因，需要移动事故现场物件的，应当做出标志，绘制现场简图并做出书面记录，妥善保存现场重要痕迹、物证，有条件的可以拍照或录像。

11.4　生产安全事故调查

11.4.1　事故调查组的组成

当前，生产安全事故由人民政府负责组织调查。建设主管部门组织或参与事故调查组对建筑施工生产安全事故进行调查。

重大事故由国务院或者国务院授权有关部门组织事故调查组进行调查。

重大事故、较大事故、一般事故分别由事故发生地省级、设区的市级人民政府、县级人民政府负责调查。省级人民政府、设区的市级人民政府、县级人民政府可以直接组织事故调查组进行调查，也可以授权或者委托有关部门组织事故调查组进行调查。

未造成人员伤亡的一般事故,县级人民政府也可以委托事故发生单位组织事故调查组进行调查。

根据事故的具体情况,事故调查组由有关人民政府、安全生产监督管理部门、负有安全生产监督管理职责的有关部门、监察机关、公安机关以及工会派人组成,并应当邀请人民检察院派人参加。

11.4.2　事故调查组的职责

(1)对于建筑施工生产安全事故,事故调查组应当履行下列职责:

1)核实事故项目基本情况,包括项目履行法定建设程序情况、参与项目建设活动各方主体履行职责的情况;

2)查明事故发生的经过、原因、人员伤亡及直接经济损失,并依据国家有关法律法规和技术标准分析事故的直接原因和间接原因;

3)认定事故的性质,明确事故责任单位和责任人员在事故中的责任;

4)依照国家有关法律法规对事故的责任单位和责任人员提出处理建议;

5)总结事故教训,提出防范和整改措施;

6)提交事故调查报告。

(2)事故调查组有权向有关单位和个人了解与事故有关的情况,并要求其提供相关文件、资料,有关单位和个人不得拒绝。事故发生单位的负责人和有关人员在事故调查期间不得擅离职守,并应当随时接受事故调查组的询问,如实提供有关情况。

(3)事故调查中发现涉嫌犯罪的,事故调查组应当及时将有关材料或者其复印件移交司法机关处理。

(4)事故调查中需要进行技术鉴定的,事故调查组应当委托具有国家规定资质的单位进行技术鉴定。必要时,事故调查组可以直接组织专家进行技术鉴定。

11.4.3　事故调查组的程序

生产安全事故的调查处理应该依据以下程序进行:

(1)搜集现场物证、认证材料或其他事实材料等。

(2)对现场进行拍照、摄像取证。

(3)进行事故调查问询笔录。

(4)事故原因分析。

(5)认定事故性质、责任单位、责任人。

(6)对事故责任单位、责任人提出处理建议。

(7)总结事故教训,提出防范和整改措施。

(8)提交事故调查报告。

11.4.4　事故调查报告

(1)事故调查报告的内容

1)事故发生单位概况;

2)事故发生经过和事故救援情况;

3）事故造成的人员伤亡和直接经济损失；

4）事故发生的原因和事故性质；

5）事故责任的认定以及对事故责任者的处理建议；

6）事故防范和整改措施；

7）事故调查报告应当附具有关证据材料，事故调查组成员应当在事故调查报告上签名。

（2）事故调查的期限

事故调查组应当自事故发生之日起 60 日内提交事故调查报告；特殊情况下，经负责事故调查的人民政府批准，提交事故调查报告的期限可以适当延长，但延长的期限最长不超过 60 日。事故调查中需要进行技术鉴定的，技术鉴定所需时间不计入事故调查期限。

事故调查报告报送负责事故调查的人民政府后，事故调查工作即告结束。事故调查的有关资料应当归档保存。

11.5 生产安全事故处理

11.5.1 事故调查报告的批复

重大事故、较大事故、一般事故，负责事故调查的人民政府应当自收到事故调查报告之日起 15 日内做出批复；特别重大事故，30 日内做出批复，特殊情况下，批复时间可以适当延长，但延长的时间最长不超过 30 日。

11.5.2 法律责任

事故发生单位主要负责人有下列行为之一的，处上一年年收入 40% 至 80% 的罚款；属于国家工作人员的，并依法给予处分；构成犯罪的，依法追究刑事责任：

（1）不立即组织事故抢救的；

（2）迟报或者漏报事故的；

（3）在事故调查处理期间擅离职守的。

11.5.3 处罚细则

（1）事故发生单位及其有关人员有下列行为之一的，对事故发生单位处 100 万元以上500 万元以下的罚款；对主要负责人、直接负责的主管人员和其他直接责任人员处上一年年收入 60% 至 100% 的罚款；属于国家工作人员的，并依法给予处分；构成违反治安管理行为的，由公安机关依法给予治安管理处罚；构成犯罪的，依法追究刑事责任：

1）谎报或者瞒报事故的；

2）伪造或者故意破坏事故现场的；

3）转移、隐匿资金、财产，或者销毁有关证据、资料的；

4）拒绝接受调查或者拒绝提供有关情况和资料的；

5）在事故调查中作伪证或者指使他人作伪证的；

6）事故发生后逃匿的。

（2）事故发生单位对事故发生负有责任的，依照下列规定处以罚款：

1）发生一般事故的，处 10 万元以上 20 万元以下的罚款；

2）发生较大事故的，处 20 万元以上 50 万元以下的罚款；

3）发生重大事故的，处 50 万元以上 200 万元以下的罚款；

4）发生特别重大事故的，处 200 万元以上 500 万元以下的罚款。

（3）事故发生单位主要负责人未依法履行安全生产管理职责，导致事故发生的，依照下列规定处以罚款；属于国家工作人员的，并依法给予处分；构成犯罪的，依法追究刑事责任：

1）发生一般事故的，处上一年年收入 30% 的罚款；

2）发生较大事故的，处上一年年收入 40% 的罚款；

3）发生重大事故的，处上一年年收入 60% 的罚款；

4）发生特别重大事故的，处上一年年收入 80% 的罚款。

（4）有关地方人民政府、安全生产监督管理部门和负有安全生产监督管理职责的有关部门有下列行为之一的，对直接负责的主管人员和其他直接责任人员依法给予处分；构成犯罪的，依法追究刑事责任：

1）不立即组织事故抢救的；

2）迟报、漏报、谎报或者瞒报事故的；

3）阻碍、干涉事故调查工作的；

4）在事故调查中作伪证或者指使他人作伪证的。

（5）事故发生单位对事故发生负有责任的，由有关部门依法暂扣或者吊销其有关证照；对事故发生单位负有事故责任的有关人员，依法暂停或者撤销其与安全生产有关的执业资格、岗位证书；事故发生单位主要负责人受到刑事处罚或者撤职处分的，自刑罚执行完毕或者受处分之日起，5 年内不得担任任何生产经营单位的主要负责人。

为发生事故的单位提供虚假证明的中介机构，由有关部门依法暂扣或者吊销其有关证照及其相关人员的执业资格；构成犯罪的，依法追究刑事责任。

（6）参与事故调查的人员在事故调查中有下列行为之一的，依法给予处分；构成犯罪的，依法追究刑事责任：

1）对事故调查工作不负责任，致使事故调查工作有重大疏漏的；

2）包庇、袒护负有事故责任的人员或者借机打击报复的。

（7）违反本条例规定，有关地方人民政府或者有关部门故意拖延或者拒绝落实经批复的对事故责任人的处理意见的，由监察机关对有关责任人员依法给予处分。

（8）事故处理

对发生的建筑施工生产安全事故，建设主管部门应当依据有关人民政府对事故的批复和有关法律法规的规定，对事故相关责任者实施行政处罚。对因降低安全生产条件导致事故发生的施工单位给予暂扣或吊销安全生产许可证的处罚；对事故负有责任的相关单位给予罚款、停业整顿、降低资质等级或吊销资质证书的处罚。对事故发生负有责任的注册执业资格人员给予罚款、停止执业或吊销其注册执业资格证书的处罚。

第12章　国内外建筑安全生产管理经验

从世界范围来看，建筑业都属于最危险的行业，事故发生率远远高于其他行业平均水平。为了有效减少并降低伤亡事故率，世界上很多国家都相继建立了适合本国国情的建筑安全政策、法规及管理体系，通过在法律框架下政府对建筑业的管理，有效地降低了伤亡事故的发生率，取得了显著的成效。借鉴发达国家的先进经验，是迅速提高我国建筑安全生产水平的一个重要途径。每一个国家建筑安全的现状和发展都与其历史文化传统、经济发展以及技术管理水平有着十分密切的关系。研究和了解各国的不同做法和特点，有利于我们更深入和全面的理解建筑安全管理的目的与意义，有利于我们在汲取经验和教训的基础上探索自己的发展道路，但由于各国的政治经济体制和历史文化背景都有很大的差别，在运用国外的建筑安全管理的实践经验和成果时，应谨慎分析中国国情和目前建筑安全生产的实际。

12.1　世界各国建筑业安全状况

12.1.1　各国建筑业共同面临的建筑施工安全不利客观因素

建筑业之所以成为一个危险的行业，与建筑业本身固有特点有关。世界各国建筑业共同面临的对安全生产的不利客观因素主要有以下几个方面：

（1）建设工程是一个庞大的人机工程，在项目建设过程中，施工人员与各种施工机具和施工材料为了完成一定的任务，既各自发挥自己的作用，又必须相互联系，相互配合。这一系统的安全性和可靠性不仅取决于施工人员的行为，还取决于各种施工机具、材料以及建筑产品（统称为物）的状态。一般说来，施工人员的不安全行为和物的不安全状态是导致意外伤害事故造成损害的直接原因。而建设工程中的人、物以及施工环境中存在的导致事故的风险因素非常多，如果不能及时发现并且排除，将很容易导致安全事故。

（2）与制造企业生产方式和生产规律不同，建设项目的施工具有单件性（uniqueness）的特点。单件性是指没有两个完全相同的建设项目，不同的建设项目所面临的事故风险的多少和种类都是不同的，同一个建设项目在不同的建设阶段所面临的风险也不同。建筑业从业人员在完成每一件建筑产品（房屋，桥梁，隧道等设施）的过程中，每一天所面对的都是一个几乎全新的物理工作环境。在完成一个建筑产品之后，又不得不转移到新的地区参与下一个建设项目的施工。

（3）项目施工还具有离散性（decentralization）的特点。离散性是指建筑业的主要制造者－现场施工工人，在从事生产的工程中，分散于施工现场的各个部位，尽管有各种规章和计划，但他们面对具体的生产问题时，仍旧不得不依靠自己的判断和决定。因此，尽管部分施工人员已经积累了许多工作经验，还是必须不断适应一直在变化的人－机－环系统，并且对自己的施工行为作出决定，从而增加了建筑业生产过程中由于工作人员采取不安全行为或者工作环境的不安全因素导致事故的风险。

（4）建筑施工大多在露天的环境中进行，所进行的活动必然受到施工现场的地理条件、气候、气象条件的影响。在现场气温极高或者极低的条件下，在现场照明不足的条件下（如夜间施工），在下雨或者刮大风等条件下施工时，容易导致工人疲劳，注意力不集中，造成事故。

（5）建设工程往往有多方参与，管理层次比较多，管理关系复杂。仅现场施工就涉及业主、总承包商、分包商、供应商、监理工程师等各方。安全管理要做到协调管理、统一指挥需要先进的管理方法和能力，而目前很多项目的管理仍未能做到这点。虽然分包合同条款中对于各自安全责任作了明确规定，但安全责任主要由总承包商承担。

（6）目前世界各国的建筑业仍属于劳动密集型产业，技术含量相对偏低，建筑工人的文化素质较差。尤其是在发展中国家和地区，大量的没有经过全面职业培训和严格安全教育的劳动力涌向建设项目成为施工人员。一旦管理措施不当，这些工人往往成为建筑安全事故的肇事者和受害者，不仅为自己和他人的家庭带来巨大的痛苦和损失，还给建设项目本身和全社会造成许多不利的影响。

12.1.2　各国建筑业安全生产基本现状

建筑业在世界各国都属于高危行业。国际劳工组织（Internaltional Labor Organization, ILO）指出，"建筑业是世界主要行业之一，尽管该行业已经开始实现机械化，但仍然属于高度劳动密集型行业。在所有行业中，该行业是工人工作时面对的风险最多的之一"。

从各国发布的数据来看，不管是发达国家还是发展中国家，建筑业都属于高危险行业。如英国所有行业的死亡事故中大约有 1/3 发生在建筑业；美国每年有 22.2% 的死亡事故发生在建筑业。事故造成的直接和间接损失，已经占到了美国新建的非住宅项目总成本的 7.9% ～ 15%。日本建筑业的就业人口只占全部就业人口的 10%，但是却有接近 30% 的事故和超过 40% 的死亡事故发生在建筑业。发展中国家建筑业的劳动力比发达国家更为密集，平均完成同样的工作量大概需要 2.5 到 10 倍的工人，事故的数量也比发达国家多得多。如印度建筑业在 1972 年的 10 万人死亡率高达 600（是同期美国的 8.6 倍），而到了1991 年，该数字只有很轻微的下降。

图 12-1 是 2016 年中国与主要国家建筑业死亡人数统计，其中我国 2016 年建筑业（包括房屋市政、交通建设、电力工程等）死亡人数 3806 人。

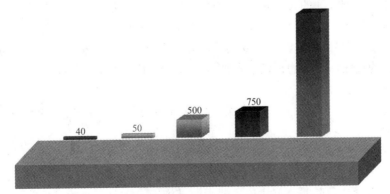

图 12-1　2016 年中国与主要国家建筑业死亡人数

12.2 国际公约及 FIDIC 合同条款有关施工安全的标准

12.2.1 国际劳工组织及其开展的职业安全健康活动

国际劳工组织现有 150 个成员国。保护工人免受"职业给他们带来的疾病和伤害"是国际劳工组织宪章赋予该组织最基本任务之一。因为国际劳工组织是把政府、雇主和工人代表组织到一起的机构，也就是把直接关系到预防工伤事故和职业病的大多数人组织在一起。这样的组织结构有明显的优越性，使它的活动方式更加符合实际，并在某种国际水平上确定现实的工作重点，促使国际劳工组织的决定能在工作场所得以实现。为了帮助各成员国制定和执行各自的安全和保健措施，消除和减少职业危害，国际劳工组织开展了多种多样的活动，见表 12-1。

国际劳工组织开展的职业安全健康活动 表 12-1

国家活动	国际劳工组织的活动
1. 立法	公约、建议书和在起草法律方面提供咨询
2. 规章制度	规章制度的样本、实践的样板和技术指导
3. 技术和医务检查	手册、指南、技术出版物和资料服务中心
4. 安全和保健机构的咨询	研究基金、训练班、讨论会、代表会、技术指导和合作、资料服务中心
5. 为雇主提供情报的活动及专家培训	座谈会、出版物
6. 工人教育	座谈会、出版物、直观教具

12.2.2 施工安全与卫生公约和建议书（Construction Safety and Health Convention）

1988 年 6 月 20 日国际劳工组织全体大会第 75 届会议分别通过了 1988 年施工安全与卫生公约和 1988 年施工安全与卫生建议书。施工安全与卫生公约的目的，是在一切施工活动中采取预防性的保护措施，防止各种事故和职业病，保护工人的安全和健康，公约规定了采取上述预防和保护措施的行动领域。公约适用于一切建筑施工活动，即建筑工程、土木工程、吊装及拆除工作，包括一切建筑工地从场地准备到项目竣工的所有工序及运输。公约规定，批准公约的各成员国应与最有代表性的雇主组织和工人组织商量应采取的措施，以使本公约各项规定付诸实施。公约特别规定了要通过法律、条例、标准或其他适当的方法（包括培训），使公约各条款实施，并使之持续有效，公约的主要内容如下：

（1）**雇主的责任、工人的责任权利义务、雇主和工人之间的合作**

1）雇主的责任

① 国家法律应要求雇主有义务遵循工作场所的安全与卫生规定，全面提供安全和卫生的工作场所；

② 雇主应落实国家法律或条例规定的安全和卫生措施，在保证职工安全与卫生方面承担责任与义务；

③ 在工人有紧急危险时，雇主应立即采取措施停止作业，并适当疏散工人。

2）工人的责任

国家法律或条例应规定工人有责任：

① 在执行规定的安全与卫生措施方面与雇主尽可能地密切合作；

② 注意自己的安全与卫生，也要注意可能由于自己工作中的行为或疏忽而影响他人的安全与卫生；

③ 使用供他们支配的设施，不滥用为保护他们自身或其他人而提供的任何东西；

④ 向直接管理人员或工人安全代表报告认为可能造成危险而自己又不能适当处理的任何情况；

⑤ 遵守规定的安全与卫生措施。

3）工人的权利和义务国家法律或条例应规定：

① 工人有权利和义务在任何工作场所，在他们所控制的设备和工作范围内参与确保安全施工的工作，并对已采用的可能影响安全与卫生的程序发表意见；

② 工人有权在有充分理由认为环境对其安全或卫生构成严重威胁时离开险境，并有责任立即通知管理人员；

③ 在信息和培训方面，工人应充分而适当地：

a. 获得他们在工作场所可能会遭遇到的安全与卫生方面危险的信息；

b. 获得就预防和控制这些危害以及人身保护措施的指导和培训。

4）雇主和工人之间的合作

应按照国家法律和条例规定的方式，采取措施保证雇主和工人之间的合作，以促使施工工地的安全与卫生。为了确保雇主和工人有组织地进行合作，建议书建议应根据国家法律和条例，或主管当局的规定，采取以下措施：

① 设立代表雇主和工人的安全卫生委员会，并赋予规定的权利和责任；

② 选择或指定工人安全代表，并赋予规定的权利和责任；

③ 由雇主指定具有一定资历和经验的人员来实施及督促安全与卫生工作；

④ 培训安全代表和安全卫生委员会成员。

（2）国家政策

1）各成员国应根据国家条件与惯例，并与最有代表性的雇主组织和工人组织协商、制定、实施和定期审查有关职业安全、卫生工作规定的国家政策。政策的目的是在合理及切实可行的范围内，把工作环境中危险因素减少到最低限度，以防止来源于工作、与工作有关或在工作过程中发生的事故和对健康的危害。

2）在制定国家政策时应明确规定公共机关、雇主、工人或其他有关人员在有关职业安全、卫生和工作环境方面的职能和所负担的责任。

（3）工作场所安全

施工中大多数工伤事故原因是高处坠落或材料设备造成的物体打击。混乱不堪的作业现场往往是造成此类事故的主要原因。因此公约对于工作场所安全提出以下规定：

1）应采取一切适当的预防事故的措施，以确保所有工作场所安全，消除妨碍工人安全和卫生的危险。

2）应提供和保持进出所有工作场所的安全通道，在适当地方加以标记。

3）应采取一切适当的预防措施，保证建筑工地的人员或其附近的人员免遭工地可能发生的一切危险。

实行上述措施的途径和办法：

① 施工工地应建立和实施施工现场管理计划，包括以下规定：

a. 材料和设备的适当存放；

b. 定期清除废物与垃圾。

② 在不能用任何其他办法保护工人避免从高处坠落的情况下，应安装和保持合适的安全网或安全挡布，并应提供和使用合适的安全带。

③ 雇主应加强对工人的培训和教育，使工人能正确使用劳保工具。劳保工具及防护服应符合有关部门指定的标准，尽可能考虑人类工程学原理。

④ 施工机械设备应由合格人员逐个检查，保证安全。国家法律和条例应考虑由于设计时未考虑人类工程学原理而设计的机械、设备和系统所引起职业危害的事实。

4）应教育工人遵守脚手架、提升设备和传送设备、土方运输和材料装卸设备等固定装置及机械设备的安全使用规定。

5）应广泛宣传几种危险作业（高空作业、水下作业、拆除作业等）的安全生产规定。

6）应教育工人遵守挖掘工程、竖井、土方工程、地下工程和隧道、结构框架及模板、围堰和沉箱的安全生产规定。

7）应教育工人遵守预防电气伤害的规定

① 一切电气设备与装置应由合格人员施工、安装与维修；

② 施工前和施工期间采取适当步骤查明工地中的地下、地面上空任何通电的电缆或电器所在位置，并防止其对工人造成危险；

③ 在建筑工地铺设和维修电缆或电器，应遵守国家级的技术规则和标准。

8）创建安全的劳动环境

① 主管当局应按照国家法律或条例在规定的时期内监测工作环境，并对工人的健康状况作出评估。

② 对于使用有害于工人健康的化学、物理或生物物质，应该：

a. 让使用者了解有毒物质对健康的危害及正确使用方法，因此建议书作如下建议：

（a）主管当局应建立情报系统，根据全世界的科研成果，向建筑师、承包商、雇主和工人代表提供关于在建筑业中因使用有害物质而伤害健康的情报；

（b）建筑业所用产品的生产厂家和商人，在提供产品的同时，应提供与其产品有关的危害健康的情报，以及应采取的预防措施；

（c）在使用含有害物质的材料与清除和处理废物时应按照国家法律或条例严格保障工人和公众的健康，保护环境；

（d）凡采用新的产品、设备或工作方法时，应特别提醒工人注意安全与卫生，并注意必要的培训；

（e）有害物质应有明确的标志，应贴上标签说明有关的特点和使用方法，应按国家法律或条例以及有关部门的规定对有害物质进行处理；

（f）主管当局应当确定哪些有害物质禁止在建筑业使用。

b. 接触有害于工人健康的化学、物理或生物物质时，公约规定了以下预防措施以避免接触：

（a）尽可能以无害或危害较小的物质取代有害物质；

（b）采取适用于装置、机械、设备或加工过程的技术措施，以密闭使用化学物质；

（c）在不可能遵守上述 a）或 b）时，采用其他有效措施，包括使用个人防护用具及防护服；

（d）对有关危险气体所采取的措施应当包括事先有书面证明或取得有资格的人员同意或通过任何其他形式的文件，以表明可进入可能有危险气体的场所，并在履行特定的手续后方可进入这些场所；

（e）主管部门应为有接触离子辐射危险，特别是在核能工业中从事维护、改造和拆除建筑的工人，制定并执行严格的安全条例。

③ 施工工地上，在工人可能经过的每一个工作场所和任何其他地方均应提供充分和适用的照明，需要时提供手提式照明设备。

9）个人防护用品、防护服、福利设施、急救设施

① 个人防护用品及防护服

即使在方案规划及作业设计阶段考虑到了所有预防措施，进行建筑施工时，在大多数情况下还是需要某些个人防护用品和防护服，以控制工人所面对的危险。但使用个人防护用品存在下列不利因素：

a. 佩带个人防护用品可能引起工人不舒适且降低作业效率；

b. 要求额外的管理以检查个人防护用品防止其损坏；

c. 使用个人防护用品一般比采取防护措施费钱。

总之在大多数情况下消除隐患比使用个人防护用品更安全更经济。因此在一切可能的情况下，应优先采取措施，消除潜在危险。当使用个人防护用品保护工人的安全和健康时，必须有正确的贮存、发放、装配、培训、佩戴、检查、维修、保养和更换计划。因此，1988 年施工安全及卫生公约作了如下规定：

（a）如采用其他方法无法保证工人免遭事故伤害或损害健康的危险时（包括处在有害环境时）雇主应按国家法律或条例的规定，根据工种和危险的类别，向工人提供人身防护用具和防护服，并加以维护，费用不由工人负担；

（b）雇主应为工人提供适当方法，使其能使用个人防护用具并应保证这些用具的恰当使用；

（c）人身防护用具和防护服应符合主管当局规定的标准，并尽可能考虑人类工程学原理；

（d）应要求工人正确使用和保管好供他们使用的人身防护用具和防护服。

② 福利设施

建筑行业工作艰苦，体力劳动繁重，环境既危险又脏乱。福利设施是良好工作条件的重要组成部分。良好的福利设施不仅能改善工人福利，而且也能提高作业效率。公约和建议书对此提出以下规定及建议：

a. 应在每一施工工地或在其合理就近范围提供充足的卫生的饮用水；

b. 应向每一施工工地或在其合理就近范围，按工人人数及工期长短，提供及维护以下福利设施：

（a）为男女工人分别提供卫生间和盥洗室；

（b）更衣、存放和晾衣服设施；

（c）就餐条件和在恶劣气候条件下暂停工作时的休息场所；

（d）在适当情况下，根据工人的人数、工作日数及工作时间和地点，应在建筑工地及其附近提供能获得或准备食品饮料的适当设备；

（e）当建筑工地远离工人的家，而在工地和工人的家之间又不具备良好的交通条件时，应在工地为工人提供适当的住所，并为男女工人提供分开的卫生间、盥洗室和卧具。

③ 急救设施

a. 雇主保证随时提供急救服务（包括训练有素人员）。应作出安排，保证运送遭遇事故或急病的工人去医院；

b. 主管卫生当局和最有代表性的有关雇主组织和工人组织经过磋商后，根据国家法律规定，提供急救设施和人员；

c. 在有溺死、窒息或电击危险出现的工作中，急救人员应掌握抢救技术，并熟悉营救程序。

10）事故报告

国家法律或条例规定在一定时间向主管部门报告工伤事故和疾病的情况。

11）履行公约

为了确保公约的实施，1988年施工安全与卫生公约规定：

① 各成员国应采取一切必要措施，包括规定适当的惩罚和纠正措施，以确保有效地执行本公约的各项规定；

② 依照本公约适当检查所采取的实际措施，并就如何进行检查提出相应的办法或查明是否开展适当的检查工作。

12.2.3 FIDIC（1999年版"新红皮书"）职业健康卫生与安全及环保管理相关条款

FIDIC合同是国际土木工程在项目招标、投标、签订承包合同、以及费用支付、工程变更、价格调整和索赔等方面具有国际权威的通用标准，因而被称为"土木工程合同的圣经"。本份以FIDIC合同的规定为主线，在此基础上归纳了业主、承包商以及工程师（类似我国监理工程师）的安全责任、安全义务以及各自安全管理职能，见表12-2。

职业健康卫生与安全及环保管理相关条款表   表12-2

项目	条款
2.3	雇主应该保证在现场的雇主人员配合承包商工作，并遵守有关安全和环保规定
4.1	承包商应对其现场作业以及施工方法的安全性和可靠性负责
4.8	向承包商提出安全施工的规定
4.14	承包商应避免施工过程中对公众等产生不必要的或不当的干扰
4.18	承包商应采取一切适当措施，保护现场内外环境
4.22	承包商有责任处理好现场安保
4.23	承包商应使现场和工程井井有条，处于清洁和安全的状况
6.4	承包商应遵守所有适用于承包商人员的相关劳动法，并且要求其雇员遵守所有适用的法律
6.5	除正常工作时间以外，为保护生命和财产，或为工程安全，承包商可以加班工作，但应事先通知工程师
6.7	承包商应采取合理的预防措施，维护承包商人员的健康和安全

项目	条款
6.11	承包商应始终采取措施，保持人员、现场和财产的安全和安定
7.6	工程师可指示承包商实施因意外等原因引起的，为工程安全急需的任何工作
10.4	地表需要复原，尤其有绿化方面规定的时候
11.7	缺陷通知期内，基于安保原因，雇主可对承包商的进入权进行合理限制

12.3　各国建筑业安全法律法规

12.3.1　美国《职业安全与健康法》（OSHACT）摘要

美国于 1970 年颁布的《职业安全与健康法》（Occupational Safety and Health Act，OSHAct）是美国第一部在全国实行的专门针对职业安全与健康的法律，也是现有的职业及建筑安全与健康法规体系的核心。它是美国职业安全与健康管理局（OSHA）进行安全与健康管理的法律依据。该法令的宗旨是通过执行在该法令基础上发展起来的各项标准，帮助并鼓励各州作出努力以确保安全与健康的工作环境，为职业安全与健康领域提供科学研究、情报资料和教育培训，来保证全国每个劳动者的安全与健康。

在所有的 OSHA 标准中，与建筑安全监督管理关系密切的包括 29CFR1903：检查、起诉和惩罚；29CFR1904：记录与汇报职业伤害与疾病；29CFR1910：一般行业中的第十二部分建筑工程；29CFR1926：建筑安全与健康法规。其中，29CFR1926 作为建筑安全与健康标准，分为 26 个部分。从一般的安全健康规定、到环境控制、个人防护用品和急救工具、火灾预防、标识和遮挡、材料处理和堆积等等建筑施工的各个环节，都规定了详细的关于建筑施工的各项细则。

（1）工地现场检查

1）检查的权力

美国安全与健康局（OSHA）官员有依照 OSHACT 对作业现场进行检查的权力，在向雇主出示相关证件后，官员有以下权力：

① 在任何合理的时间内，不受阻拦地进入任何工地以及周围的环境，进行安全与健康的检查；

② 在一般的工作时间和合理的时间内，以合理的方式检查和调查雇主的作业场所、工作条件、环境、建筑、机械、设备、仪器；并可私下询问雇主、业主、操作人、雇员和代理人。

2）检查的程序

检查可基于调查一起事故或雇员对现场工作安全状况的"抱怨"而进行。

① 检查前不通知雇主，检查官员也不能把检查的消息告诉雇主。此外，也有事先通知的检查，但检查的通知只能在检查前不超过 24 小时内送达雇主。

② 检查前的准备会议：在会上检查官员首先说明为什么挑选此项目作为检查对象；然后官员确认此项目是否得到过 OSHA 的咨询，是否有"执行变更"的豁免权等，如符合

其中一项，则检查到此结束。否则，官员接着介绍此次检查的目的、范围、内容和参照的标准，并向雇主提交一份参照标准、规范的副本以及雇员对现场健康与安全方面的不满和意见。

③ 现场检查：有一位雇员代表陪伴官员进行检查工作，但代表并不陪伴官员完成每个检查。在没有代表陪伴时，官员要与许多其他雇员交流现场安全与健康方面的问题，交流要最大限度地不影响工作。准备会议结束后由官员决定检查的路线和方式。可以查阅各种记录、拍照和使用工具，但不能泄露商业机密。官员将检查关于健康和安全的记录以及是否认真完成 OSHA NO.200《工伤和职业病的记录和总结》有关公告的事项。

如在检查过程中，官员发现了安全与健康隐患，将向雇主提出，并将应雇主的要求提出相应的改正措施和方法。如现场发现明显违反标准的问题，官员将在现场指导改正，但即使已改正，官员也要记录下违规行为作为以后法律处理的依据。

④ 总结会议：完成所有的检查后，将召开由官员、雇主、雇员参加的总结会议。在会上，讨论存在的问题及解决途径。官员将向雇主提出在检查中发现的明显的违规情况以及雇主可能会承受的公诉，并会详细告诉雇主他有怎样的上诉权，可得到的资料和上诉的程序，但不会暗示雇主任何可能受到的处罚。

最后，官员会告诉雇员 OSHA 的各办事处能提供的各种服务，包括咨询培训以及安全与健康方面的技术。

3）罚则

① 不很严重违规：直接影响安全与健康但不会造成死亡和重伤，处以 60 ~ 7000 美元罚款。

② 严重违规：直接影响安全与健康而且极可能会造成死亡和重伤，处以 7000 美元罚款。以上两项依据雇主的改正态度、违规记录和业务规模可有定一折减。

③ 故意违规

a. 每种违规处以 5000 ~ 7000 美元罚款，依据雇主改正的态度，违规记录和业务的规模可有一定折减。

b. 如有意违规造成雇员死亡，依靠法庭的处理办理，承受罚款或者判刑，或者两者兼有之。雇主若是个人，罚款最高额为 25 万美元，雇主是企业的为 50 万美元，还可能有刑事处分。

（a）再犯：如在雇主的违规记录中发现类似的违规情况，则视为"再犯"。每种"再犯"可能会被处以 1 万美元罚款而且上诉可能性很小；

（b）未改正违规情况：如判决后仍不改正，则每天都会被处以 7000 美元罚款；

（c）篡改记录：处以 1 万美元罚款或半年监禁或两者兼而有之；

（d）违反公告要求：处以 7000 美元罚款；

（e）攻击检查官员或阻止、反对，妨碍以及干涉官员的工作，处以 5000 美元罚款，以及 3 年以下监禁。

（2）健康和安全记录及报告

1）概述

任何雇佣 11 人以上的雇主都要保持连贯的工伤和职业病记录。

工伤包括在工作中或在现场作业环境中造成的抽筋、扭伤、割伤、骨折或截肢等。职业病包括除了工伤以外的因不寻常的作业环境而造成的各种疾病，例如由于接触、直接呼吸各种有毒物质引起的过敏和急慢性疾病。

只要发生 1 人以上（包括 1 人）死亡以及 5 人以上住院事故都需要向 OSHA 办事处报告。

每个机构（即项目）都要对工伤及职业病作相关记录。参与此项目的单位可能有几十个，但它仍是一个机构，记录以年为时间单位。记录不必送 OSHA，但在雇主处保存 5 年以上，当检查官员需要时随时出示。

2）工伤和职业病记录要求

① 必须记录的情况

a. 职业病：只要是职业病就必须作记录。

b. 工伤：出现以下情况必须记录：

（a）死亡：无论受伤和死亡间隔时间多长，只要由于此项受伤引起死亡，就必须作记录；

（b）由于工伤导致 1 天不能工作；

（c）由于工伤使得行动和工作受到限制；

（d）失去知觉；

（e）由于工伤需转作其他工种；

（f）必须接受医疗护理。

② 记录的格式

a. OSHA No.200《工伤和职业病记录和总结》必须在事件发生后的 6 个工作日内记录完毕。

b. OSHA No.101《工伤和职业病的补充记录》，这个记录是有关工伤和职业病所有的详细记录。也必须在事件发生后的 6 个工作日内记录完毕。

3）年度审查

每年年底 OSHA 向所有被选入参加年度统计调查的机构（项目）发出通知要求提供记录报告，这些项目的雇主，应根据 OSHA No.200 提交相应的记录报告。

4）要求进行公告

OSHA No.200 的末页是工伤和职业病的总计及相关的统计分析。雇主必须在次年的 2 月 1 日前，把该页的复印件张贴公告，并保持到 3 月 1 日，应使所有雇员都能方便地看到公告。即便上一年的工伤和职业病总数为 0 也要公告。

5）记录的查询

所有雇员都有权向雇主查询有关危险物品的记录以及他们自己的健康检查结果的记录。

（3）雇主的义务及权利

1）义务

① 雇主应向工人提供不致造成工人死亡或严重伤害的工作场所，此外工作场所应符合标准、法规的要求；

② 雇主应熟悉 OSHA 的强制性法规并向工人提供复印件；

③ 雇主应向工人提供有关 OSHA 的信息；

④ 对工作地点条件进行研究，以确信工作地点条件符合现行标准的要求；

⑤ 消除或减少危险；

⑥ 确信工人拥有并使用安全的工具及设备，包括个人防护设备，并且确信这些设备被正常保管及运转；

⑦ 使用有颜色的标志，向工人提出关于潜在危险的警告；

⑧ 制定或修订操作程序并向工人传达，以使工人遵守安全和卫生要求；

⑨ 当 OSHA 标准提出要求时，向工人提供体检；

⑩ 当出现死亡事故或导致 5 个及 5 个以上工人住院治疗时，向最近的 OSHA 办公室报告；

⑪ 对于雇用 11 人及 11 人以上的雇主，保存有关 OSHA 所要求的工伤和职业病记录，并于每年 2 月将抄件邮寄；

⑫ 在工作地点的显著位置张贴 OSHA 宣传画以向工人提供有关他们的权利和责任的信息；

⑬ 在合理时间以合理的方式，向工人及工人代表提供使用工伤及职业病表格及汇总表的方法；

⑭ 通过向 OSHA 官员提供已被批准的工人代表的名单而实现和 OSHA 的合作。在 OSHA 官员视察时可能要求有工人代表陪同；

⑮ 不得歧视依法正确行使他们权利的工人；

⑯ 在工作地点或接近工作地点的地方，张贴 OSHA 的传票或抄件，直至已改正违反法规的做法；

⑰ 在规定的期间内改正已公布的违反法规的行为。

2）权利

① 向最近的 OSHA 办事处提出书面的咨询申请；

② 积极参与产业协会有关健康与安全问题的讨论；

③ 在有通知的检查之前有权得到通知并知道大致的要求；

④ 在检查官员检查时有权参加检查前或检查后的会议，有权陪伴官员检查，有权得到官员的建议；

⑤ 有权在收到起诉书的 15 天内向最近的 OSHA 办事处抗辩；

⑥ 有权申请临时的或永久的"执行变更"；

⑦ 积极参与 OSHA 委员会有关安全与健康的讨论，为提高安全与健康水平而提出在规范及制度方面的改进意见；

⑧ 有权保证自己机构（项目）的商业机密在受到检查或咨询后不会被泄露出去；

⑨ 向国家安全与健康研究所（NIOSH）提交申请，询问自己的机构（项目）是否受到有毒物质干扰。

（4）雇员的权利和义务

1）义务

① 阅读现场 OSHA 的告示；

② 遵守 OSHA 所有的有关规范；

③ 遵守雇主的健康与安全管理规章条例，在现场作业时佩戴安全防护设备；

④ 向主管报告潜在的危险；

⑤ 及时向雇主报告工伤及职业病，并及时进行适当的处理；

⑥ 在检查官员问到具体的安全与健康方面的问题时，应配合官员工作。

2）权利

① 有权监督检查雇主应准备的 OSHA 的规范、标准以及雇主应遵守的要求；

② 有权向雇主索要作业区内的安全与健康隐患的信息、预防措施以及发生意外事件时的处理程序；

③ 在健康与安全方面得到充分的培训和信息；

④ 如雇员认为自己作业的现场有安全与健康方面的隐患，有权要求 OSHA 的官员对此情况进行调查。在向 OSHA 书面报告上述情况时，雇员有权不使雇主知道姓名；

⑤ 有权要求自己所选举的代表陪伴检查官员进行检查；

⑥ 有权要求参加检查后的会议。

（5）OSHA 的咨询服务

OSHA 的咨询服务免费帮助雇主建立和完善旨在预防的安全与健康管理体系。咨询的范围包括机械系统，现场的作业环境和作业程序等所有和安全与健康有关的方面。雇主还能得到培训和教育的服务。所有的咨询服务都是应雇主要求而提供的。在进行咨询时，发现雇主的违规行为不会对雇主处以惩罚，而且咨询员有义务为雇主保密。获得过咨询的机构（项目）在改正了违规行为并建立和贯彻了安全与健康的管理体系后，还有可能得到一年免受检查的权利。

12.3.2　英国有关安全与健康法规

英国现行的职业安全与健康法律法规和技术标准体系是自 1974 年《劳动健康安全法》（Health and Safety at Work Act, HSW Act）颁布开始逐渐引入的。该法令被认为是英国职业安全和健康的一个分水岭。它反映了 1972 年 Robens 报告的部分建议，鲜明的提出了"谁造成工作中的危险，谁就要负责对工人和可能被波及的公众的保护"的观点。该法案还指明 1974 年之前通过的法律应逐渐由新的法规体系所取代。在随后的三十年发展过程中，英国逐渐形成一套比较灵活的职业安全和健康的法律体系。这套体系以《劳动健康安全法》为核心，行政法规提出目标和原则，而官方批准的实践规范和指南则给出了具体的实施方法和手段。

在这些行政法规中，和建筑业关系非常密切的主要是以下三部条例：

（1）《工作安全与健康管理条例》（Management of Health and Safety at Work）（1992 年颁布）

《工作健康与安全管理条例》，又称为管理条例。该条例来源于欧盟 1989 年通过的工作健康与安全指示（框架）（Health and Safety at Work Directives 89/391（Framework））。它规定了雇主和雇员的安全责任，尤其要求雇主进行谨慎的风险评估。对雇主责任的具体规定：

1）对雇员及其他可能受项目影响的第三方所面临的风险进行正确的估计和评价，为采取预防和保护措施作准备。拥有 5 名以上雇员，则必须记录风险评估中发现的重要信息；

2）保证风险评估后的预防和保护措施的有效贯彻执行。安全与健康管理的步骤包括计划、组织、控制、领导和检查；

3）只要通过风险评估确认是必要的，雇主应设立适当的雇员健康监督职位。雇主应指定合格人员执行《工作健康安全法》中各项义务；

4）设立紧急事件的处理程序；

5）向雇员及临时雇员提供有关安全与健康方面相关信息；

6）保证雇员在安全与健康方面受到充分培训；

7）应依照培训和指导书的要求向雇员提供合适的设备、报告危险场所、报告安全与健康安排中的缺点和弊病；

8）在同一现场工作时，应与其他的雇主协作，共同执行必要的预防和保护措施。

（2）《建筑（设计与管理）条例》

该条例来源于欧盟的临时或移动建筑工地最低安全健康要求指示（The implementation of minimum safety and health requirements at temporary or mobile construction sites）EEC92/57。

该条例是针对《工作健康与安全管理条例》在建筑业方面有关雇主、计划总监、设计者和承包商的责任和义务进行的补充和完善。针对安全与健康，该条例重新规定了雇主、计划总监（planning supervisor）、设计师和承包商应承担的责任和义务，并对影响项目的各个方面、从项目立项到交付使用的各个阶段，详细阐述了各方的具体责任和义务。它主要有以下一些基本原则：

应该从建设项目开始阶段就一步一步地、系统地考虑安全问题；建设项目上的所有人员都应该对安全与健康有所贡献；从项目开始阶段就应当对安全与卫生管理进行适当的规划和合作；对项目安全问题的规定和控制应当由可以胜任的人员完成；应当保证项目所有参与方的充分交流和信息共享；对于安全和健康信息必须做正式记录以备将来使用。

该条例要，业主在项目施工活动开始之前，必须任命一名计划总监（planning supervisor）并将被任命的计划总监的相关信息告知 HSE；计划总监必须准备一份招标前的健康与安全计划（pre-tender health and safety plan）。业主可与设计机构讨论合适的计划总监的人选。此外，在现场施工过程中，如果现场有两个或多个承包商，业主必须任命一个主承包商（prime contractor），该承包商必须负责准备一份项目施工中的健康与安全计划（construction-phase health and safety plan）。

该条例第一次对设计（Designer）提出了安全健康方面的法律责任。设计有四个方面的法律责任：

1）使业主明白其相应的安全与健康责任（如上所述）；

2）在设计时合理的考虑健康与安全；

3）为相关人员提供足够的与设计相关的安全与健康风险；

4）配合计划总监以及其他相关人员（如其他设计者）。

（3）《建筑（健康、安全和福利）条例》

该条例旨在通过对雇主及所有影响工程施工各主体的法律约束，保护建筑工人和可能受工程影响的人员的安全，该条例对现场的卫生与生活条件做了比较多的规定。其中特别强调了两个以上雇主在同一个施工现场工作时，必须相互确认其各自所承担的责任和义务。这一点特别适用于建筑业多个承包商共同工作的特点，比如总包商很容易忽视其脚手架分包商的搭建和拆除工程的安全控制 [80]。

2005 年英国在欧盟的临时高处工作指令（the EC Temporary Work at Height Directive（2001/45/EC））的基础上，制定了一部新的条例——《高处工作条例》（Work at Height

Regulations）[81]。该条例从原则上规定了高处工作时，相关责任人的职责：所有在高处的工作都经过必要的准备；需考虑天气因素可能带来不利于安全健康的影响；所有在高处工作的人员都经过了适当的培训等等。

12.4 国外建筑施工实现"零事故率"目标的经验

1993 年美国建筑业协会（CII）提出迈向"零事故率"的目标的号召后，国外建筑业在施工工地上已使用的最成功的方法总结出 170 条关键安全管理措施及方法，以帮助业主及承包商在工地上实现"零事故率"。在这些安全管理措施中，最有影响的是以下 8 个要素，下面进行归纳阐述。

12.4.1 项目实施前制定安全计划

发达国家的建筑企业非常重视施工过程中的安全计划。一般而言，根据施工过程的进展情况，对现场未来可能存在的隐患进行分析，因此又称为危险源分析或风险分析。有些企业开始采用一些定量的工具，对在哪些部位容易发生事故，事故发生的可能性、事故造成的危害大小、如何进行预防等措施进行定量打分，对超过允许范围的活动就要考虑相应的替代措施或进行额外的安全防护，一般包括以下具体内容。

（1）对所有新从事的过程全面进行危险性分析；

（2）认真实施工作前现场危险性评估计划，并要求所有工人班组每天在工作前在识别危险评估表上签字；

（3）在某些项目尝试召开工作前安全会议；

（4）某些工地由技工制订工作前安全计划而不是由工长制订。

12.4.2 全员参与安全教育培训

发达国家的建筑企业普遍认为，培训是一个企业安全体系的核心内容之一。公司在其安全方针中应该明确最低限度的安全培训要求。特别是对那些新工人。对一个工人的安全培训，至少应该包括以下内容：国家安全法规；企业安全政策；企业安全管理制度；安全操作规程；高风险的工作或活动；急救、防火等等。对于工人以及各级管理部门进行安全教育，是任何安全计划的重要组成部分，主要内容如下：

（1）应对顶层及中层管理部门进行安全基本原理的教育，以及有效的事故预防计划的迫切需要性的教育，事故成本也应引起管理部门的注意。大中型企业的顶层管理部门不必关心事故预防的详细机理，但必须对于基本原理有充分认识，以使其能主动支持安全部门及中下层管理部门实施安全计划。

（2）对安全视察员进行广泛的教育和训练，使其了解他们对于预防事故负主要责任。

（3）每个安全视察员对于他所负责的工人进行安全训练。训练方式可以是对个别人进行训练或定期地在工作地点召开安全会议。通过这样的做法，加强安全视察员和工人之间的结合。此外，由安全视察员对工人进行教育训练，而不是由安全管理部门进行，这样做可以避免发生安全管理部门对于工人训练内容和安全视察员逐日对工人教育内容之间的矛盾。安全会议的内容应包括：如何预防事故、事故原因、良好辅助工作的重要性，运输安全、急救、机械伤害、防火、个人防护设备的使用等。

（4）对工人进行安全教育的主要目标是：

1）提高安全意识；

2）使每个工人在自己工作中实施安全作业。

12.4.3 安全绩效评价与奖惩制度

发达国家（如美国、英国等）的安全绩效评价指标包括所谓先行指标（leading indicator）和延迟指标（lagging indicator）。政府通常要求企业保持事故的相关记录并报告给政府，从而采用事故数量和比例等延迟指标来进行安全绩效评价。在发达国家，除了采用事故数量、比例等延迟指标来评价项目的安全绩效之外，也有建筑企业采用包括隐患、不安全行为等先行指标来进行安全绩效评价。如金门建筑公司，开始对现场工人的不安全行为进行记录并且采取干涉手段降低工人不安全行为的发生比例。在学术界基于行为的安全研究（Behavior Based Safety, BBS）也正在成为学术界关注的重点。

多数公司同意，对于工人的安全表现进行鼓励及奖赏可以影响工人的行为。因此即使这样做使成本增加也是值得的。发达国家的建筑企业不管是对于个体的工人，还是班组和项目，都根据其安全表现给予相应的奖惩。安全奖惩对于降低企业的事故来说至关重要，如美国的 Levitt 曾经对旧金山湾区的承包商做过研究，发现那些安全奖惩的制度覆盖面越广的企业，其总可记录事故率越低。

12.4.4 重视事故调查

所有公司都认为，事故调查对于改进安全管理是重要的。事故调查可提供有意义的信息，使用这些信息可有效地减少甚至消除可预见的危险性。安全视察员对于事故进行调查，以查明事故并且确定为了避免事故再发生应采取什么特定的补救措施。除了安全视察员对事故进行调查外，施工企业的安全管理部门也应对事故进行更深入细致的调查。安全部门应定期地对已发生的工伤事故进行汇总，并且按现场、部门、工作班、事故原因、工伤类型、是否残废等等来区分工伤事故。通过对逐年工伤事故统计记录的比较，以及对于需要进一步采取管理行动的评价，来查明在哪些方面必须做进一步努力，以改善安全状况。一些公司在这方面的改进是：

（1）对项目管理人员以及工长进行事故调查训练及根本原因分析训练；

（2）较高的管理层也参加事故调查，组织一组人员进行事故调查而不是仅由一个人进行；

（3）一些公司采用友善的方式进行事故调查，以取得有价值的信息；

（4）在事故调查时集中于寻找事实，而不是寻找错误；

（5）增加工人参加调查的力度，并且建立在工作地点对工人建议进行跟踪的体系；

（6）改进事故调查报告的编制，采用正式的书面报告，公司董事长对于所有导致工作时间损失的事故的调查进行领导，并对每个可记录的事件进行评议。

12.4.5 改进分包商的安全管理

发达国家建筑业的分包现象相当普遍，房屋建筑的分包商甚至能完成工程量的 80% 到 90%。发达国家的建筑企业对分包商的安全与健康管理一般是要求纳入总包商的管理，甚至在某些国家的法律中有强制性的要求，如英国要求所有的工地都必须指定一个计划总监，负责把所有的分包商纳入整个总包商的安全与健康管理的范围之内。但是，由于一般项目规模比较大，而且分包商种类比较多，因此分包商的安全问题是发达国家建筑企业面临的一个大问题。

分包商的责任是执行安全管理，以满足总承包商的要求及 OSHA 标准中规定的安全计划，但是不是所有的分包商都了解安全的重要性，某些分包商从未采取措施以提高工作环境安全水平。这样往往使总包商处于棘手地位。因此人们开始把注意力集中于使分包商从事安全管理及工人参与安全管理的议题上。

在这方面的典型例子是 Joe M. Wison. 在华盛顿特区西雅图市郊的医药厂工地上以及 RandallS. Harper 在东南得克斯瓦工公司的经验。由于成绩卓越，瓦工公司在 1997 年获得国家颁布的建筑业安全优质奖，全国只有 11 个施工公司获此殊荣。

（1）东南得克隆斯瓦工公司在工程项目中一般处于分包商地位，但公司管理层对于安全问题十分重视，尽管如此，由于管理层负担重，安全工作仍不得力。为解决此矛盾，他们找到了一个关键途径即吸收工人参与各阶段的安全管理。他们认为，工人比雇主更了解工作地点的危险，工人的参与能使他们增强主人翁意识并加强责任感，他们愿意实现他们所提的建议。因此工人的参与有助于取得工人的支持。他们的经验阐述如下：

1）建立由技工组成的安全委员会。安全委员会定期对他们的工作地点进行评价，并在定期安排的会议上和管理层进行协商。安全委员会帮助推进安全预防、并且帮助公司的安全管理人员来调查，并报告在他们工作领域内的安全缺陷。他们在自己的工作地点进行安全视察，以了解是否遵守安全法规、现场是否保持整齐及有条不紊、防护设施是否被正确使用、有危险地点的危害是否被消除，委员会成员定期地对改进公司的安全提出建议。此外要求所有工人互相照顾，并且特别要求有经验的工人对新工人进行照顾。

2）降低工人的流动性：建筑业中工人的高度流动性可能是建筑工人伤亡事故较多的原因之一，高度流动性使得工人难以适应不断改变的工作环境，以及不同雇主所提出的不同要求，因此他们往往难以识别工作地点的危险及进行自身的保护。由于工人流动性大，有时当劳动力不足而工作任务繁重时，要求工人每天工作 24h，因此更加重了安全上的问题。瓦工公司为降低工人的流动性，并在公司内保持一个稳定的工人队伍，对公司的人力需要量进行每日及每周的详细分析。当某工作地点需要劳动力时，从其他工地调入，以保持整个公司的劳动力相对均衡。从而避免频繁地解雇多余的劳动力或招收新劳动力。采用这样的人力调配机制后，使得在全公司范围内保持劳动力稳定，这样可提高工人对安全的认识，降低训练费用，而且工人懂得他们应做什么，从而形成较安全的生产率高的工作环境。

3）良好的现场管理程序。瓦工公司良好的现场管理程序可进一步减少工作地点的事故。他们在各个层次（从管理层到工人）都强调此问题。公司的安全代表及工人安全委员会对此进行监督，而现场负责人认真执行。在定期召开的安全会议上及现场负责人会上，强调指出被忽视的以及不正常的工作地点，并要求改正。

瓦工公司作为分包商，在和总包商 Bechtel 公司合作的若干项目中，Bechtel 公司也推行此政策，在安全会议上讨论各种工地安全问题，包括对于现场管理情况的评价。

4）工人的安全训练

① 新工人训练，着重进行公司安全方针的教育，以使新工人了解工作地点的安全状

况并认识遵守安全规程的重要性。

② 重要机械及有潜在危险的手持工具的安全操作，工人通过训练取得操作许可证。

③ 急救，正确使用灭火器，正确的举重操作（以防止背部受伤），挖土安全等训练。

5）施工前及每周安全评价

① 施工前，由现场负责人使用标准的检查表，对于有潜在危险的工作地点以及对工人有害的问题进行评价。这样工人能了解一个特定项目所潜在的危险。

② 现场负责人召开某工作队的周"工具箱"安全会议，讨论预先准备好的安全问题，包括潜在的危险及有害的工作条件。工人的参与是关键，每个参加会议的工人都积极主动参加讨论，使会议取得较好的效果。有时现场负责人把选择讨论题目的任务交给工人，更能调动工人的积极性。所讨论的问题反馈到每周安全会议及领导部门，供安全负责人进行评价后，在公司范围内推广。

③ 安全用具：在精炼及化工工厂施工的每个工人都必须穿着阻燃外衣。此外提供正确使用安全帽，安全眼镜及重型皮工作靴的指南，建议每个工人使用钢护脚趾的鞋。还向工人提供面罩，护发罩、手套等。

（2）在 Seattle 市郊一个医药厂工地上，如前所述，分包商对于安全问题往往不重视，甚至违法，以实现项目的进度计划。为了实现安全管理，要求每天早晨召开总承包商所管辖的工人的"工具箱"安全会议，部分分包商的工人也参加此会议。由工长及工地管理人员讨论当日要进行的工作的相应的安全信息。后来要求分包商也召开上述会议。开始时此方法取得了效果。但随着工程进展，工人增多，对现场的安全控制变得较困难。此时分包商忙于赶进度，停止了"工具箱"会议。

于是总承包商除了继续举行"工具箱"会议外，每周召开工长安全会议，讨论与项目进度相应的安全信息以及各工种之间可能出现的矛盾，以减少潜在危险，并提高工作地点的安全水平。在上述会议前一天，要求各工种轮流主持安全视察，因此各分包商和总包商一起分担了安全计划的实施。安全视察报告首先提交给工地负责人，负责人就视察结果和视察人员讨论后再和工长讨论。对于发现的问题，及时处理。开始时分包商对此做法接受得较慢，后来分包商的积极性被调动起来，他们不要求对他们进行安全视察所耗费的时间支付费用，而且令人惊讶的是，大多数分包商对于他们的安全实施的反馈表示欢迎。此方法的进一步进展是，工人参与安全评论，不但重视熟练工人及工长的评论意见。而且也重视徒工的评论。聆听其对安全意见并应用他们的输入信息对于工地安全管理上是极有价值的。事实证明，这是安全管理计划的关键部分。在此项目延续一年半的施工过程中，未发生损失工时的工伤事故。

12.4.6　在设计中考虑施工安全

众所周知，设计工程师在工程项目设计过程中应认真考虑安全性，即保证工程项目在其寿命期的使用过程中将不危及人身及财产安全，也不至于损害人们的健康。近来英国对设计工程师在安全性的考虑方面提出更广泛的要求，即在工程项目设计时，要考虑施工人员的安全。由于设计工程师在工程项目中起关键作用，必须考虑从事施工、修理、维护的人员的安全及健康，甚至考虑如何拆除建筑物（构筑物），例如：

（1）英国的统计资料表明，1995～1996 年，工地伤亡事故中的 56% 是由于人员从高处坠落。所以设计工程师应考虑（如有可能）尽量采用在地面上预制并组装好的构件以减少高空作业，从而降低从高处坠落的风险。

（2）装配式结构潜在危险，在完工时墙体是稳定的，但在安装过程中可能处于不稳定状态。传统的情况是将此问题留给承包商或施工安装人员去解决，这是不正确的。设计工程师在图纸说明及详图中应提醒承包商，建议应设置临时支撑，规定支撑位置及应保留时间。又如设计工程师在检查结构装配详图时，应审核详图设计中采用的原理及结构节点实际可能承受的荷载，例如在钢结构处于正常使用条件时，采用两个固定螺栓来永久固定即可满足要求。但在安装过程的临时固定阶段（尤其在角柱）两个螺栓可能满足不了要求。应使制造者及安装者了解此问题并采取必要措施。

（3）油漆是一种有害源，设计工程师在指定油漆时，应选择对人体危害较小的品种。如达不到此要求，应在健康及安全文件中记录下来，以使承包商对此有所了解，并提出健康防范措施的建议。

12.4.7　发挥安全中介服务机构作用

安全中介服务机构是指具备特定资质，经过政府许可为生产企业提供安全方面的中介服务的专业机构（或个人）。各发达国家的安全中介服务机构以不同的形式出现。在有的国家，安全中介服务机构是市场化机构，以事务所、有限责任公司的形式出现；而在有些国家，安全中介服务是由非市场化的机构提供的。如德国的行业联合会就可被视为专业的安全中介服务机构，它从企业收取保险费，并将保险费的一部分用于为企业提供咨询和培训。

对建筑业企业而言，安全中介服务机构主要提供下面三种服务：

（1）受企业雇用，直接参与项目的安全管理。如在中国香港、新加坡等地普遍采用的安全主任制度。

（2）为企业提供安全方面的咨询建议。如为企业进行新技术的安全评价、协助企业建立职业安全健康管理体系等。这类工作往往由行业协会或专业社会团体承担。

（3）为企业提供安全培训。独立的第三方培训机构提供的安全培训在发达国家比较普遍。

目前香港特区和新加坡比较成熟的安全主任制度在实践中发挥了较好作用。安全主任是对建筑企业自身安全管理机构的有效补充，它直接受企业雇佣，参与项目的安全管理。以香港为例，在《工厂及工业经营（安全主任及安全督导员）规例》中规定，超过（含）100 名的工地必须雇用一名全职的注册安全主任。注册安全主任资质必须向香港职业安全健康局申请才能取得，而且必须具备相关专业的学历或证书方能被批准。由于安全主任实行的是派驻制，它自身不是企业的长期雇员，而它为自身的资质考虑，必须积极推动项目的安全管理，因此它是对项目自身安全管理机构的有效补充，特别是对安全意识不高的项目。

12.4.8　营造良好安全文化氛围

安全文化目前在发达国家中非常受重视。这和发达国家安全管理的发展是息息相关的。发达国家的安全管理大概可以划分为三个阶段：

第一阶段主要通过完善相关的法律法规，来规范安全生产的过程，降低事故率。

第二阶段开始关注企业的自我安全管理在提高安全水平中的作用，试图通过有效的系统安全管理方法来减少事故的发生。

第三阶段的关注点主要在人。在这个阶段，工业界的管理者和实践者发现，通过加强安全管理，确实可以使得企业安全绩效得到提高，但提高到一定程度以后，安全绩效便停滞不前。

所以，安全文化和安全氛围逐渐受到重视。政府和工业界都逐渐认识到，只有通过改变"人"对安全的态度和认知，才能够进一步提高安全绩效。因此发达国家目前安全文化方面的学术研究和工业实践都非常多，政府也采取各种手段促进安全文化的改善。

为改善企业的安全文化，发达国家的政府往往采取两方面的手段：一方面，他们通过提供各种咨询、培训和教育等提升企业的安全水平（这些咨询、培训和教育往往都是无偿的）；另一方面，他们组织企业参与各种安全促进活动，改善企业的安全理念和安全文化。下面进行详细的介绍。

HSE 每年发布大量的指南和出版物进行安全和健康方面的宣传和教育。在全国建筑科的 2004/05 年度的工作计划里面，有一项"促进提供培训者的一致参与"，提出要促进诸如 CIOB，ICE 等专业机构和研究机构在安全培训方面的参与。但有专家认为，HSE 对建筑业专业人员的培训仍然不够，如 HSE 知道土木工程师在本科教育中没有接受任何安全方面的培训，但是却无法改变这种状况。

OSHA 也很重视通过针对雇主和雇员的教育和培训来增强工作现场的安全意识。包括增加对工人的培训机会、增加基于电脑的培训和远程教育、发展和发布适于中小企业的培训和参考材料等。OSHA 有超过 70 个全时服务的实地办公室，提供许多种信息服务，如出版物、技术建议、视听辅助材料和高级讲师。OSHA 也通过各种宣传渠道和推广活动促进人们的安全意识。OSHA 除了向全社会提供很多印刷宣传品外，还非常注意对于网络资源的合理利用，使得雇主和工人容易通过网络得到相应的安全与健康信息和材料。

美国和英国一个很大的不同是，OSHA 在对现场进行检查的同时，还有专门的咨询员免费为雇主建立和完善健康、安全管理体系提供咨询服务。这些咨询员都是 OSHA 的专业人员，同时这些咨询服务的经费都由 OSHA 提供。咨询服务绝大部分是在现场进行。在进行咨询活动中发现的雇主的违规行为并不会被处以惩罚，而且咨询员有义务为雇主保密，不会将咨询过程中发现的企业和项目的违反安全与健康标准的情况向执法部门反映。同时，受过咨询的机构（项目）在改正了违规行为并建立和贯彻了健康安全的管理体系以后还有可能得到免一年的受检查的权利。咨询员的作用主要是帮助雇主建立和完善一套旨在预防的健康、安全管理体系。咨询的范围包括：机械系统、现场的作业环境和作业程序等所有与健康、安全有关的方面。雇主还能得到培训和教育的服务，但这些服务往往不在现场进行。所有的咨询服务都是应雇主的要求而提供的。OSHAct 主要是为了能改善雇主所提供的作业环境的健康和安全水平，而并不是为了惩罚。

此外，英国和美国还经常组织一些安全促进活动。如英国广泛实施的 WWT（Working Well Together）运动，美国的 VPP（Voluntary Protection Program）运动和 SHARP（Safety and Health Achievement Recognition Program）运动等，下面分别进行一些介绍。

WWT 最早是由 HSC 的建筑业咨询委员会（CONIAC）为了提高整个建筑业的安全标准而提出的，到现在已经发展成为了英国建筑业最大的安全与健康促进运动，它并非一个官方的运动。该运动希望通过改进以下四方面来促进安全与健康水平的提高：

承诺（commitment）：提高建筑安全标准；

胜任（competence）：保证每一方都经过适当的安全与健康培训并可以胜任其工作；

合作（cooperation）：建立互相信任的伙伴关系，然后一起找出应该做的工作并完成；

交流（communication）：保证项目内部从工人到项目经理之间的信息能够充分交流。

参加 WWT 运动完全是免费的，而且如果表现好的话，还可以获得经济上的奖励。（由于这四方面的英文的首字母都是 C，因此又称为 4C Award）。在 2004 年的建筑业 WWT 运动中，英国响应欧盟的"安全健康周"的号召，进行了大规模的路演（roadshow）。活动包括参观全国的建筑工地（特别是中小型工地），设立安全和健康意识日等活动。

VPP（Voluntary Protection Program）是 OSHA 官方发起的，旨在提高对工人的保护，超过 OSHA 标准规定的最低要求。VPP 主要是针对工作现场的。所有的现场可以向 OSHA 申请成为优秀、示范或者星级项目。所有的参与者都必须每年将其伤亡信息提交到 OSHA 的地区办公室。参加 VPP 的项目不会再被日常检查。但是如果有人投诉、或发生事故则会进行相应处理。当 VPP、现场咨询服务和有效的安全计划结合起来时，就进一步扩展了对工人的保护，达到了 OSHA 法案的目标。

SHARP 则是主要针 OSHA 发起的主要针对中小企业的安全与健康成就奖励活动。中小企业只要邀请前面提到的 OSHA 咨询人员进行一次系统的现场风险分析，消灭现场所有的风险之后，并将 OSHA 可记录事故率降低到全行业平均水平以下，同时同意在现场出现新的风险时通知地方 OSHA 机构就可以获得奖励。参加 SHARP 运动的第一年可以免予 OSHA 的检查，此后在达到相应的要求之后，还可以申请延长。

此外，我国香港地区的建筑职业安全健康培训的经验也非常值得借鉴。1975 年，香港颁发了《工业训练（建造业）条例》，成立了建造业训练局。它的主要职责是：设立及管理工业训练中心；为建造业提供训练课程；辅助结业学员就业，而协助的方式可包括给予经济支援；就征款率作出建议；评核任何人在涉及建造业或与其相关的任何种类的工作方面已达致的技术水平，并就该等工作举行考核或测试、发出或颁发技术水平证明书以及确立须达致的技术水平。在建造业训练局下设了一个专门的安全培训中心，专门负责对工人进行安全培训。同时，政府还委托很多大学和公司进行安全培训，如金门公司和香港理工大学。普通工人，只有在培训机构经过 8 小时的培训获得了建筑工地工作必须的绿卡后，方可入现场工作。建造业训练局的经费主要来自建造行业。根据工业训练（建造业）条例第 21 及 22 条的规定，建造业训练局可向所有合同额超过一百万港元的工程征收训练税，税率为 0.4%。

第 13 章　建筑施工生产安全典型事故案例

13.1　我国建筑施工生产事故原因

通过近年来我国建筑施工生产安全事故的原因分析，发现虽然不同类型事故发生的原因各自不同，但在这些事故原因背后的一些深层次原因已经显现并趋于一致。事故虽然发生在施工现场和项目上，但深层次原因在于目前的法律法规、建筑市场以及建筑业安全文化等方面存在诸多问题，这些深层次问题不加以解决，仅仅依靠施工企业是无法从根本上促进建筑安全生产形势的好转。

13.1.1　法律法规与技术标准存在问题

（1）法规标准不够严格，威慑力有限

我国的法律法规和技术标准体系和美国同属描述性法律法规体系，但与美国相比，我国法规标准的严格程度要差得多。美国《职业安全健康法》（OSHAct）规定，一旦政府的检查人员发现企业有违反标准的情况发生，那么 OSHA 将发出整改通知书并根据违反规定可能造成后果的严重程度，结合企业的情况给予从 1000 美元到 7000 美元的罚款。在这种规定下，企业在平时就会选择遵守安全标准，因为一旦被发现有违反标准之处就会受到罚款。

相比之下，我国的《安全生产法》和《建设工程安全生产管理条例》则没有这样严格。这一点在前面案例分析中对事故责任单位的处理就不难发现。一般来讲，如果施工企业有违法行为，首先会被要求限期整改，只有当企业没有限期整改时，才会被处以罚款。在这种情况下，很多施工企业往往会认为既然第一次只是要求限期整改，不会被罚款，那么违法也没有关系。而且，目前对一些高资质施工企业而言，如果发生事故，则在实践中很难对这些企业进行正常的处罚。因此，可以说我国法律对企业的威慑力是非常小的，企业违法的成本很低，导致企业抱有侥幸心理而在安全生产方面不予以重视，这是导致我国目前建筑业安全形势严峻的最重要原因之一。

（2）违规处罚不够细致、公平

一方面，现行法规对违反安全标准的处罚规定过于笼统，不够细致。很多情况下执法人员只能非常笼统的引用"企业未履行安全管理职责"来对企业的违法行为进行处罚，而不能根据具体违法行为的不同处以不同的处罚；而且罚款额度的调整空间也比较大，具体如何对罚款额度进行调整尚未有明确的规定，导致执法人员的自由裁量权过大。

另一方面，目前建筑安全违法行为的处罚规定主要在《建设工程安全生产管理条例》和《安全生产法》两部法律中。从法理学角度而言，违法行为的处罚要和其可能造成的后果相一致，但是这两部法律在处罚规定上有较大的不同，《安全生产法》在罚款额度上明显要比《建设工程安全生产管理条例》低。

（3）法律体系尚不完善

各部委、各地方出台的法规标准之间缺乏必要的沟通，就同一问题重复发文的情况比较严重，甚至不同部门下发的文件之间存在相互冲突之处。以劳动防护用品为例，劳动和社会保障部曾发过《劳动防护用品管理规定》（劳部发（1996）138 号），而安监总局2005 年又下发了一个国家安全监督管理总局令第 1 号《劳动防护用品监督管理规定》等。另一方面，建筑企业因工作性质决定，具有很强的流动性，要在全国各地进行建筑施工，而当前各地方的安全标准往往不统一，给施工企业带来很多不必要的麻烦。再如，关于特种作业人员资格考试的规定，国家安全生产监督管理总局与住房和城乡建设部都具有颁发资格的权利，导致在实际中管理混乱，互不承认，直接造成了目前很多没有取得资格证书却从事特种作业的现象。在本报告的很多事故案例中，这种现象屡见不鲜。国家安监总局《特种作业人员安全技术培训考核管理规定》（国家安全生产监督管理总局第 30 号令）规定：特种作业：是指容易发生事故，对操作者本人、他人的安全健康及设备、设施的安全可能造成重大危害的作业。特种作业的范围由特种作业目录规定。本规定所称特种作业人员，是指直接从事特种作业的从业人员。特种作业人员所持证件为特种作业操作证。《特种设备安全监察条例》规定：特种设备作业人员，应当按照国家有关规定经特种设备安全监督管理部门考核合格，取得国家统一格式的特种作业人员证书，方可从事相应的作业或者管理工作。国家质检总局下属地方质量技术监督局颁发《特种设备作业人员证》。建设部《建筑施工特种作业人员管理规定》规定：建筑施工特种作业人员是指在房屋建筑和市政工程施工活动中，从事可能对本人、他人及周围设备设施的安全造成重大危害作业的人员。

13.1.2　施工单位安全责任不能有效落实

施工企业是直接进行建筑产品生产的主体，但从目前情况看，相当数量的施工企业不重视或者只是表面重视安全生产，普遍存在着重生产效益而轻安全的现象，没有从根本上形成自我约束的安全管理理念和体系。

（1）企业和项目负责人不重视安全生产，安全管理不到位

虽然法律法规规定，施工企建设单位要负责人对本单位安全生产全面负责，但实际情况是企业负责人往往不从事具体安全管理工作，安全管理工作往往也不能摆到企业负责人的工作日程上。部分企业不按规定设置安全管理机构和配备专职安全管理人员，有的即使设置配备了也是有职无权。项目负责人应依法对项目施工安全负责，但实际上，真正的项目负责人很少在施工现场，而是忙于跑经营、拉业务。

（2）转包、资质挂靠对建筑施工安全影响极大

高资质的施工企业在承揽工程业务后，往往将工程转包给较低资质的施工企业，较低资质的施工企业又往往将工程交给"包工头"施工，最终直接进行施工作业的基本都是外来务工人员，所以施工现场的管理和技术根本达不到最初承揽业务的高资质施工企业应有的水平。而且，分包公司或包工头大多属于无资质企业，根本不具备基本的安全生产条件，导致事故发生的概率大大增加。

（3）企业和项目安全投入严重不足

目前建筑市场形成的恶性竞争局面，施工企业为获得工程而压低工程造价、垫资施工、让利、签订阴阳合同等行为十分常见，再加上层层转包，导致最后的施工单位基本已

无合理的利润空间，在这种情况下，为最大限度地获取利润，施工企业往往在安全投入上做文章，出现了大量施工现场安全防护设施不到位、脚手架搭设偷工减料、安全教育培训不到位、个人防护用品不合格等现象，这些都成为重大事故隐患。

（4）施工方案和实际操作"两张皮"现象突出

施工方案是施工的重要依据，但在实际执行中情况很不理想。有些虽然制定了施工方案，但未按规定组织专家进行审查论证，导致施工方案不能指导施工实际；有些施工企业和项目没有按规定向施工作业班组、一线作业人员进行技术交底，致使施工作业人员根本不知道施工方案内容或技术要求；还有一些施工企业只是利用相关软件编制出、甚至抄袭已有方案，导致该施工方案与工程实际情况根本不符，分包单位不考虑方案是否具有针对性而直接组织施工人员进行施工；还有一些施工企业根本不制定施工方案，直接指挥作业人员冒险、盲目施工。

13.1.3　建设单位对安全负面影响较大

建设单位是建设项目的投资者和拥有者，对项目目标实现起主导作用，是项目建设的责任主体。安全绩效的提高需要项目参与各方的共同努力已经成为一些发达国家的共识。在法律层面上，欧盟各国政府在欧盟指示EEC92/57的要求下，已经普遍用法律的形式规定了的安全责任。此外，建设单位开始意识到事故损失最终要由建设单位承担的事实，因而在发达国家已经有部分建设单位开始直接介入工程项目的安全管理。

与发达国家相比，我国目前在建设单位参与安全管理方面的研究和实践起步较晚。相对于质量、成本和进度，建设单位严重忽视安全问题。这与建设单位否认并逃避其社会责任和安全责任、我国的现有安全生产法规很少涉及建设单位的安全责任以及整个社会的安全文化对这种行为的容忍有直接关系。尽管《建设工程安全生产管理条例》提出关于建设单位安全责任的要求是一个重大进展，但内容宽泛且要求不高不细。因此，造成了在项目建设阶段，建设单位往往只关心进度和质量，而对安全管理漠不关心的普遍现象。具体归纳起来，目前我国工程建设单位在安全方面存在以下三个问题：

（1）对承包单位安全管理的漠视和不作为。建设单位只关心质量、成本、工期等会对其自身利益有影响的方面。由于伤害事故大都发生在施工阶段，而施工过程的管理是由承包单位完成的，因此国内很多建设单位很自然地认为安全管理完全是承包单位的事情，与自己毫无关系。正是由于作为"供应链"源头的建设单位不关心安全，在建设项目管理中始终只强调质量管理、成本管理和工期管理，对于安全管理基本上没有任何作为。

（2）不规范市场行为比较多，带来了很大的安全隐患。目前建设单位要求施工单位垫资施工的问题，在国家法规政策三令五申严格禁止之下，并没有呈现好转的态势，反而渐渐演化为类似"行规"的风气。施工总包单位则会相应地要求分包单位、材料供应商垫资，而工人则经常被克扣工资。施工单位由于不能及时拿到工程款，会在资金周转上遇到很大困难，从而影响对安全的投入。工人也会由于不能正常领取工资而在工作中产生不满情绪，诱发事故。另外建设单位违反基本建设程序、随意压缩工期、改动设计方案等现象，都给工程建设施工带来了极大的安全隐患。

（3）一些建设单位利用手中权力，收受贿赂和其他好处，全然不顾施工企业的安全资质。当前建筑市场的无序、市场主体的混乱等问题长期得不到解决，造成现有法律法规无法适应投资主体多元化的市场转变，形成创造"权力搅买卖"的寻租环境。很多建设单位在这种环境下，采用贿赂、疏通等手段，勾结掌权者，借用权力占有这笔资金。这种环境的存在，是转轨时期产权不明晰、市场失序等产生腐败的最主要的温床。

13.1.4　监理单位安全责任不能履行

2004 年颁布的《建设工程安全生产管理条例》明确了监理单位对工程安全生产的责任。该条例的初衷是将监理作为重要的第三方监督力量，审查施工单位的安全技术措施及施工方案，及时发现和督促施工单位整改事故隐患。但从目前实际来看，这一环节并未发挥其应有的作用。首先，监理单位仍未从思想上扭转"安全生产是施工单位责任"这一误区；其次，工程监理队伍人才短缺，专业单一，注册监理工程师只占整个从业人员人数的1/3，监理人员不具备审查施工方案以及发现事故隐患的能力；最后，监理费用偏低、受建设单位掣肘以及事故责任追究等因素，导致目前监理队伍极其不稳定，安全监理工作形同虚设。从本次案例分析结果来看，所有事故原因都涉及监理单位安全责任不能落实的问题。

13.1.5　政府安全监管不到位

（1）政府部门职能分工不够明确

进行监管的各政府部门之间的职能分工不够明确（尤其是在地方一级）。过去在计划经济制度下，我国实行"国家监察、行业管理"的建筑安全管理体制，即国家安全生产监督局负责进行"国家监察"，行业主管部门对各级国有建筑企业进行"行业管理"。

但随着经济体制改革的深化，其他所有制建筑企业逐渐兴起，国有建筑企业也纷纷改制。建筑企业逐渐成为市场中的独立行为主体，慢慢脱离了行业行政管理的束缚。住房和城乡建设部等部门对建筑企业的管理也由采用行政手段进行"行业管理"逐渐转向采用法律手段进行监督管理，这和国家安全生产监督管理局存在功能上的重叠。以事故统计为例，建设部的事故统计口径只包括"新建房屋建筑工程、新建市政工程、拆除工程和市政管道维修工程"四部分，但国家安监局的事故统计口径则要宽得多，这导致每年两个部委发布的数据差别非常大，极易引起误解。

国家质量监督检验总局和住建部在建筑施工现场特种设备的管理上也存在同样的问题。在施工现场特种设备的安装检测上，地方建筑安全监督机构也和质量技术监督机构存在矛盾，甚至在某些地方还发生过争夺行政执法权的诉讼案件。

除存在政府职能上的交叉以外，部分建设工程还存在安全状况无人监管甚至无法监管的空白状态。如根据建设部建安办函 [2006]71 提出的房屋建筑及市政工程安全生产控制范围表中，纺织、机械等行业的建设工程安全监管部门缺失；而对于各地的新区建设和重点工程（如市长工程、省长工程等），当地安全监管部门则无力监管或无法监管。还有目前事故频发但却无法纳入事故统计范围的村镇工程的安全监管。

（2）执法财政和人力资源有限，监督范围尚未覆盖所有地级市

根据建设部对全国建筑安全监督站进行的调查统计，目前全国有接近 75% 的安全监督站没有任何财政拨款，而是依靠自收自支或靠质量监督费维持安全监管，经费来源严重不足。另一方面，各级建筑安全监督机构的人员紧缺，也直接影响了安全监督任务的完

成。截至目前，全国建筑安全监管人员人数还没有官方数据，但2012年全国仅房屋建筑的施工面积已经超过了90亿平方米（这还不包括市政工程等其他类型的项目），在某些城市安全监管机构的监管范围已经超过120万平方米／人，可见安全监管的任务异常艰巨。而且目前并非所有的地级市都建立了建筑安全监管机构，大部分县一级的建设行政主管部门没有专门的安全监督机构。可以说，现有安全监管机构和人员数量远远不足以完成建筑安全监管工作的需要。

（3）**安全监管机构缺乏清晰的工作指南**

发达国家普遍以书面文件的形式规定监管人员在进行安全监管时必须遵循的基本原则，如英国HSC的《执法政策声明》（EPS，Enforcement Policy Statement）以及HSE《执法管理模式》（EMM，Enforcement Management Model）、美国OSHA规定"安全检查一般不事先通知；检查重点应放在四大伤害；如果企业建立了安全管理系统，则重点审核安全管理系统的有效性"等。但我国目前尚无全国统一的工作指南，导致安全监管工作缺乏明确指导，随意性比较大。例如：各地安全监督站的主要工作是对项目进行定期安全检查，但有的事先通知，有的不事先通知；而有50%的安全监督站对项目开展不定期抽查；有的安全监督站审查安全开工条件，有的不审查；有的只监督房屋建筑的施工，有的监督各类施工等等。因此需要制定一个比较明确的工作指南，加强对安全监督站工作的指导。目前只有建设部出台了《建筑安全生产监督管理工作导则》，但限于房屋建筑及市政工程建设领域的安全监管，仅为规范性文件，法律效力不强；此外，只有部分地区（如河北、深圳）已经有类似的地方性监督管理手册。因此，尽快出台一个全国性的建筑施工安全监管的工作指南是十分必要的。

（4）**执法人员的专业素质有待提高，执法不够严格**

一方面是由于目前的安全执法人员大部分不是专业安全人员，导致无法对施工现场进行有效监察。另一方面是有些执法人员缺乏严肃认真的工作态度，且人情关系错综复杂，抱着"睁一只眼，闭一只眼"的想法，不能做到有法必依，执法必严，这一问题在经济欠发达的中小城市表现尤为明显。

（5）**过度的"问责制"导致安全监管队伍的不稳定**

"问责制"在安全生产领域的引入在一定程度上对于增强安全监管人员的职责，促进安全监管的效果具有积极意义。但目前的情况是，只要发生死亡事故，尤其3人以上的较大事故发生后，无论事故原因是什么，安全监管人员都不可避免的成为调查的对象。在本报告的很多事故案例处理意见中，安全监管人员都成为被问责的对象，有的安全监管人员甚至受到刑事的追究。相比之下，在很多发达国家和地区，政府安全监管人员是不承担任何安全责任的，当然，除非安全监管人员具有主观故意的犯罪和渎职行为。对于建筑施工的安全监管而言，不能把政府安全监管人员视同"施工现场的监督员和旁站员"，安全监管的责任"重在监督而不是管理"。因为建筑施工活动是一个动态的过程，而所谓的安全只是一个相对的概念，此时的安全状态并不代表一段时间以后仍然是安全的。政府安全监管人员当时监管的状态是安全的，但随着时间的推移可能就会成为不安全状态，因此，发生事故追究监管人员的安全责任是不科学的，对广大建筑安全监管人员来讲也是有失公平的。过度的"问责"导致监管队伍人心不稳，不愿从事安全监管工作，精神压力大，这对于构建高素质的安全监管队伍显然是不利的。

13.1.6　建筑市场秩序混乱

由于我国经济处在特殊的转轨时期，以及建设管理体制的一些变化，建筑市场比较混乱，对建筑安全产生了很不利的影响。这主要体现在以下四个方面：

（1）最低价中标制度导致安全费用被高度压缩。《招标投标法》规定的最低价中标制度使建筑企业在投标时极力压缩必要的安全投入，导致现场必要的安全投入严重不足。虽然已经出台的《建筑工程安全防护、文明施工措施费用管理规定》提出要单列安全措施费并要求在标书中的安全费用不得低于当地定额计算出来的数据的90%，在一定程度上可以缓解低价中标制度给安全带来的负面影响，但在实际中这一比例很少能够达到，安全文明施工费往往被削减、克扣或挪作他用。本次报告中每种事故类型的间接原因分析中，都会有安全投入不足的问题，最低价中标制度是导致该问题背后的深层次原因。

（2）房建市场的激烈竞争。由于竞争激烈，建设单位往往竭力压缩成本，导致项目在安全方面的投入严重不足；另一方面，竞争激烈导致建筑业行业利润率非常低，企业低价中标后往往就在安全上做文章，减少必要的安全投入，更谈不上投入资金进行技术改造和安全技术的应用，对安全生产带来很大的负面影响。

（3）多重分包。这一突出问题在前面所有类型事故案例分析的间接管理原因中几乎都有所涉及，可见违规多重分包对建筑施工安全生产的影响之大。一方面，多重分包导致层层盘剥，现场的安全措施费用投入严重不足；另一方面，多重分包导致安全信息沟通不畅，一线作业工人和企业管理层甚至项目管理层都缺乏必要的安全信息的沟通交流，特别是必要的安全培训和安全会议往往流于形式。

（4）腐败问题。建筑工程承发包领域是腐败问题的多发领域，各种寻租现象层出不穷，对安全也产生了负面影响。例如一些建筑企业在生产经营活动中将工程转包给低资质的企业或允许较低资质甚至无资质人员挂靠经营，又不派出相应的技术人员和安全人员负责管理，导致现场安全处于失控状态。本次案例报告中，一些高资质企业成为"管理公司"，只是靠转包资质获取利润，给建筑施工安全生产带来极大的隐患。

13.1.7　建筑工人安全教育培训效果不佳

从业人员的安全教育培训问题，是目前导致我国包括建筑行业在内的很多行业安全生产事故频发的最主要根源之一。

首先，从政府宏观管理角度看，国家对建筑工人的管理和保障不足。目前我国施工单位基本都已经转为管理型企业，很少存在职工型工人。而且所谓的劳务公司均为空架子，也不存在长期性的工人，均为临时组织形式。鉴于目前国情，国家也没有给工人提供免费的教育培训，基本依靠企业行为，导致工人的素质偏低，安全意识淡薄。

其次，从施工企业层面角度看，由于一线作业人员来源于劳务分包企业，总包企业和劳务分包企业签订分包合同，总包只进行入场安全教育。而总包单位的入场安全教育培训没有考虑到作业人员的接受程度，仍然以传统的口头教育的形式为主，方式单一，教材欠缺，效果欠佳。工人对安全知识的理解十分有限，企业在培训方面多数倾向于做表面文章。再加上工人的高度流动性，企业也不愿意投入财力和时间去开展教育培训，企业在安全教育培训上的积极性和动力明显不高。

最后，劳务分包企业直接管理作业工人，应负责对工人进行系统安全培训，但大多数劳务分包企业无能力对工人进行培训，导致作业人员对安全生产认识不足，缺乏应有的安全技能，盲目操作，违章作业，冒险作业，自我防护意识较差，事故频频发生。事故伤害对象的主体是建筑工人，而直接管理建筑工人的是劳务分包企业。本次案例报告中，事故的直接原因统计分析中，"劳务分包企业对建筑工人安全教育培训不足，安全技术交底不落实"几乎每起事故都涉及，可见，劳务分包队伍对于工人的安全教育培训的效果对于建筑施工安全生产而言至关重要。

13.1.8　建筑科技水平整体落后

我国建筑业的科技水平与制造业相比，以及与发达国家建筑业相比都有很大差距，这在一定程度上制约了建筑安全生产水平的提高。我国建筑企业技术水平低，科技投入普遍不足，这主要体现在以下两方面：

（1）我国建筑业仍然是劳动密集型产业，机械化程度比较低（这一点在资质较低的建筑企业和偏远地区尤为明显）。很多工作仍然高度依赖工人的体力劳动，工人往往需要全负荷甚至超负荷的工作。在北京对外来务工人员进行的调研表明，工人在夏季高峰期的劳动时间甚至长达 14 小时，在这种疲劳状态下作业发生事故的概率较平常要高得多。

（2）有毒的建筑材料对工人的健康损害巨大，同时相应的防护措施很不到位，这在目前监管力度比较弱的住宅装修市场上体现得尤为明显。

（3）我国建筑业在专项安全技术上也比较落后。以工人的个人安全防护为例，我国建筑企业目前只为工人配备安全帽以及必要条件下的安全带，而且很多安全帽的质量也比较差；安全鞋、耳塞、护目镜和口罩等防护用品很少配备给工人。

13.1.9　安全文化水平不高

改革开放以来，我国政府组织开展了一些旨在提升全社会安全文化意识的宣传教育和促进活动，目前全国性的安全促进活动包括"全国安全生产月"以及"创建文明工地活动"等。其中前者是针对所有行业的，后者是专门针对建筑业的。

"全国安全生产月"是由中共中央宣传部、国家安全生产监督管理总局、国家广播电影电视总局、中华全国总工会、共青团中央几家单位共同组成的"全国安全生产月"活动组织委员会进行组织。该活动把每年的 6 月份定为"安全生产月"。该活动每年都有不同的活动主题，如 2016 年的主题是"全面落实企业主体责任"。该活动分为两大部分：分为全国性活动和区域（行业、部门）活动两部分。全国性活动由组委会组织；区域（行业、部门）活动包括地方、行业、企业、社区活动，由地区、各有关部门按照全国统一部署，结合自身实际组织开展。这些活动对改善我国建筑业落后的安全文化起到了一定的作用，但总体而言，目前我国建筑业的安全文化还比较落后，这主要体现在以下方面：

（1）绝大部分建筑企业缺乏明确的安全方针政策，对安全的重视程度不够；建设单位和监理单位只重视进度和质量，忽视安全，不愿承担安全方面的社会责任。

（2）安全促进活动形式单一。"创建文明工地活动"针对建设项目的硬环境提出了具体要求，很大程度上改善了现场的工作和生活环境，但对从深层次提高全员的安全意识强调不够；而"安全生产月"是针对所有行业的，一年一度的表面宣传和检查对建筑业的影响有限。

（3）外来务工人员占绝对比例的建筑工人普遍存在宿命论的思想。建筑业的工人绝大部分都是外来务工人员，几千年来的"生死由命"的观念对他们有很大的影响，一些从事多年建筑工作的有经验的施工班组长往往抱有这样的观点，在建筑工地干活哪有不出事故的，认为出事故是正常的事情，这样的错误认识间接导致了施工作业中违章操作，违章作业、野蛮施工的现象严重。

13.2　近年来重大生产安全责任事故典型案例反思

13.2.1　江西丰城电厂"11·24"坍塌事故

（1）事故基本情况

2016 年 11 月 24 日，江西丰城发电厂三期扩建工程发生冷却塔施工平台坍塌特别重大事故，造成 73 人死亡、2 人受伤，直接经济损失 10197.2 万元。调查认定，江西丰城发电厂"11·24"冷却塔施工平台坍塌特别重大事故是一起生产安全责任事故。

（2）倒塌冷却塔工程概况

事发 7 号冷却塔属于江西丰城发电厂三期扩建工程 D 标段，是三期扩建工程中两座逆流式双曲线自然通风冷却塔（图 13-1）其中一座，采用钢筋混凝土结构。两座冷却塔布置在主厂房北侧，整体呈东西向布置，塔中心间距 197.1m。7 号冷却塔位于东侧，设计塔高 165m，塔底直径 132.5m，喉部高度 132m，喉部直径 75.19m，筒壁厚度 0.23 至 1.1m。

冷却塔筒壁为现浇钢筋混凝土

图 13-1　冷却塔外观及剖切效果图

筒壁工程施工采用悬挂式脚手架翻模工艺，以三层模架（模板和悬挂式脚手架）为一个循环单元循环向上翻转施工，第 1、第 2、第 3 节（自下而上排序）筒壁施工完成后，第 4 节筒壁施工用第 1 节的模架，随后，第 5 节筒壁使用第 2 节筒壁的模架，以此类推，依次循环向上施工。脚手架悬挂在模板上，铺板后形成施工平台，筒壁模板安拆、钢筋绑扎、混凝土浇筑均在施工平台及下挂的吊篮上进行。模架自身及施工荷载由浇筑好的混凝土筒壁承担。

7 号冷却塔内布置 1 台 YDQ26×25-7 液压顶升平桥①，距离塔中心 30.98m，方位为西偏北 19.87°。7 号冷却塔于 2016 年 4 月 11 日开工建设，4 月 12 日开始基础土方开挖，

8 月 18 日完成环形基础浇筑，9 月 27 日开始筒壁混凝土浇筑，事故发生时，已浇筑完成第 52 节筒壁混凝土，高度为 76.7m。如图 13-2 所示。

图 13-2　冷却塔施工模拟图

（3）事故经过

2016 年 11 月 24 日 6 时许，混凝土班组、钢筋班组先后完成第 52 节混凝土浇筑和第 53 节钢筋绑扎作业，离开作业面。5 个木工班组共 70 人先后上施工平台，分布在筒壁四周施工平台上拆除第 50 节模板并安装第 53 节模板。此外，与施工平台连接的平桥上有 2 名平桥操作人员和 1 名施工升降机操作人员，在 7 号冷却塔底部中央竖井、水池底板处有 19 名工人正在作业。

7 时 33 分，7 号冷却塔第 50-52 节筒壁混凝土从后期浇筑完成部位（西偏南 15°-16°，距平桥前桥端部偏南弧线距离约 28 米处）开始坍塌，沿圆周方向向两侧连续倾塌坠落，施工平台及平桥上的作业人员随同筒壁混凝土及模架体系一起坠落，在筒壁坍塌过程中，平桥晃动、倾斜后整体向东倒塌，事故持续时间 24 秒（部分事故现场如图 13-3～图 13-5 所示）。

图 13-3　事故现场鸟瞰图

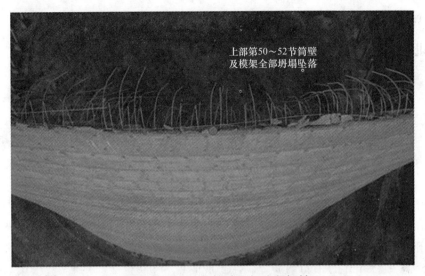

图 13-4　第 49 节筒壁顶部残留钢筋

图 13-5　事故现场坍塌平桥

（4）事故原因

1）直接原因

经调查认定，事故的直接原因是施工单位在 7 号冷却塔第 50 节筒壁混凝土强度不足的情况下，违规拆除第 50 节模板，致使第 50 节筒壁混凝土失去模板支护，不足以承受上部荷载，从底部最薄弱处开始坍塌，造成第 50 节及以上筒壁混凝土和模架体系连续倾塌坠落。坠落物冲击与筒壁内侧连接的平桥附着拉索，导致平桥也整体倒塌。

2）间接原因

经调查，在 7 号冷却塔施工过程中，施工单位为完成工期目标，施工进度不断加快，导致拆模前混凝土养护时间减少，混凝土强度发展不足；在气温骤降的情况下，没有采取相应的技术措施加快混凝土强度发展速度；筒壁工程施工方案存在严重缺陷，未制定针对性的拆模作业管理控制措施；对试块送检、拆模的管理失控，在实际施工过程中，劳务作业队伍自行决定拆模。

13.2.2 北京清华附中"12·29"筏板基础钢筋体系坍塌事故

（1）事故基本情况

2014 年 12 月 29 日 8 时 20 分，在北京市海淀区清华大学附属中学体育馆及宿舍楼工程工地的施工现场，作业人员在基坑内绑扎钢筋过程中，筏板基础钢筋体系发生坍塌，造成 10 人死亡、4 人受伤。参建方的施工方 11 人、监理方 4 人，因重大责任事故罪被海淀法院判处 3 至 6 年的有期徒刑。

（2）事故现场勘验情况

事发部位位于基坑 3 标段，深 13 米、宽 42.2 米、长 58.3 米。底板为平板式筏板基础，上下两层双排双向钢筋网，上层钢筋网用马凳支承。事发前，已经完成基坑南侧 1、2 两段筏板基础浇筑，以及 3 段下层钢筋的绑扎、马凳安放、上层钢筋的铺设等工作；马凳采用直径 25mm 或 28mm 的带肋钢筋焊制，安放间距为 0.9 至 2.1 米；马凳横梁与基础底板上层钢筋网大多数未固定；马凳脚筋与基础底板下层钢筋网少数未固定；上层钢筋网上多处存有堆放钢筋物料的现象。事发时，上层钢筋整体向东侧位移并坍塌，坍塌面积 2000 余平方米。如图 13-6 所示马凳采用直径 25mm 或 28mm 的带肋钢筋；图 13-7 所示施工现场存在多处随意堆放钢筋。

图 13-6　马凳采用直径 25mm 或 28mm 的带肋钢筋

图 13-7　施工现场存在多处随意堆放钢筋

（3）事故经过

2014 年 7 月，清华附中工程项目部制定了《钢筋施工方案》，明确马凳制作钢筋规格 32mm、现场摆放间距 1 米，并在第 7.7 条安全技术措施中规定"板面上层筋施工时，每捆钢筋要先放在架子上，再逐根散开，不得将整捆筋直接放置在支撑筋上，防止荷载过大而导致支撑筋失稳"。《钢筋施工方案》经监理单位审批同意后，项目部未向劳务单位进行方案交底。

2014 年 10 月，劳务公司签订《建设工程施工劳务分包合同》，合同中包含辅料和部分周转性材料款的内容，且未按照要求将合同送工程所在地住房城乡建设主管部门备案。劳务单位相关人员进场后，作业人员在未接受交底情况下，组织筏板基础钢筋体系施工作业。作业人员只确定使用 25mm 或 28mm 钢筋制作马凳。基坑 1、2 段底板浇筑完成后，组织作业人员绑扎 3 段底板钢筋。

2014 年 12 月 28 日下午，劳务队长安排塔吊班组配合钢筋工向 3 标段上层钢筋网上方吊运钢筋物料，共计吊运 24 捆。用于墙柱插筋和挂钩。

12 月 29 日 6 时 20 分，作业人员到达现场，实施墙柱插筋和挂钩作业。7 时许，现场钢筋工发现已绑扎的钢筋柱与轴线位置不对应。劳务队长接到报告后通知放线员去现场查看核实。8 时 10 分，经现场确认筏板钢筋体系整体位移约 10 厘米。随后，钢筋班长立即停止钢筋作业，通知信号工配合钢筋工将上层钢筋网上集中摆放的钢筋吊走，并调电焊工准备加固马凳。8 时 20 分许，筏板基础钢筋体系失稳，整体发生坍塌，将在筏板基础钢筋体系内进行绑扎作业和安装排水管作业的人员挤压在上下层钢筋网之间。

（4）事故原因分析

1）直接原因

① 作业人员未按照方案施工作业，擅自减小马凳钢筋直径，现场制作的马凳所用钢筋直径从《钢筋施工方案》要求的 32mm 减小至 25mm 或 28mm；随意增大马凳间距现场马凳布置间距为 0.9 ～ 2.1m，与《钢筋施工方案》要求的 1m 严重不符，降低了马凳的承载能力。

② 作业人员盲目吊运钢筋材料，将整捆钢筋物料直接堆放在上层钢筋网上，施工现场堆料过多，且局部过于集中，导致马凳立筋失稳，产生过大的水平位移，进而引起立筋上、下焊接处断裂，致使基础底板钢筋整体坍塌。

2）间接原因

① 劳务分包企业的原因

a. 未对劳务作业人员进行必要的安全生产教育和培训，未告知作业人员操作规程和违章操作的危害；

b. 在未接受《钢筋施工方案》交底的情况下，盲目组织施工作业；

c. 违规与总包单位签订包含辅料和部分周转性材料款内容的劳务分包合同。

② 总包单位的原因

a. 作为清华附中工程项目总包单位，存在允许非本企业员工以内部承包的形式承揽工程的行为，允许以内部承包形式承揽清华附中工程项目，致使项目部安全管理混乱；

b. 未严格落实安全责任，对项目安全生产工作管理不到位，未就筏板基础钢筋施工向作业人员进行技术交底；部分作业人员未经安全培训教育即上岗作业；未按照要求配备相应的专职安全员；对施工现场监督检查不到位，未及时发现作业人员违反施工方案要求施工作业和盲目吊运钢筋材料集中码放在上排钢筋网上导致载荷过大的安全隐患。

③ 监理单位的原因为

a. 对项目经理长期未到岗履职的问题监理不到位，且事故发生后，伪造了针对此问题下发的《监理通知》；

b. 对钢筋施工作业现场监理不到位，未及时发现并纠正作业人员未按照钢筋施工方案要求施工作业的违规行为；

c. 对项目部安全技术交底和安全培训教育工作监理不到位，致使施工单位使用未经培训的人员实施钢筋作业。

④ 设计单位的原因为：

设计单位绘制的施工图中，个别剖面表达有误，在向施工单位实施设计交底过程中签到记录不全、交底记录签字时间与实际交底时间不符。

⑤ 建设单位的原因为：

清华大学确定的招标工期和合同工期较市住建设核算的定额工期，压缩了 27.6%；在施工组织过程中，未按照《北京市建筑工程质量监督执法告知书》的要求书面告知海淀区住房城乡建设委开工日期；且强调该工程在 2015 年 10 月份清华附中百年校庆期间外立面亮相，对施工单位工期安排造成了一定的影响。

⑥ 监管单位的原因为：

海淀区住房城乡建设委作为该工程项目的行业监管部门，负责该工程的质量安全监督工作。未认真履行行政监管职责，未按照《A 栋体育馆等 3 项（附属中学体育馆及宿舍楼）工程质量监督执法抽查计划》规定的检查次数、内容实施监督检查，检查过程中只进行了现场施工交底，未落实执法计划规定的其他内容，其他时间均未到场开展检查。事故发生后，海淀区住房城乡建设委提供了虚假的监督执法材料。

13.3　模板支撑与脚手架坍塌事故案例

13.3.1　云南省昆明新机场"1·3"支架坍塌事故

（1）事故简介

2010 年 1 月 3 日 11 时 20 分左右云南省昆明新机场航站区停车楼及高架桥工程 A-3 合同段配套引桥 F2-R-9 至 F2-R-10 段在现浇箱梁过程中发生支架局部坍塌，造成 7 人死亡、8 人重伤、26 人轻伤，直接经济损失 616.75 万元。

2010 年 1 月 3 日上午 7 时 30 分，昆明新机场工程项目部开始组织人员准备浇筑昆明新机场航站区停车楼及高架桥工程 A-3 合同段东引桥第三联（F2-R- 至 F2-R-10）。9 时 30 分左右，由上而下开始进行现浇箱梁，计划整联混凝土浇筑量为 1283 立方米。当第三跨纵向浇筑了 36 米，顶板浇筑了 10 米，共浇筑混凝土 283 立方米、砂浆 2 立方米时，支架于 14 时 20 分左右发生坍塌，造成现场管理及施工人员 7 人死亡、8 人重伤、26 人轻伤。坍塌长度 38.5 米、宽度 13.2 米，支撑高度最高点 9 米、最低点 8.5 米，如图 13-8 所示。

图 13-8　云南省昆明新机场"1·3"支架坍塌

（2）事故原因

1）直接原因

① 模板支架架体构造有缺陷

模板支架架体是一种受力状态比较复杂的承重结构，要承载来自上部和架体本身的垂直荷载、水平荷载和冲击荷载，技术规范对架体构造有严格要求。住建部在《建筑施工碗扣式钢管脚手架安全技术规范》JGJ 166—2008 第 6.2.2 条规定"剪刀撑的斜杆与地面夹角应在 45°～60°之间，斜杆应每步与立杆扣接"，第 6.2.3 条规定"当模板支撑高度大于 4.8m 时，顶端和底部必须设置水平剪刀撑，中间水平剪刀撑设置间距应小于或等于 4.8m"。

现场调查证实，坍塌的模板支架高度已达 8m，按规范要求除负端和底部必须设置水平剪刀撑外，中间最少应设置一道水平剪刀撑，而该施工现场的模板支架未设置任何水平剪刀撑。此外，第一跨（F2-R-7 至 F2-R-8）和第二跨（F2-R-8 至 F2-R-9）模板支架的纵向和横向剪刀撑的斜杆与地面夹角存在着小于 45°的现象，斜杆的搭接长度不足 1m，未每步与立杆扣接。

② 模板支架安装违反规范

支架安装违反规范突出表现在作为杆件连接件的部分碗扣上：a. 下碗扣与钢管的焊缝未作条焊，而是点焊或脱焊；b. 上碗松动，用手可拧动；c. 上下碗扣未作咬合；d. 无限位销或限位销在止口外。

③ 模板支架的钢管、碗扣存在质量问题

住建部《建筑施工碗扣式钢管脚手架安全技术规范》JGJ 166—2008 第（3.5.2）条规定"碗扣式钢管脚手架钢管规格应为 ϕ48mm×3.5mm，钢管壁厚应为 3.5±0.025mm"。该工程的模板支架施工技术方案的计算书是按照 ϕ48mm×3.5mm 的钢管规格进行验算的。

从坍塌事故现场取样 19 组的抽查结果看，钢管壁厚最厚为 3.35mm，最薄的为 2.79mm，管壁平均厚度还不足 3.0mm，测试结论管壁厚度全部不合格，断后延伸率和压扁试验有 7 组不合格，占 37%。由于钢管壁厚偏薄，受力杆件的强度和刚度必然降低，难以达到技术方案中 ϕ48mm×3.5mm 计算的整体稳定性。

住建部《建筑施工碗扣式钢管脚手架安全技术规范》JGJ 166—2008 第 3.3.10 条规定"横杆接头剪切强度不应小于 50kN"。现场取样 3 组横杆接头拉伸试验，结果为接头断裂荷载分别为 18.06 kN，53.61 kN，20.94 kN，有二组不合格，平均值为 30.87kN，剪切强度仅达到规范要求的 62%。

④ 浇筑方式违反规范规定

住建部《建筑施工模板安全技术规范》JGJ 162—2008 第 5.1.2 条"砼梁的施工应采用从跨中向两端对称进行分层浇筑，每层厚度不得大于 400mm"。调查中证实，1 月 3 日发生事故当天，作业班组为方便冲洗模板的灰尘，采用了从箱梁高处向低处浇筑的方式，违反了规范的规定。加之该段箱梁本身桥面高差 1.386m，有 3.6% 的坡度。人为地增大了砼向下流动及振捣砼时产生的水平推力，致使处于疲劳极限的支撑架体不堪重负。

综上所述，本次模板支架坍塌的直接原因是：支架架体构造有缺陷，支架安装违反规范，支架的钢管扣件有质量问题，砼浇筑方式违反规范规定，导致架体右上角翼板支架局部失稳，牵连架体整体坍塌。

2）间接原因

① 支架及模板施工专项方案有缺陷

2009 年 7 月，项目部副总工在编制《昆明新机场航站区停车楼及高架桥工程（A-3 合同段）施工总承包（引桥部分）支架及模板施工专项方案》时，依据的技术规范为《建筑施工扣件式钢管脚手架安全技术规范》JGJ 130—2001，与现场实际支架构造形式适用的技术规范《建筑施工碗扣式钢管脚手架安全技术规范》JGJ 166—2008 不一致；而该方案在审核、审批、专家论证以及监理审查和审核环节，公司总工程师、专家以及市建设监理有限公司专业监理工程师、项目副总监等有关人员均不知道住建部 2008 年 11 月 4 日发布并于 2009 年 7 月 1 日施行的《建筑施工碗扣式钢管脚手架安全技术规范》JGJ 166—2008，未发现编制依据引用错误的问题；在 2009 年 10 月 22 日召开的专家论证会上，五位专家还提出了"超过 10 米高的支架，须在支架底部、顶部搭设水平剪刀撑"的错误意见；监理方在审查、审核时，还提请施工方严格遵照专家审核意见组织施工；致使该方案存在缺陷，导致了施工现场模板支架在搭设过程中未设置任何水平剪刀撑。

② 发现支架搭设不规范未及时进行整改

经调查，从工程项目部 2009 年 5 月至 12 月会议纪要，2009 年 12 月 1 日至 2010 年 1 月 2 日安全检查记录及市建设监理有限昆明新机场项目部 2009 年 10 月 2 日至 12 月 30 日监理月报及周报中发现，监理方、施工方多次检查发现支架搭设不符合规范的问题，要求进行整改，但监理方、施工方未认真进行督促整改。

③ 未认真履行支架验收程序

施工公司的《现浇箱梁支架搭设交底》中规定："对不合格和有缺陷的杆件一律不得使用，支架搭完后，对各个碗扣和扣件重新检查一遍并打紧；在浇筑混凝土前还要进行一次全面检查，包括上下托及碗扣和扣件，不得有漏打的现象，再通过监理和项目部技术人员检查合格后，方可进行下道工序"。事故调查组对第一跨（F2-R-7 至 F2-R-8）和第二跨（F2-R-8 至 F2-R-9）的模板支架进行检查，发现支架的斜杆搭设角度有的不符合规范要求，部分未做到每步与立杆扣接。还存在碗扣松动未锁紧，无上碗扣、止动销等问题。支架搭设完成后，监理单位未认真履行验收程序。

④ 未对进入现场的脚手架及扣件进行检查与验收

《建筑施工碗扣式钢管脚手架安全技术规范》JGJ 166—2008 第 8.0.2 条规定"构配件进场应重点检查以下部位质量：钢管壁厚、焊接质量、外观质量"。经调查，该工地所使用的脚手架及扣件没有相应的合格证明材料。材料进入施工现场时，监理单位未按照规范要求进行严格检查与验收。

⑤ 安全管理不到位、技术及管理人员配备不到位、安全责任落实不到位

市政建设有限公司新机场工程项目经理、项目总工均为助理工程师，不具备所担任劳务的资格，且项目部管理人员大多为近年毕业的大学生，管理技术力量薄弱；按照《建筑施工企业安全生产管理机构设置及专职安全生产管理人员配备办法》（建质〔2008〕91 号）文件的规定：该项目部应配 3 名以上专职安全员，但实际只有 1 名；项目部副经理未对劳务人员的持证情况严格审查把关，致使劳务公司存在无证人员从事特种作业的问题；部分管理人员对《建筑施工碗扣式脚手架安全技术规范》和施工方案等相关规范不熟悉，仅凭经验检查、管理。

建设监理公司新机场建设工程监理管理部总监未认真组织监理人员对《建筑施工碗扣式脚手架安全技术规范》和新的施工方案等进行安全教育及培训，导致监理人员业务不熟。

省昆明新机场建设指挥部在项目建设过程中，对施工方、监理方进场人员监督检查不够，未能督促施工方、监理方按照合同承诺提供相应的技术及管理人员，从而出现施工单位部分工程技术人员资格达不到要求、监理公司现场监理人员配备不够的情况；未认真督促施工单位、监理单位做好施工现场的安全生产工作，航站部工程处在日常的安全巡查中，对发现的事故隐患未认真督促施工单位及时整改。

劳务公司未取得建筑业企业资质证书和建筑施工企业安全生产许可证。未建立健全安全生产规章制度和岗位安全操作规程，未设置安全生产管理机构，安全教育培训未落实。大部分架子工未持证上岗。

建设公司作为联合体主体单位，未认真履行《联合体协议书》。

13.3.2　内蒙古苏尼特右旗"9·19"模板坍塌事故

（1）事故简介

2010 年 9 月 19 日 18 时 40 分，苏尼特右旗新区人民法院审判庭办公楼建筑工地，在混凝土浇筑施工过程中发生模板坍塌事故，造成 3 人死亡。

2010 年 9 月 19 日，上午 10:40 分左右，因承包方拖欠木工的工资，双方产生矛盾，木工掐断了工地的电源，经过当地公安派出所出面调解后恢复通电，由于断电致使混凝土泵的泵管堵塞，无法继续作业，12:30 分左右作业人员将泵管疏通，18:40 分左右，钢筋工负责人返回楼顶，发现模板支架钢管倾斜，并告知施工员停止浇筑，突然造型墙模板工作台整体坍塌，导致在模板支架上的作业的 3 名工人全部坠落到楼下。19:05 分左右 120 急救车赶到事故现场，确认 2 人已死亡。随后在当地消防队员的协助下，19:50 分左右，在龙门架附近的基础坑内找到了浮在水面上的另一个施工员，随即被送往当地医院，因伤势过重，抢救无效死亡，如图 13-9 所示。

（2）事故原因

1）直接原因

模板支撑体系刚度和稳定性不能满足混凝土浇筑的要求，导致在混凝土浇筑即将完毕时模板支撑体系外倾坍塌。

图 13-9　内蒙古苏尼特右旗"9·19"模板坍塌

2）间接原因

① 施工单位在项目经理不在的情况下，未对模板工程专项施工方案组织专家进行技术论证和审查，未经施工单位技术负责人、总监理工程师签字同意，违章指挥作业，下令开始浇筑混凝土作业，是导致该事故发生的主要原因。

② 施工单位安全生产意识淡薄，主要领导对各项规章制度执行情况监督管理不力、对重点部位的施工技术管理不严，有法有规不依，施工单位安全管理机构形同虚设，安全管理人员未尽到监管职责，是事故发的重要原因。

③ 施工单位施工现场用工管理混乱，施工作业前班组未进行技术交底和开展班前活动；施工单位雇用劳务人员进入工地作业前，未进行三级安全教育培训，无证上岗作业，是发生事故的重要原因之一。

④ 监理公司对于施工单位的违章作业情况未向有关部门进行报告和加以制止，监理单位在检查中发现了立柱间距大、不能满足浇筑混凝土的要求的情况下，监理单位只是口头通知，没有出具任何书面通知，对工程检查只是流于形式，更没有采取任何强制措施，督促施工单位整改，在浇筑混凝土时没有进行全过程现场监督，没有尽到施工旁站监理的义务，履行监理职责不到位，也是发生事故的重要原因之一。

13.3.3　江苏省无锡市"8·30"脚手架坍塌事故

（1）事故简介

2010年8月30日8时50分，北塘区文教中心工程工地，因脚手架突然坍塌，造成施工作业人员 3 人死亡，5 人受伤。

　　8 月 30 日晨 5 时 30 分许，施工人员拆除主楼 24 层外脚手架。上午 7 时脚手架拆除作业完毕后，施工人员进场施工，作业内容为：石材材料班往西山墙外脚手架上（主楼第 5 层高度处）运送石材，运送 6 块石材后，因升降机原因暂停运送；4 名施工人员在主楼西山墙外脚手架上（主楼第 6 层高度处）进行保温材料粘贴施工。上午 8 时 10 分，电焊班组 6 人从主楼南侧转至主楼西山墙外脚手架上（主楼第 2、3、5、6 层高度处）施工作业。上午 8 时 50 分，主楼西山墙落地外脚手架突然整体坍塌，脚手架上 7 名作业人员全部被坍塌的脚手架掩埋，如图 13-10 所示。

图 13-10　江苏省无锡市 "8·30" 脚手架坍塌

（2）事故原因

1）直接原因

石材在脚手架上集中超载堆放，过大的荷载传至立杆底部，超过立杆的承载能力，立杆失稳造成脚手架整体竖向坍塌，这是本起事故发生的主要原因。

2）间接原因

①脚手架存在质量缺陷，脚手架钢管和扣件质量不符合规范规定；同时，事故发生时，局部脚手架连墙件已缺失。降低了脚手架的安全储备，导致脚手架严重超载，脚手架在短时间内整体坍塌。

②工程管理混乱，在未派驻项目经理和安全员等管理人员的情况下，安排无执业资格人员组织作业人员进场施工，造成施工安全管理网络不健全，安全管理人员缺失，未能开展对作业人员的安全教育培训、安全技术交底等工作，也不能及时发现和制止在脚手架上超载堆放石材的违章作业行为。

③工程项目经理部安全管理不到位，未对脚手架进行严格的安全管理，没有及时整改脚手架钢管、扣件不符合规范和局部脚手架连墙件缺失的问题；同时，对分包施工单位安全管理不严格，未督促公司整改安全管理网络不健全、安全管理人员缺失的问题，也未

对分包单位使用脚手架的情况开展巡查，没有及时发现和制止脚手架上集中超载堆放石材的事故隐患。

④ 对承接的工程失管漏管，在对施工合同盖章确认后，在 2 个月左右的时间内，既未按照规定和合同约定派出项目经理等人员实施工程施工管理，也未对分公司开展严格管理，没有及时发现和纠正分公司违规组织施工生产的行为。

⑤ 总包单位安全管理存在薄弱环节，对北塘区文教中心工程项目经理部安全生产工作督促检查不力，既未及时发现和督促项目部整改脚手架存在的问题，也未能及时发现和纠正项目部对分包施工单位安全管理不到位的问题。

⑥ 工程监理单位北塘区文教中心工程监理部未严格履行安全监理职责，在审批同意脚手架专项施工方案后，未对照法律、法规和工程建设强制性标准对脚手架搭设和使用的实际情况严格跟踪监理。

⑦ 项目管理存在缺陷，在同意对外墙石材幕墙工程发包时，工作不细、把关不严，未能予以及时纠正，并以鉴证人名义对《北塘区文教中心外墙石材幕墙工程分包合同》确认，且未按照《安全生产责任书》有关规定，严格监督施工单位履行安全管理工作。

综上所述，这起事故是因施工作业人员违章作业，施工专业承包、施工总承包单位和建设单位工程管理不到位，监理公司监理不严而造成的生产安全责任事故。

13.3.4 湖南省张家界市"1·28"高支模坍塌事故

（1）事故简介

2011年1月28日21时45分，武陵源区某酒店公司建筑工地发生一起高支模坍塌事故，造成 3 人死亡，8 人受伤，直接经济损失近 500 万元。

2011 年 1 月 28 日 11 时左右，该酒店工地劳务分包人（事故中已死亡）组织本地民工 27 人浇筑大堂正负零楼板，当时楼面上作业人员从事混凝土浇筑 16 人，辅助人员 9 人，楼面下 2 名木工班组长观测支模系统，至 21 时 20 分左右混凝土浇筑约一半时，发现模板有下沉现象就立即局部停止了混凝土的浇筑工作。项目部施工队长及 2 名木工班组长当即进入楼板下对模板下沉情况进行检查，约 21 时 45 分支模架发生坍塌，楼面下 3 人当即被掩埋，致楼面作业人员 8 人受伤，后经市、区公安机关联合侦查证实被掩埋 3 人均已死亡，如图 13-11 所示。

（2）事故原因

1）直接原因

① 该酒店工地地下室大跨度模板支架支承方案不合理，支架承载力不满足规范要求及支架水平杆局部安装不到位。

② 该项目部施工方在支模方案专家论证没有通过、建设主管部门及监理方已下达停工通知的情况下，违规违章施工。

2）间接原因

① 施工方安全管理制度执行不到位，措施不得力。施工班组管理不力，安全教育培训不落实，管理失控，致使施工班组违规违章施工行为没有得到有效制止，执行建设方春节放假通知没有真正到位。

图 13-11　湖南省张家界市"1·28"高支模坍塌

② 建设方违反《中华人民共和国建筑法》第七条的规定，在尚未取得施工许可证的情况下于 2010 年 9 月开工（2010 年 12 月 23 日取得施工许可证）。没有对施工现场进行有效管理，2010 年 1 月 26 日会议已宣布 28 日放假，未对施工现场进行清场；在监理单位已经告知支模方案没有通过专家论证的情况下，对施工单位违规违章施工行为制止不力。

③ 监理方在明知支模方案没有通过专家论证、施工单位仍在施工的情况下，虽采取了口头和书面通知停工、告知建设单位两个措施，但没有及时报告建设主管部门，以采取进一步措施进行有效制止。

④ 区建设主管部门在知晓建设单位没有取得施工许可证组织施工的情况下，任其无证组织施工近三个月（2010 年 9 月开工 2010 年 12 月 23 日取得施工许可证）；由区建设主管部门委派的建筑工程质量监督组在实施监督检查的过程中，发现了支模架存在上述问题，并因此下发了停工通知书，但跟踪监管不到位，没有采取进一步有效措施制止施工单位违规违章施工行为的继续发生。

13.3.5　辽宁省大连市"10·8"模板坍塌事故

（1）事故简介

2011 年 10 月 8 日 13 时 40 分左右，大连市旅顺口区蓝湾三期住宅楼工程在地下车库浇筑施工过程中，发生模板坍塌事故，造成 13 人死亡、4 人重伤，1 人轻伤，直接经济损失 1237.72 万元。

2011 年上午 10 时 30 分左右，有工人发现浇筑区北侧剪力墙底部模板拉结螺栓被拉断，发生胀模，混凝土外流。由于胀模、漏浆严重。木工打电话给班长要求增派人员，班长找来电焊工、木工等 6 人一起参与地下室剪力墙的清理和修复工作。为修缮胀模模板，清运混凝土，工人在模板支架间从胀模处向东，清理出两条可以通过独轮手推车的通道，拆除了支撑体系中的部分杆件，使用独轮手推车外运泄露的混凝土。与此同时，模板上部继续进行混凝土浇筑施工，13 时 40 分左右，已经浇筑完的 400 多平方米顶板混凝土瞬间整体坍塌，钢筋网下陷，正在地下室进行修复工作的 19 名工人中，有 18 人瞬间被支架和混凝土掩埋，1 名电工不在坍塌区域，如图 13-12 ～图 13-14 所示。

（2）事故原因

1）直接原因

图 13-12　辽宁省大连市"10·8"模板坍塌（Ⅰ）

图 13-13　辽宁省大连市"10·8"模板坍塌（Ⅱ）

图 13-14　辽宁省大连市"10·8"模板坍塌（Ⅲ）

由于浇筑剪力墙时发生胀模，现场工人为修复剪力墙胀模，清运泄漏混凝土，随意拆除支架体系中的部分杆件，使模板支架的整体稳定性和承载力大大降低。在修缮模板和清运混凝土过程中，没有停止混凝土浇筑作业，在混凝土浇筑和振捣等荷载作用下，支架体系承受不住上部荷载而失稳，导致整个新浇筑的地下室顶板坍塌。

2）间接原因

① 施工现场安全管理混乱，违章指挥，违章作业是造成这起事故的主要原因。模板支护施工前未组织安全技术交底，未按规范和施工方案组织施工，仅凭经验搭设模板支架体系，未按要求设置剪刀撑、扫地杆和水平拉杆，北侧剪力墙对拉螺栓布置不合理；模板搭设和混凝土浇筑未向监理单位报验，擅自组织模板搭设和混凝土浇筑施工，导致模板支护模和混凝土浇筑中存在的问题未能及时发现和纠正；现场施工作业没有统一指挥协调，施工人员各行其是，随意施工，导致交叉作业中的安全隐患没能及时排除；剪力墙胀模后，生产负责人未向监理人员报告，未到现场组织处理，未对现场处理胀模工作提出具体安全要求；工人修缮模板和清运混凝土过程中，拆除了支撑体系中的部分杆件，从胀模处向东清理出两条独轮手推车通道，用于清运混凝土。在破坏了模板支撑体系的稳定性，降低了支架承载能力的情况下，未停止混凝土浇筑作业。

② 项目部负责人和安全管理人员工作严重失职是造成这起事故的重要原因。项目经理未到位履职，由不具有注册建造师资格的人负责现场生产管理；模板专项施工方案由不具有专业技术知识的安全员利用软件编制，该方案也未经项目部负责人、技术负责人和安全部门负责人审核；未设置专职安全员，兼职安全员不能认真履行安全员职责，对施工现场监督检查不到位，未能及时发现施工现场存在的安全隐患。

③ 施工单位未认真贯彻落实《安全生产法》、《建设工程安全生产管理条例》等法律法规，未建立建筑施工企业负责人及项目负责人施工现场带班制度；对项目经理未到职履责问题失察；对公司所属项目部监督检查不力，导致项目部安全制度不健全、安全措施不

落实、职工教育培训不到位、不设专职安全员、安全管理不到位等问题不能及时发现、及时整改，是造成这起事故的重要原因。

④ 监理公司未认真贯彻落实《安全生产法》、《建设工程安全生产管理条例》等法律法规，对施工项目监督检查不力，发现施工单位未按施工方案施工时未加以制止；对施工单位地下车库模板支护未报验就擅自施工的违规行为，未履行监理单位的职责；现场监理人员未依法履行监理的义务和责任，对施工现场巡视不到位，看到模板支护施工时未到现场查看，也没有引起足够重视，使这次本该报验而未报验的模板支护和浇筑混凝土施工作业在没有监理人员在场监督的情况下进行，未能及时发现和制止施工现场存在的安全隐患，是造成这起事故的重要原因。

⑤ 建设行政主管部门监督检查不到位，对施工现场事故隐患排查治理不力，未能及时消除事故隐患。

13.3.6 模板支撑及脚手架坍塌事故原因总结与预防要点

（1）直接原因

1）专项施工方案的问题

引发模板支撑体系及脚手架坍塌事故的直接原因，从技术角度上讲，是模板支架丧失确保安全的承载能力，而目前高大模板支撑工程属于危险性较大分部分项工程，必须进行专家论证通过的专项施工方案。因此，高质量且能得到有效实施的专项施工方案成为影响模板支撑体系及脚手架坍塌事故最重要的因素。

模板专项施工方案问题主要体现在以下四个方面：

① 专项施工方案的计算失误，与现场实际施工脱节，如苏尼特右旗"9·19"较大坍塌事故中，由于模板专项方案中计算的模板支撑体系刚度和稳定性不能满足混凝土浇筑的要求，导致模板支撑体系外倾坍塌等；

② 专项施工方案设计不完善，如围场满族蒙古族自治县"10·3"较大坍塌事故中，由于模板方案设计的模板支撑系统不完善，导致在混凝土浇筑过程中，大梁整体稳定性失衡；

③ 无专项施工方案或方案未经审批，如内蒙古乌审旗"5·1"较大坍塌事故中，施工单位未编制专项施工方案，擅自盲目施工导致模板坍塌事故，以及武陵源区"1·28"较大坍塌事故中，施工方在支模方案没有通过专家论证、建设主管部门及监理方已下达停工通知的情况下施工，导致了事故的发生等。

④ 施工作业不按方案执行。虽编制了专项施工方案，但是施工人员在实际操作中并未严格按照专项施工方案执行，冒险蛮干，最终导致了事故的发生。

2）作业人违章作业

由于作业人员违章作业，作业方法不当导致事故发生的几乎在每起模板坍塌事故中都存在，主要体现在混凝土浇筑时没有按照先浇筑柱，后浇筑梁的顺序进行，采取了同时浇筑的方式而导致了事故的发生，或混凝土工违章浇筑混凝土，造成屋面花架钢筋混凝土构架搭设混乱，致使整个支模系统在混凝土浇筑时失稳坍塌等。

3）模板支架的钢管、碗扣等材料达不到质量标准

在绝大部分模板支撑体系及脚手架坍塌事故调查中发现，脚手架钢管壁厚很少有达到3.5mm 标准规定的要求，甚至低于 3.0mm。在目前建筑市场上很难找到完全符合标准的

钢管，由于《钢管脚手架扣件》GB 15831 未对扣件质量做硬性规定，导致扣件生产厂家投机取巧，扣件做越薄，导致质量不到要求；另外钢管和扣件的多次重复用，批次不分，厂家不分，使用年限不分的现象非普遍。如云南省"1·3"较大坍塌事故中，最薄的为2.79mm，管壁平均厚度还不足 3.0mm，管壁厚度全部不合格等。

通过对模板支撑体系及脚手架坍塌事故直接原因的统计分析，专项施工方案的问题、作业人员违章作业以及模板支架的钢管、碗扣等材料达不到质量标准是导致模板支撑体系及脚手架坍塌事故的主要直接原因，如图 13-15 所示。据分析结果可看出，模板支撑体系及脚手架坍塌事故的原因中，专项施工方案的问题是最主要的因素，其次是作业人员违章作业和模板支架的钢管、碗扣等材料达不到质量标准。

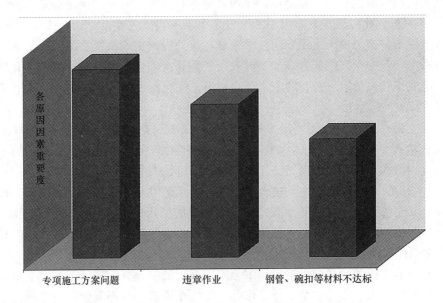

图 13-15　模板支撑体系及脚手架坍塌事故直接原因

（2）间接原因

1）施工单位安全责任未落实，现场安全管理混乱

① 安全管理人员不到位或不具备执业资格，如：南山区"3·13"较大坍塌事故中，由于安全员离开项目部后没有安排人员接替工作，造成防护棚高空作业安全管理员的缺位，导致不能及时制止作业中的违章行为；大连市蓝湾三期工地"10·8"重大坍塌事故中，由于兼职的安全员不能认真履行安全员职责，对施工现场监督检查不到位，未能及时发现施工现场存在的安全隐患，导致了事故的发生；北塘区"8·30"较大坍塌事故中，由于无安全管理人员，导致不能及时发现和制止在脚手架上超载堆放石材的违章作业行为，等等。

② 安全投入不足，如：株洲"5·17"较大坍塌事故中，由于施工单位安全保障投入不够，导致高架桥东侧 106～101 号桥墩间没有设置硬质围挡；南山区"3·13"较大坍塌事故中，在施工合同中，没有单列措施费，该实业公司未能按规定保障措施费的投入。

2）项目监理机构未能履行安全责任，安全管理不到位

一些监理单位对施工现场监管不力，对监理工程中发现的安全隐患未能及时地制止和报告，对模板工程的专项施工方案没有进行实质性的审查，也未能及时地督促整改。如：

平顶山市"3·1"较大坍塌事故中，监理机构未能及时发现该工地多次违反规定进行夜间施工；成都市高新区"4·15"较大坍塌事故中，监理机构巡查时未发现施工公司未按《施工组织设计方案》拆除砖胎模内支撑；江苏"3·4"较大坍塌事故中，监理机构对脚手架严重不符合规范的事故隐患未采取监理措施等。

3）作业人员安全教育培训不到位，安全技术交底效果差

在对模板支撑体系及脚手架坍塌事故原因调查分析中发现，安全教育培训不到位是经常被提及的原因。尤其对于一线作业搭设人员无交底，或者交底内容也是一般性的安全注意事项，没有对支架搭设的工艺、关键工序进行交底，导致作业工人搭设中随意性很大，不按要求进行搭设。如：株洲市"5·17"较大坍塌事故中，由于项目部负责人、技术负责人一直未对项目部施工员、安全员、操作员等进行技术交底和安全培训工作，导致现场施工员、操作人员对施工方案内容不清，安全事项不明；大连市"10·8"重大坍塌事故中，由于模板支护施工前未组织安全技术交底，仅凭经验搭设模板支架体系，导致模板支护模和混凝土浇筑中存在的问题未能及时发现和纠正；项目经理部未依法依规开展安全教育培训，造成作业人员缺乏必要的施工专业知识、安全意识，导致了事故的发生等。

4）建设单位资质挂靠、违法发包现象仍然存在

在模板支撑体系及脚手架坍塌事故原因中，很多起是由于建设单位违反规定，将项目指定发包给无资质、安全管理水平不高的私人包工队而导致事故的发生，如：南山区"3·13"较大坍塌事故中唐山市某公司允许挂靠，非法发包，导致现场安全管理失控；平顶山市"3·1"较大坍塌事故中，建设单位将工程承包给承包单位后，该工程又被转包给没有资质、安全管理水平不高的个人，后工程又被层层转包分包；天河区"5·8"较大坍塌事故中，在未与中标单位签订承包协议的情况下，直接将项目发包给以广东省某建筑工程总公司名义承揽工程的私人包工队等。

通过对模板支撑体系及脚手架坍塌事故间接原因的统计分析，施工单位安全责任未落实、项目监理机构未能履行安全责任、作业人员安全教育培训不到位以及资质挂靠、违法分包是导致模板支撑体系及脚手架坍塌事故的主要间接原因，如图13-16所示。

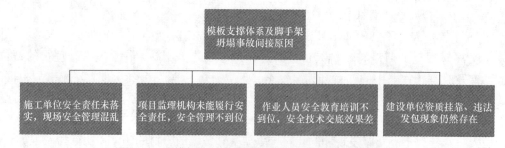

图13-16　模板支撑体系及脚手架坍塌事故间接原因

（3）模板支撑体系及脚手架坍塌事故预防措施

1）技术措施

① 严格执行《危险性较大工程安全专项施工方案编制及专家论证审查办法》

施工单位应当按规定编制安全专项施工方案，特别是对于高度超过8米，或跨度超过18米的高大模板支撑系统，应当组织专家组进行论证审查。监理单位应当认真审核安全

专项施工方案，并督促施工单位严格按照安全专项方案组织落实，严把验收关。

② 确保模板支撑系统计算准确

模板系统支撑与脚手架很大部分采用 ϕ48 钢管。ϕ48 钢管搭设的模板支撑系统，内外脚手架在设计计算时，其计算模型和简图与实际情况尽可能接近，模板支撑系统与脚手架和主体进行必要的连接，而且要求做到刚性连接，设计计算结果尽可能与实际接近，减少误差。

③ 严格按合理顺序施工

模板施工技术方案，应包括模板的制作、安装、拆除等的施工程序、方法及安全措施。模板支撑在安装过程中，操作人员应严格按模板设计及施工技术方案进行施工，不得随意更改模板设计的要求。模板工程安装完竣后，必须按照设计要求，由工地技术负责人与安全检查员共同检查验收，确认安全可靠后，才能浇筑混凝土。模板支撑的拆除，必须在确认混凝土强度达到设计要求后才能进行，且拆除的顺序也应严格遵照模板施工技术方案的要求，严禁野蛮拆模。

④ 确保立杆稳定性

从大量倒塌事故的事后检查，立杆钢管所受的轴向压力极大部分均小于 2.4t，一般均在 1.0t 左右，这说明立杆钢管稳定性验算符合规范要求，并不能阻止倒塌事故发生，这表明支模系统立杆稳定性计算数学模型并不完善，还需从结构上给予综合考虑，同时要有现场施工经验加强支模系统整体稳定措施来弥补。

⑤ 克服模板支撑系统搭设中存在习惯性问题。

搭设高度较高时，由于钢管长度限制，立杆必需接长，必须采用对接扣件，杜绝采用件连接，因为这种对接方式对立杆稳定性极为不利；模板支撑承重架高度较高时，钢管支撑系统要加强侧向约束，防止在外载荷作用下，发生侧向倒塌事故。

⑥ 根据实际施工中荷载的动态变化及时调整支撑体系结构安全

在设计计算方面要针对目前使用较多的泵送混凝土浇筑方法等，按最不利原则确定荷载组合；在构造要求方面要考虑地基变形、整体稳定性等问题，保证模板支撑为空间几何不变体系。

2）管理措施

① 施工单位严格落实安全责任，规范安全管理行为

a. 施工企业要严格按照《建设工程高大模板支撑体系施工安全监督管理导则》的要求，加强安全专项施工方案的编制及审核论证，并加强对高大模板支撑体系搭设、拆除及混凝土浇筑过程中的安全管理，施工过程中一旦发现险情，要立即停止施工并采取应急措施，排除险情后方可继续施工。切实加强危险性较大的分部分项工程安全管理，按有关规定编制、审批危险性较大的分部分项工程专项安全方案，并严格按照批准的方案施工。

b. 施工企业认真落实安全生产管理职责，按照有关规定，配备安全管理人员，对无法履职、无能力履职的人员及时予以更换；应定期对施工现场进行安全检查，消除安全隐患。

c. 切实加强安全生产培训教育工作，认真落实三级教育制度；做好安全交底制度和特种作业人员持证上岗制度，确保一线作业人员掌握安全要领；提高从业人员安全意识和安全技能，杜绝违章作业，防范事故发生。

d. 加强对分包单位的安全管理，严禁将工程项目分包给不具备安全生产许可证的劳

务队伍；在分包合同中明确各单位的安全管理职责，并定期进行检查、考核，严禁以包代管。

② 监理单位应切实加强现场安全管理，认真履行安全监理职责

a. 按照规定配备项目监理人员，确保人员数量、资质符合有关要求；要对施工单位安全管理人员到位情况、履职情况进行调查。

b. 切实做好施工关键环节、关键工序的旁站监理工作；及时巡查现场安全状况，对发现的违规行为和安全隐患责令相关单位进行整改，对拒不整改的，及时报告施工安全监督机构。

c. 监理单位要严格按照《建设工程监理规范》履行监理职责、严格按照《建设工程高大模板支撑体系施工安全监督管理导则》的要求，编制安全监理实施细则，明确对高大模板支撑体系的重点审核内容、检查方法和频率要求，严格按照审批的施工专项方案对高大模板支撑体系搭设、拆除及混凝土浇筑过程中的安全管理。

③ 严把脚手架钢管、扣件等材料质量关口

政府主管部门、建设单位、施工单位、租赁单位和监理单位对进入施工现场的钢管、扣件等材料一律严格控制，防止不合格材料进入施工现场。各相关部门对建材市场销售或租赁的钢管、扣件等材料要加大监管力度，规范建材市场的管理，严厉打击销售或租赁不符合国家强制性标准的钢管、扣件用于建筑市场的行为。

13.4 建筑起重与升降机机械事故案例

13.4.1 内蒙古巴彦淖尔市"7·10"塔吊拆除倒塌事故

（1）事故简介

2011 年 7 月 10 日上午 10 时 30 分，巴彦淖尔市临河区健康新家园二期工程项目部 B11# 楼施工现场发生一起起重伤害事故。事故造成 3 人死亡，1 人受伤。

2011 年 7 月 9 日，巴彦淖尔市健康新家园二期工程项目部 B11# 楼栋号长在未请示项目部负责人也未经监理公司审查同意的情况下，擅自决定拆除位于 B11# 楼和 B8# 楼之间共用的一台 50 塔机。10 日 10 时 30 分左右，随着一声巨响，整个塔机向东倾倒，三名拆塔机的工人和塔机操作室坠落地，造成 2 名作业人员当场死亡，2 人受伤。其中 1 人因伤势过重经抢救无效死亡，如图 13-17、图 13-18 所示。

（2）事故原因

1）直接原因

① 塔机拆卸人员违章作业，在拆卸第三节标准节过程中，吊钩调运第二节标准节时未按设备使用说明书工序要求进行，提前拆除了第三节与第四节标准节的七个连接螺栓（仅东南角保留一个，紧固螺母也已松开），进行顶升作业，致使塔机平衡臂失稳坠落，带动起重臂倾翻，从而发生事故。

② 工地负责人违章指挥，对拆除塔机的危险性认识不足，在未经项目部负责人同意也未经监理人员审批的情况下，擅自指挥无证人员从事塔机的拆卸工作，也是事故发生的直接原因之一。

图 13-17　内蒙古巴彦淖尔市"7·10"塔吊拆除倒塌（Ⅰ）

图 13-18　内蒙古巴彦淖尔市"7·10"塔吊拆除倒塌（Ⅱ）

2）间接原因

① 未按规定要求对从业人员进行安全教育培训，班组级安全教育流于形式，现场安全管理人员未经培训考核取得安全合格证，特种作业人员未取得资格证便从事高危作业，致使操作人员安全意识淡薄，基本安全知识缺乏，现场管理人员违章指挥。安全防范意识和识别风险能力低。

② 虽然建立了安全生产管理制度、安全生产责任制和岗位操作规程，但制度规程不健全、不完善，未及时补充和修订，且已建立制度、规程也没有严格贯彻落实，致使"三违"行为时有发生。

③ 安全检查不及时不到位，不严格不细致，安全记录台账没有按要求填写，施工现场安全生产存在许多盲区和死角，为事故的发生埋下了祸根。

④ 工程虽然编制了施工组织设计与专项安全施工方案和塔吊安全施工方案，但在实

际工作中落实不够，且具体施工作业的安全技术交底工作不细（未见到塔机拆装技术交底记录），致使作业人员对安全操作内容没有深刻领会。

⑤ 未为从业人员提供必要的劳动防护用品，在高处从事塔机拆卸的危险作业操作人员仅佩戴了安全帽，且也未按规定使用，其他如安全带、防滑鞋等必备防护用品均未配备，导致事发后果的严重性。

⑥ 监理单位对现场的安全生产工作监理不到位，工作中存在缺位现象，对拆卸塔吊作业中的事故隐患没有及时发现并消除。

⑦ 行业监管部门对其直管建设工程项目的安全监管不够也不力，监督检查不严不细不到位，安全教育培训把关不严，人员资质证书发放不规范，审核不严（对监理人员重复发证），这也是事故发生的原因之一。

13.4.2　山东省青岛市"4·2"塔吊拆除事故

（1）事故简介

2009 年 4 月 2 日上午 10 时 10 分，青岛市云南路改造项目一期工程建筑工地塔式起重机拆除过程中，发生上部结构失稳坠落事故，造成 5 名拆除人员当场死亡。

事故塔机位于云南路旧城改造工程 E 区 7 号楼北侧中间部位，经五次顶升后该塔机最终安装高度为 100 米（40 个标准节），工程建筑高度 80 米（26 层）。4 月 2 日 7 时 30 分左右，工头带领 5 名工人来到工地并指挥塔机拆卸工作。10 时 10 分左右，作业人员已拆除 5 个标准节，此时塔机高度为 87.5 米，塔机上部结构突然坠落至裙楼平台上，造成正在塔机上作业的 5 人当场死亡，如图 13-19、图 13-20 所示。

（2）事故原因

1）直接原因

① 塔机拆卸人员违章作业。拆卸作业的 6 人中有 3 人无特种作业资格证。

图 13-19　山东省青岛市"4·2"塔吊拆除事故（I）

图 13-20　山东省青岛市"4·2"塔吊拆除事故（Ⅱ）

② 拆卸作业时，天气条件不符合规范要求。根据青岛气象台、监理日记等记录，事故发生当日南风 4-5 级，因塔机所处的位置靠近海边，高度 100 米，上部风力更大，超过《塔式起重机》GB/T 5031—2008 第 10.3.7 条规定的满足制造商"塔机拆卸时风力应低于四级"的要求。

③ 塔机拆卸前，施工人员未按规定对塔机进行检查。根据事故现场勘察，用于塔机标准节顶升的两块爬爪均已断裂，其中一块爬爪存在陈旧裂纹。

2）间接原因

① 根据现场勘察，用于塔机标准节顶升的两块爬爪均已断裂，在其中一块爬爪残片轴孔下部正中部位沿轴向有长约 30mm（等于爬爪厚度）、深约 2 ～ 3mm 明显不规则陈旧裂纹。

② 事故塔机爬爪孔直径、爬爪长度、孔的位置与图纸尺寸不一致，且计算书中缺少对爬爪的计算，无法确定事故塔机爬爪的设计承载能力，结合在爬爪残片上发现的不规则陈旧裂纹，专家推定事故塔机爬爪存在承载力不足的可能。

③ 塔机施工方案未根据现场实际制定。

④ 塔机租赁公司在没有塔机拆装资质的情况下，承接了云南路项目部工程的塔机拆装施工工程，并且将塔机拆卸工程发包给不具备安全生产条件、无资质的个人。

⑤ 施工单位施工安全管理薄弱，内部安全管理混乱，安全生产责任制和安全生产规章制度落实不严格，将工程发包给无塔机拆装资质公司，未严格审核塔机拆卸工程专项施工方案，塔机拆除方案没有针对现场情况制定；未严格审核安装单位的资质证书和特种作业人员的特种作业操作资格证书，没有要求提供塔机安装资质证书原件；在当天风力超过规定的情况下，没有及时制止塔机拆卸作业；塔机拆除过程中，项目经理、安全员没有在塔机拆除现场进行监督检查，没有及时消除存在的安全隐患和违章行为；对施工人员的安全管理不严，安全教育培训和安全技术交底不落实。

⑥ 监理公司监理不到位。监理公司在实施监理过程中，未及时发现存在的安全隐患，履行安全监理职责不到位。

⑦ 建设单位应未对承包单位的安全生产工作统一协调、管理，对事故的发生负有协调管理不到位的责任。

⑧ 市建管局在申报单位缺少胶州湾公司塔机拆装资质原件的情况下，虽未批准其拆卸，但没有对塔机拆卸进行跟踪监督检查，塔机拆装市场管理存在薄弱环节。

13.4.3 浙江省临安市"4·16"塔吊顶升事故

（1）事故简介

2011 年 4 月 16 日 9 时 30 分左右，临安市衣锦人家二标建筑工地，作业人员在对塔式起重机（以下简称塔机）进行顶升作业过程中，发生一起塔机倒塌事故，造成 5 人死亡。

2011 年 4 月 16 日 8 时左右，作业人员按分工进行顶升作业，这次顶升是从 35 米升到 40 米高度，要加 2 个标准节（15-16 标准节），每个标准节高 2.5 米。9 时 30 分左右，加完第 5 标准节，正在加第 6 标准节时，塔机突然发生倒塌，顶升作业的 5 人当场坠落，因伤势过重抢救无效于当日全部死亡，如图 13-21、图 13-22 所示。

（2）事故原因

1）直接原因

塔机产品质量存在严重缺陷。塔机被经过多次顶升后。两个顶升套架下横梁与爬爪座贴板焊缝热影响区先前存在的陈旧性贯穿裂纹突然进一步扩大，裂口承受不了塔机上部的自重（27t），使爬爪倾斜划过标准节踏步外侧面，造成塔机上部坠下发生倒塌事故，加之现场作业人员安全意识淡薄，无证违章作业，是事故发生的直接原因。

图 13-21 浙江省临安市"4·16"塔吊顶升事故（Ⅰ）

图 13-22　浙江省临安市"4·16"塔吊顶升事故（Ⅱ）

2）间接原因

① 塔机使用单位未委托有资质单位进行塔机顶升，也未制订塔机顶升专项方案。顶升前未对塔机进行安全检查，对塔机顶升作业的危险性认识不足，违规组织无操作资质人员（3 人无证）进行顶升作业，作业过程中没有及时发现顶升套架下横梁与爬爪座贴板焊缝热影响区的裂纹，是事故发生的重要原因。

② 塔机使用单位安全生产责任制不落实，项目部专职安全员长期不在施工现场，塔机未配备定期检查维护保养人员，对作业人员安全教育培训不到位，塔机存在的安全隐患排查不彻底、不到位，未及时消除安全生产事故隐患。

③ 监理单位对项目部专职安全人员长期不到位情况未能认真监督落实，使用无证人员进行现场监理，对塔机安装人员持证和安装专项方案审查把关不严，未及时制止塔机违规顶升作业行为，对施工单位顶升作业监督及作业现场安全监管不到位。

13.4.4　广东省深圳市"12·28"塔吊顶升倒塌事故

（1）事故简介

2009 年 12 月 28 日 15 时 40 分，宝安区福永街道的在建工程凤凰花苑工地发生塔吊倒塌事故，共造成 6 人死亡，1 人重伤，直接经济损失约 490 万元。

1 月 28 日，工地 7 人在 3 号塔吊上实施顶升，顶升至 15 时 40 分左右，因顶升作业人员操作不当，塔吊上部结构坠落并与塔身撞击，导致 6 人死亡,1 人重伤，如图 13-23 ～图 13-25 所示。

（2）事故原因

1）直接原因

顶升作业事故发生前，顶升液压系统工作压力为额定压力的 1.94 倍;顶升作业事故前，人为造成塔吊上部结构严重偏载；偏载导致顶升运动卡阻；在上述原因共同作用下，加之操作人员处置卡阻不当，塔吊上部结构坠落，造成事故。

图 13-23　广东省深圳市"12·28"塔吊顶升倒塌事故（Ⅰ）

图 13-24　广东省深圳市"12·28"塔吊顶升倒塌事故（Ⅱ）

图 13-25　广东省深圳市"12·28"塔吊顶升倒塌事故（Ⅲ）

2）间接原因

① 施工总承包单位项目安全管理不到位，未能切实履行总承包安全管理责任；将塔吊顶升工程委托给不具备资质的公司承担；项目部对分包单位在塔吊安装、顶升施工中作业人员的资质、技术交底和现场管理等方面，未履行总承包单位安全管理职责。事故发生当日，未派安全管理人员现场监督，未检查施工操作人员资质。

② 塔吊租赁单位无资质施工。

公司不具备塔吊安装、顶升施工资质，非法实施塔吊安装、顶升；公司招用无资格的塔吊施工操作人员，致使作业人员操作不当发生事故；私刻塔吊安装企业公章，伪造文件，弄虚作假；未按规定对作业人员进行安全技术交底，安全管理混乱；塔吊顶升作业未按规定预先向监理单位报告。

③ 塔吊安装企业违法出借公司资质证书。公司虽名义上签订塔吊安装合同，但实际并未履行合同实施安装，在合同中指派塔吊租赁企业法定代表人为设备安装负责人，违法出借公司资质，为无资质的塔吊租赁公司实施安装提供了条件。

④ 监理公司履行监理职责不到位。对实际从事塔吊的安装、顶升单位和作业人员的资质、资格监理审查不到位；对项目部安全员配备不到位的问题，没有及时发现和督促整改，监理检查不力；对塔吊安装、顶升作业中存在的问题未能及时发现和督促整改；对施工单位顶升作业不履行告知程序、拒不认真整改，没有及时向市安监站报告，履行监理职责不到位。

13.4.5　河北省秦皇岛"9·5"吊笼坠落事故

（1）事故简介

2012 年 9 月 5 日 11 时 50 分，河北省秦皇岛市达润·时代逸城四期工程 15# 楼未安装完成投入使用的施工升降机吊笼发生坠落事故，造成 4 名工人死亡，直接经济损失430 万元。

达润·时代逸城四期工程 15# 楼外用升降机于 2012 年 8 月 11 日开始安装，至 8 月26 日安装到第 10 层，高约 35 米。因升降机没有安装完善，卸料平台没有搭设，使用手续未办理，不具备使用条件。2012 年 9 月 5 日上午 9 时，工长调来 2 名工人铺 15# 楼外用升降机吊笼入口平台。并安排他们看守，不让任何人随意动升降机。大约 11 时 50 分左右 15# 楼木工班组 4 名工人吃完午饭后提前上班，看到升降机在一层停滞，就要使用升降机上楼，看守人员出面制止，他们不听劝阻，态度强硬，执意乘电梯，并将卡在吊笼门的木头方子拽出来。先有 3 名工人进入，后又有 1 名跑步进入，关门后开动电梯，1 分钟左右升降机吊笼冒顶坠落，导致事故的发生，如图 13-26、图 13-27 所示。

（2）事故原因

1）直接原因

施工单位木工班组施工人员不听劝告，擅自使用未经安装的升降机。

2）间接原因

① 企业安全教育培训工作不到位，未按照国家有关规定对职工进行三级安全教育培训，职工安全意识淡薄，违章使用未安装完毕并未经安全验收合格的施工升降机。

② 安全防护不到位。在 15# 楼施工升降机安装未完成且未投入使用前，企业对施工升降机未采取有效的安全防护措施，导致职工擅自进入并使用施工升降机，而发生安全事故。

图 13-26   河北省秦皇岛"9·5"吊笼坠落事故（Ⅰ）

图 13-27   河北省秦皇岛"9·5"吊笼坠落事故（Ⅱ）

③ 施工升降机在安装过程中存在缺陷，未采用防止越程的装置和措施，同时安全防护装置也未安装到位。

13.4.6   湖北省广水市"8·13"吊笼坠落事故

（1）事故简介

2010 年 8 月 13 日下午 17 时 10 分左右，广水市滨河休闲公寓 A-2# 楼建筑施工工地，人货两用升降机（以下简称升降机）变速箱传动轴定位销脱落，造成升降机从 9 楼坠落，造成随行 4 名作业人员中 3 人死亡，1 人重伤，直接经济损失 92.5 万元。

2010 年 8 月 13 日下午 17:00 左右，工地勤杂工（在工地上负责为钢筋工做饭和垃圾清理工作，无起重机械操作资格证）在项目部安全员、监理员均不在现场的情况下，擅自操作升降机，当升降机升至 9 楼左右快到 10 楼时，因升降机变速箱传动轴定拉销脱落导致升降机突然失控，因其无证操作，不具备应急知识，不知道启用紧急刹车装置，升降机快速坠落，在下降快至地面时拉断轮轴处的钢丝绳后坠地，如图 13-28 所示。

图 13-28　湖北省广水市"8·13"吊笼坠落事故

（2）事故原因

1）直接原因

施工单位管理不严，工地勤杂工无证操作；升降机配电柜、变速箱等部件经洪水浸泡 7～8 个小时后，虽然进行了维护，但未经有资质的机构重新检测检验擅自投入使用，致使变速箱传动轴定位销脱落，升降机失控高空坠落，是导致发生此次事故的直接原因。

2）间接原因

① 施工方违反《建筑起重机械安全监督管理规定》（建设部令第 166 号），未配备专门的设备管理人员；违反《安全生产法》，安全教育培训不到位，未对工人进行特种设备应急知识培训；现场管理不到位，勤杂工擅自无证操作升降机，安全员、监理员均不在现场，无人制止；是导致事故发生的间接原因。

② 监理方未按照国家法律法规规定严格监理，在监理过程中，未提醒施工方在升降机经洪水浸泡后需重新检验，未发现临时工无证操作升降机，是导致事故发生的间接原因。

13.4.7　建筑起重机械事故原因总结与预防要点

（1）直接原因

1）作业人员违章作业，操作不当引发事故

由于作业人员主要是外地务工人员，流动性较大，租赁企业和安装企业不能及时组织安排起重机械作业人员业务培训，甚至安排无建设主管部门颁发的特种设备操作证人员上岗作业，导致作业人员起重机械安全知识匮乏，作业中违反安全操作规程、违章作业的现象普遍存在。

本次介绍的 16 起建筑起重机械事故中，由于作业人员违章作业的问题导致事故发生的案例有 11 起，具体体现在以下两个方面：

①作业人员无证上岗

起重机械作业属于特种作业，必须取得特种设备操作资格证方可作业。无证作业人员操作能力差，故障判断和应急情况处理经验少，作业中违反安全操作规程、违章作业导致事故发生。如：杭州市萧山区"12·24"事故中，维修人员无证作业，在未查明升降机吊笼无法下降原因时，错误地判定吊笼防坠器发生故障，在未对制动器性能进行检查确认的情况下，盲目在空中拆除更换防坠器，导致升降机坠落；浙江省临安市衣锦人家"4·16"塔机倒塌事故中，现场作业人员安全意识淡薄，无证违章作业等。

②操作人员未按施工要求或程序作业

起重机械拆装作业是危险性较大分部分项工程，必须由有安装资质企业依据说明书编制拆装方案，安全技术人员依据方案对作业人员进行有针对性的安全技术交底，使作业人员明确作业内容和安全技术要求。操作人员未按方案施工作业或方案针对性不强无法指导作业会造成事故发生。如：四川省南充市高坪区"6·21"塔吊倒塌较大事故中，拆卸人员在撤出第一标准节后未按说明书将上部回转机构与下部塔身第二标准节使用连结螺栓锁紧，造成塔臂以上部分与下部塔身无任何连结，造成前后臂及塔帽整体倾覆安全事故；内蒙古国际金融大厦"6·12"塔吊倾倒事故中，在安装过程中没有按照该塔吊使用说明书的规定，在内套架与标准节之间安装内外塔连接件；石家庄北城国际项目 B 区 10 号楼工地"1·24"起重伤害事故中，安拆人员在塔机顶升作业出现故障排除作业过程中，违章回转塔机起重臂，造成起重臂与平衡臂的力矩严重失衡，导致塔机整体失稳倾覆坠地等。

2）建筑起重机械设备质量存在问题

本次介绍的 16 起建筑起重机械事故中，由建筑起重机械设备的质量问题导致事故发生的案例有 8 起，如：浙江省临安市"4·16"塔机倒塌事故，由于塔机产品质量存在严重缺陷，在塔机被经过多次顶升后，两个顶升套架下横梁与爬爪座贴板焊缝热影响区先前存在的陈旧性贯穿裂纹突然进一步扩大，裂口承受不了塔机上部的自重，使爬爪倾斜划过标准节踏步外侧面，造成塔机上部坠下发生倒塌事故。

3）建筑起重机械设备带病运行，未按规定进行维修保养检查

定期维护保养是保持起重机械设备良好技术状态和正常运行的必要措施。定期检查是发现设备故障，排除安全隐患的必要手段。未按规定进行维修保养检查，无法发现设备存在问题，造成建筑起重机械设备带病运行，导致安全事故发生。

如：浙江省杭州市萧山区绿都湖滨公园"12·24"施工升降机吊笼坠落事故中，由于该公司项目部未能及时维护保养施工设备而导致事故的发生；深圳市宝安区"12·28"起重较大安全事故中，维修人员虽然对设备进行了维护，但未经有资质的机构重新检测检验擅自投入使用，致使变速箱传动轴定位销脱落，导致升降机失控等。

通过对建筑起重机械事故直接原因的统计分析，作业人员违章作业、建筑起重机械设备的问题是导致建筑起重机械事故的主要直接原因，如图 13-29 所示。

据分析结果可看出，这 16 起建筑起重机械事故的原因中，违章作业问题是最主要的因素，其次是建筑起重机械设备的维修、保养问题和设备的质量问题。

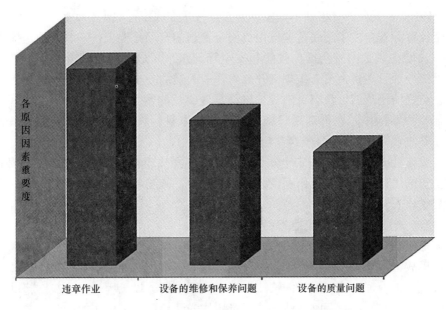

图 13-29　建筑起重机械事故原因总结与预防要点

（2）间接原因

1）建筑起重机械管理单位安全制度不健全，管理责任未能有效落实

按照《建筑起重机械安全监督管理规定》（中华人民共和国建设部令第 166 号）规定，建筑起重机械设备管理的各方责任主体：出租单位、安装单位、使用单位、施工总承包单位、监理单位应各负其责，责任落实到位。安全管理责任不落实，不合格设备进场、无安装资质企业拆装建筑起重机械、无操作资格证书人员上岗作业等都会引发事故发生。如内蒙古国际金融大厦"6·12"塔吊倾倒事故中，施工单位挂靠某建筑工程有限公司的资质进行塔吊安装；长沙市某宅小区二期建设工程"12·27"起重伤害重大事故中，施工单位违法私刻某安装公司公章并以该公司及有关人员的名义制定此台施工升降机的安装、拆除方案；南充市高坪区"6·21"塔吊倒塌较大事故中，施工单位在塔吊拆卸施工前，未制定拆卸方案和安全施工专项措施，也未向总承包单位、监理单位报批等。

2）项目监理机构对建筑起重机械设备安装资料未认真审核

项目监理机构未按照法律法规要求对建筑起重机械备案证，安装单位资质证书，安装单位特种作业人员证书，经安拆单位技术负责人审核签字的建筑起重机械安装（拆卸）工程专项施工方案，安装单位与使用单位签订的安装（拆卸）工程的专职安全合同、安全协议书，安装单位负责建筑起重机械安装（拆卸）工程的专职安全生产管理人员、专业技术人员名单，建筑起重机械安装（拆卸）工程生产安全事故应急救援预案，辅助建筑起重机械资料及其特种作业人员证书等资料进行认真审核。如：内蒙古"6·12"塔吊倾倒事故中，监理单位对塔吊安装资料未认真审核，未对塔吊安装现场进行有效监管；长沙市某宅小区二期建设工程"12·27"起重伤害重大事故中，监理单位在资料审核中没有发现出租的施工升降机未经首次备案；南充市高坪区"6·21"塔吊倒塌较大事故中，监理单位未依法履行安全监督职责，未对安装（拆卸）单位资质和个人资格进行审核，未对建筑起重机械拆卸工程专项施工方案进行审核。

3）作业人员安全教育培训不到位，无安全技术交底或交底无针对性

安全教育和安全技术交底是建设项目安全管理的一项重要工作，其目的是提高职工的安全意识，增强职工的安全操作技能和安全管理水平，最大程度减少人身伤害事故的发生。由于部分项目负责人员未按规定开展对作业人员的安全教育和安全技术交底或安全教育和安全交底流于形式、没有针对性，进而导致事故的发生。如：南充市高坪区"6·21"塔吊倒塌较大事故中，在拆卸塔吊施工过程中，未进行技术交底，使用无操作资格证人员；江苏省北城国际项目"1·24"起重伤害事故中，施工单位未组装对作业人员的安全培训，造成作业人员起重机械安全知识匮乏，不熟悉安全操作规程，导致了事故的发生；深圳市宝安区"12·28"起重伤害较大死亡事故中，施工单位未按规定对作业人员进行安全技术交底，安全管理混乱等。

4）建筑安全监管部门安全监管不到位

首先是建筑安全监管部门安全责任不能有效落实。如内蒙古国际金融大厦"6·12"塔吊倾倒事故中，建筑安全监管部门没有认真履行安全生产监管职责，未对塔吊安装现场进行有效监管，管理上存在漏洞；长沙市某宅小区二期建设工程"12·27"起重伤害重大事故中，建筑安监站没有及时依法查处无资质的安装单位、无资质的安装人员、无资质的操作司机等违法行为。

其次，对于建筑起重机械租赁市场管理不到位。目前部分租赁企业规模小，人员配置和机构不完善，管理制度不健全，私营、个体租赁企业占建筑租赁市场的主导部分，致使设备挂靠现象较为普遍，设备虽通过产权备案归属到产权备案企业，但实际所有权仍归属个人。部分租赁的设备质量不过关，以次充好，以无充有。重租赁轻维护、只使用不保养，设备的日常维修保养、建档、报废、流转等制度规定落实不到位；个别企业私自改装建筑起重机械设备，不经检测投入使用，或通过更换标准节等手段将已淘汰的设备重新使用，违规使用不合格的产品。可以说，建筑起重机械市场管理无序混乱状态已成为建筑起重机械事故频发的源头。

通过对建筑起重机械事故间接原因的分析，建筑起重机械管理单位安全制度不健全、项目监理机构对建筑起重机械设备安装资料未认真审核、作业人员安全教育培训不到位以及建筑安全监管部门未认真履行安全生产监管主体责任是导致建筑起重机械事故的主要间接原因，如图 13-30 所示。

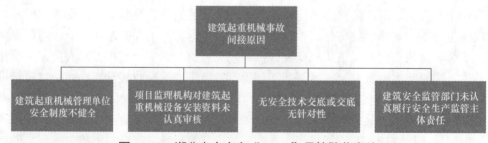

图 13-30　湖北省广水市"8·13"吊笼坠落事故

（3）建筑起重机械事故预防措施

1）技术措施

① 加强建筑起重机械设备的维修保养

建筑起重机械设备出租、安装、使用单位要按照《建筑起重机械安全监督管理规定》等相关规范合理选购、租赁、安装、使用和管理起重机械，在保证机械设备发挥作用的同时，减少安全事故的发生。

a. 制定明确的使用程序。必须由持有上岗证的专门人员操作起重机械。作业前进行安全技术交底，作业人员必须明确工作内容和工作要求。

b. 强化检查检验环节。必须进一步加强起重机械安装后验收检验工作，使用前必须由有资质检测机构检测合格方可使用，每班作业前进行班前检查，每月专业技术人员对整机技术状况进行全面检查，尽可能确保起重机械无任何故障。

c. 加强维修维护保养工作。建立健全起重机械维修保养制度，除了定期对起重机械进行定期维护保养外，还应在适当时候进行日常保养。另外，在停放期、磨合期、换季时、转移前也应加强保养工作。达到修理周期应及时更换零部件进行检修，达到报废年限及时淘汰处理。

② 利用信息化技术实现对建筑起重机械设备全过程安全管理

实践证明，通过信息化辅助系统可以有效监管预警和控制设备运行过程中的危险因素和安全隐患，从而预防和减少建筑起重机械安全生产事故的发生。目前，国内很多地方已利用远程安全监控辅助管理系，通过物联网等技术实施建筑起重机械设备的备案、检测安拆、使用等业务，同时结合监控设备的实现数据自动采集分析作为有效辅助监管技术手段，形成面向全过程的设备辅助管理系统。

2）管理措施

① 严格建筑起重机械设备市场的准入控制

建筑起重机械设备引起安全事故的主要原因之一在于其质量问题，因此各省市建设主管部门应对各地的建筑起重机械设备备案资料进行审查，建筑起重机械应当具有特种设备制造许可证、产品合格证、制造监督检验证明，确保其通过国家相关部门检测、认证，设计、生产是合格的。

② 各责任主体单位加强对建筑起重机械设备的全过程安全管理

a. 产权单位应建立健全企业起重机械采购和租赁管理制度，从严把好起重机械的采购和租赁关。杜绝质次价廉的起重机械设备及其配件进入工程现场，切实提高机械的本质安全；

b. 各责任主体单位加强对起重机械在选购、配置、安装、使用、维护、保养、改造、报废等整个生命周期中各个环节的管理，注重过程控制，严把验收关、检测关、检查关，避免因建筑起重设备本身质量原因所造成的安全事故；

c. 建立和完善使用登记制度，使起重机械的使用过程处于有关部门的有效控制和监管之下，从而有效防止设备违规租赁和使用的问题。

③ 监理单位应切实加强现场安全管理

监理单位要切实加强对建筑起重机械设备的安全监理，发现隐患要立即督促施工企业整改，不按照要求整改的，要立即报当地建设行政主管部门处理。要进一步加强对建筑工地起重机械租赁、安装、使用、维修、检验、检测活动的监督管理工作。严格核准审批安装资质、专项施工方案、操作人员资格证书、办理登记使用手续等。

④ 加强对安拆、使用和日常维护责任主体单位的监管

首先，强化建筑起重机械安拆队伍管理。建筑起重机械事故发生在安装、拆除及顶升加节阶段的比例很大，必须抓好安拆队伍建设。一是强化资质管理，坚决杜绝没有安拆资质的队伍从事建筑起重设备的安拆和顶升加节；二是提高安拆作业人员的操作技能和安全意识，加强对作业人员的培训和发证管理，杜绝无证上岗的操作行为；三是开展起重机械维修保养人员和门式起重机、流动式起重机特种作业人员的发证培训和考核。

其次，加强安装、顶升、拆卸等环节管理。

a. 督促安装单位在安装前按照安全技术标准及建筑起重机械性能要求，编制建筑起重机械安装、拆卸工程专项施工方案，施工方案应具有针对性和可操作性，在现场监督执法中严查"照搬照抄"方案和不按方案组织安拆等行为；

b. 督促总承包企业落实建筑起重机械设备的安全生产主体责任，严格履行设备进场验收、安装、顶升加节、使用和日常维护、拆除等环节的管理职责。

⑤ 加强建筑起重机械作业人员的培养

a. 引进或培养机械、机电一体化和电气等与建筑起重机械管理相关的专业人才，让专业的人做专业的事，杜绝因人的因素或管理不当等原因造成的建筑起重机械事故。

b. 操作人员综合素质较低、操作不规范等是引发安全事故的重要原因。企业应定期对起重机械操作及其相关人员进行专业培训，通过安全操作规范及流程、防范措施及现场应急处置的培训，不断提高操作人员的操作水平。

c. 建筑起重机械设备的司机必须符合相关规定的要求，经建设行业主管部门考试合格并取得相应的建筑起重机械作业人员证，要坚持定人、定机、定岗位责任的"三定"制度，操作人员应熟悉本机构造、性能、维护保养和操作规程。

13.5 高处作业坠落事故案例

13.5.1 陕西省永宁"5·4"高处坠落事故

（1）事故简介

2011 年 5 月 4 日 8 时 40 分，永宁白金公馆建设项目部架子班在拆除 4# 楼 25 层南侧采光井水平硬防护时，25 层水平硬防护架体整体坍塌，造成 3 名作业人员高处坠落死亡。

永宁白金公馆项目部在整改期间，2011 年 5 月 4 日 8 时 40 分，劳务公司架子班带班班长安排三人对 4# 楼剩余硬防护进行拆除，在拆除南侧 25 层采光井水平硬防护过程中，对结硬成型混凝土，使用 16 磅大锤进行砸除作业时，架体整体坍塌（事故原因分析报告），三名作业人员同时坠落，其中 1 人从 25 层坠落至楼外地面砂堆，坠落高度 74.3m，2 人从 25 层坠落至 5 层内采光井平台处，坠落高度 59.85m，如图 13-31、图 13-32 所示。

（2）事故原因

1）直接原因

图 13-31　陕西省永宁"5·4"高处坠落事故（Ⅰ）

图 13-32　陕西省永宁"5·4"高处坠落事故（Ⅱ）

据现场勘查、计算、分析，永宁白金公馆 4# 楼南采光井 25 层水平硬防护架体塌落前已沉积大量结硬成型混凝土等建筑垃圾，经计算，该水平硬防护架体临界承载极限为 205N/mm²，取混凝土块厚度 1.5cm 均布荷载为 130.9N/mm²，超临界承载极限 12.6%，使三根纵向受力钢管承载超过临界状态，且在拆除 25 层以上水平硬防护架体和 28 层工字钢悬挑脚手架过程中一部分坠落物和使用 16 磅大锤砸除结硬成型混凝土形成冲击荷载、以及往楼层内清理砸除的混凝土等杂物时的动荷载，使 3 根纵向受力钢管受力集中，中间较短钢管变形滑脱，另外两根钢管瞬间受力急剧加大，弯曲变形过大，架体整体坍塌，是造成这起事故发生的直接原因。

2）间接原因

① 安全生产管理工作不到位，在事故隐患整改期间，对事故隐患识别不够，未对搭设的水平硬防护架体进行安全检查，没有及时清理防护架上散落的建筑垃圾，是造成这起事故发生的间接原因之一。

② 安全教育不到位，安全生产意识不强，作业人员违规操作，未依照安全技术交底拆除前检查水平硬防护架体的安全性，无安全保障措施，未正确使用安全带，拆除作业现场无安全监护人的情况下违规拆除作业，是造成这起事故发生的间接原因之二。

③ 施工单位指挥无架子工特种作业操作证、不具备上架作业资格的工人上架拆除水平硬防护架体作业，违章指挥，是造成这起事故发生的间接原因之三。

④ 分包单位安全生产管理工作不到位，监理公司未及时监督进行水平硬防护架体的安全检查、没有及时组织清理防护架上散落的建筑垃圾和制止特种作业人员无证上岗，是造成这起事故发生的间接原因之四。

13.5.2 广东省中山市"8·10"高处坠落事故

（1）事故简介

2011 年 8 月 10 日 18 时许，中山市古镇镇星光联盟——LED 照明灯饰展览中心工地发生一起较大高处坠落事故，造成 4 人死亡，直接经济损失 372 万元。

2011 年 8 月 10 日下午，位于中山市古镇镇星光联盟——LED 照明灯饰展览中心工地西楼中庭 8 楼，木工班组共 9 人正在进行木工材料转移作业。其中 5 人负责将 8 楼已拆卸下来的门字架等木工材料搬到 8 楼的悬挑式物料平台上（该悬挑式物料平台于 8 月 9 日搭建，未经过检验合格就直接投入使用），4 人负责该平台上把木工材料堆码好，然后由吊机把堆码好的木工材料从 8 楼吊上 10 楼。18 时许，四人正在平台上进行木工材料堆码作业时，由于该平台斜拉钢丝绳未按规定锚固，而是直接拉在 9 楼外脚手架预埋拉结连墙杆上面，同时伸入楼层悬挑梁锚固也不符合要求，在工作过程中，9 楼其中一条外脚手架预埋拉结连墙杆受力弯曲，斜拉钢丝绳脱落，造成平台侧翻。正在平台上作业的 4 人从八楼平台坠落地下室底板上，经送医院抢救无效死亡，如图 13-33 所示、图 13-34 所示。

（2）事故原因

1）直接原因

① 悬挑式物料平台拉索（斜拉钢丝绳）只是简单地套在 9 楼的外脚手架拉结连墙杆预埋钢管上，没有按规定进行锚固。

② 悬挑式物料平台悬挑梁锚固不符合要求。

2）间接原因

① 施工公司依法履行好本单位生产安全管理职责，现场安全管理混乱，设备设施不按规定经核验合格后投入使用，安全检查流于形式。

② 监理公司对中山市古镇镇星光联盟——LED 照明灯饰展览中心工程的安全生产履行安全监理职责不到位。

③ 建设管理所没有很好地履行监管职责，对中山市古镇镇星光联盟——LED 照明灯饰展览中心工程监管不力。

图 13-33　广东省中山市"8·10"高处坠落事故（Ⅰ）

图 13-34　广东省中山市"8·10"高处坠落事故（Ⅱ）

13.5.3　北京市通州区"1·7"高处坠落事故

（1）事故基本情况

2014 年 1 月 7 日 14 时 50 分，通州区新华大街某商业项目施工现场，卸料平台吊环螺栓发生断裂，造成平台侧翻，致使在平台上码放物料的 2 名工人随物料一同坠落至 1 号楼南侧基坑内，将正在基坑内进行清理作业的 3 名工人砸伤致死。事故共计造成 5 人死亡。

（2）事故经过

2014 年 1 月 7 日 6 时 30 分，劳务木工班组长安排 3 名工人到基坑内清理物料。劳务木工班组长因下午外出不在施工现场，便委托现场技术负责人检查3人的出勤情况。13时30分左右，现场技术负责人安排2人到西侧卸料平台从楼层内倒运物料。当天下午，3名作业人员在西侧卸料平台下方基坑内清理物料，同时，另2人在上方的6层西侧卸料平台实施物料码放作业。14时50分，卸料平台的吊环螺栓突然断裂，平台侧翻。2人随平台上码放的物料一同坠落至下方基坑内，将在基坑内作业的3人砸伤，如图13-35所示。

图13-35 北京市通州区"1·7"高处坠落事故

（3）事故原因分析

1）直接原因

① 未按照施工方案安装。卸料平台在安装过程中，未按照施工方案的要求，改变了平台吊环螺栓的竖向高度和水平位置，对吊环螺杆的受力产生不利影响。经勘验，卸料平台外侧钢丝绳上端吊环螺杆距主钢梁的高度为5.9m，通过对"悬挑卸料平台计算书"的核查，其设计高度为11.0m。外侧钢丝绳与卸料平台主钢梁的实际夹角 α 为43.0°与设计要求的64.3°不符。经计算，吊环竖向高度由11.00m变为5.9m时，吊环螺杆所受的拉力将增大17.6%；吊环螺杆水平位置偏移1.25m后，吊环螺杆所承受的应力将增大1.2%。

② 施工现场设备设施的原因

a. 卸料平台超载，卸料平台总装载限重为1.5t，在使用过程中，卸料平台上装料过多（经对现场坠落物料捡拾称重已超过平台限重）；当装料不均时，会进一步引起两侧钢丝绳和吊环的受力不平均，加剧吊环螺杆的断裂。

　　b. 吊环螺栓实际承载能力较差，通过试验室模拟加载试验、对吊环受力的有限元分析和对吊环螺栓的断裂原因的鉴定分析，吊环的内侧焊趾存在较为严重的局部应力集中，而吊环焊接缺欠、弯曲成形时受损、吊环螺杆的反复使用及该部位的应力较复杂等因素均影响吊环的承载能力，导致吊环螺杆在较低的应力水平下发生脆性破坏。

　　2）间接原因

　　卸料平台日常使用、安装和验收过程中各方管理不到位，是导致事故发生的间接原因。

　　① 未按照标准要求指派专人监督卸料平台的日常使用，致使卸料平台长期超载。

　　② 未对事故当天的卸料平台作业的两名作业人员进行安全技术交底，致使两名作业人员违章作业。

　　③ 未能严格按照专项施工方案组织卸料平台的安装作业，致使现场作业人员未严格按照专项施工方案设置平台吊环螺栓位置。

　　④ 发生事故的卸料平台在未经验收的情况下投入使用失管失查。

　　⑤ 监理单位未严格履行监理单位职责，未对该工程卸料平台的安装、验收和使用实施有效的安全监理。

13.5.4　高处坠落事故原因总结与预防要点

（1）高处坠落事故规律

　　在世界范围内建筑业都是事故多发行业，而高处坠落事故都是建筑安全事故中数量最多比例最大的事故。高处坠落是每个国家都面对的重点和难点，除非生产方式或重大施工技术有所变化，否则很难从根本上消除。通过对近年来高处坠落事故的研究总结，可以把高处坠落事故的特点及规律归纳为以下几点：

　　1）发生的时间：一是上班下班前后一个小时发生事故最多，特别是下午上班后的一个小时是事故发生概率最大的时段。

　　2）项目投资额：投资额在 1000 万以下的项目占事故比例最多。

　　3）坠落高度：多集中在 15m 至 30m。

　　4）坠落部位：塔吊、物料提升机卸料平台、砌筑、抹灰、钢筋等操作平台、外脚手架、临边洞口等是最容易发生事故的部位。

　　5）伤亡对象：事故死伤者工种类型不一、年龄不一，几乎所有的工种、所有的年龄段都发生过高处坠落事故。

　　6）近年来一次高处坠落事故死亡人数不断增多，重特大事故时有发生。

（2）高处坠落事故原因统计分析

　　1）直接原因

　　根据国内近年来高处坠落事故统计，结果显示因现场防护不到位导致事故发生 74 起，占 62.7%，排在第一位；因人为操作失误导致事故发生 31 起，占 26.3%，排在第二位，因机械安全装置失效，如图 13-36 所示。

　　高处坠落事故发生的作业环境及其坠落部位：

　　① 脚手架

　　事故统计分析发现，从脚手架上坠落致死的主要原因在于以下环节：

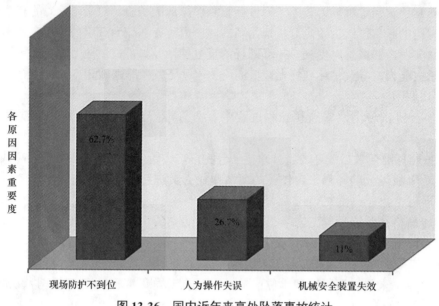

图 13-36　国内近年来高处坠落事故统计

a. 防护设施不完善，施工层临边防护不到位；

b. 作业层铺设脚手板往往滞后于施工进度，或者在进行外墙作业时未在所有的作业层铺设脚手板。

c. 架体内封闭不严、日常作业中，作业人员随意搬动脚手板，特别是在进行外墙作业时，由于脚手板未固定，工地随意搬动现象比较多。

② 临边洞口

事故统计分析发现，造成从临边洞口坠落的主要原因在于每一处临边洞口均未按按规范要求进行安全防护。防护栏杆、防护门、防护盖板定型化、工具化的工地为数不多，或者工地的楼层周边、电梯井、预留孔洞、屋面周边等临边洞口安全防护赶不上施工进度或者防护不严密，此外，临边洞口虽有防护，但日常管理中经常被工人拆除。

③ 操作平台

事故统计分析发现，从砌筑、抹灰、钢筋等操作平台上发生的坠落事故屡见不鲜。据统计，在安装高度超过3m的框架柱模板、在浇注框架柱或剪力墙时，以及在砌筑墙体时，很多项目上都没有搭设专用操作平台，这很容易导致工人操作时因重心不稳而坠落的事故。另外，工地最常见的操作平台应该是砌筑用的平台，离定型化、工具化相差甚远。在本次统计的死亡事故中，坠落高度最低为0.88m，直接原因就是在砌筑过程中缺少可靠操作平台，因重心不稳坠落至楼板上，而楼板上又堆积着大量砌块，坠落时后脑受伤致死。

④ 卸料平台

事故统计分析发现，从塔吊、施工升降机和物料提升机卸料平台坠落致死的人数近年来越来越多。众所周知，几乎所有的工地均存在卸料平台或运输通道，或塔吊用，或物料提升机用，或施工升降机用，但很大一部分都没有安装悬挑式卸料平台或落地式卸料平台。当然，悬挑式卸料平台的定型化、工具化水平相对较高，但仍普遍存在悬挑型钢未按要求锚固、运输通道防护差、无限荷标识等问题，至于落地式卸料平台则随意搭设现象更为突出，存在大量施工安全隐患。

⑤ 物料提升机

事故统计分析发现，从物料提升机吊篮坠落致死的人数近年来时有发生，主要是在物料提升机安装拆除阶段因吊篮坠落导致的，亦有个别工人违章搭乘吊篮坠落致死。其主要原因在于吊篮等物料提升装置未安装起重量限制器和防坠安全器、停靠装置失效；无语音及影像信号；楼层运输通道安全防护门未定型化、工具化；物料提升机未经过检测合格即投入使用，很多物料提升机操作人员无证上岗。

2）间接原因

① 施工现场安全管理混乱

a. 目前，绝大多数工程工期紧张，施工单位为了赶工期，施工图样出图准备仓促，为了追求利润最大化而加班加点施工、不断变化施工工艺和顺序、防高处坠落的硬件、安全设施被简化或省略；项目实施工程中，用于高处作业安全防护的最低费用标准缺乏明确的相关规定；

b. 在大型项目中，多工艺、多层次、全方位的、不合理的立体交叉作业，增加了防护和管理上的难度，安全管理人员违章指挥现象严重。如陕西省永宁"5·4"高处坠落事故中，施工单位未依法履行好本单位生产安全管理职责，现场安全管理混乱，设备设施不按规定经核验合格后投入使用，安全检查流于形式。

c. 由于多种原因造成部分项目被分包、转包，造成管理层次增多，削弱了安全管理的效果。

② 项目监理机构对施工单位审查走过场

项目监理单位未按规定履行监理义务，甚至对施工企业违反安全操作规定的行为视而不见。如：广东省惠州大亚湾经济技术开发区"9·20"较大高处坠落事故中，监理公司安全管理不严格，对技术材料的审查走过场；广东省中山市古镇"5·4"高处坠落较大事故中，监理咨询有限公司对该项目中心工程的监理职责不到位；陕西省永宁"5·4"高处坠落事故中，监理单位没有及时组织清理防护架上散落的建筑垃圾和制止特种作业人员无证上岗。

③ 安全教育培训不到位，安全技术交底效果差

安全教育和安全技术交底是建设项目安全管理的一项重要工作，其目的是提高职工的安全意识，增强职工的安全操作技能和安全管理水平，最大程度减少人身伤害事故的发生。由于部分项目负责人员未按规定开展对作业人员的安全教育和安全技术交底或安全教育和安全交底流于形式、没有针对性，进而导致事故的发生。如陕西省永宁"5·4"高处坠落事故中，由于安全教育不到位，导致作业人员在作业时未正确使用安全带。

④ 建筑安全监管部门未认真履行安全监管职责

建筑安全监管部门未按规定履行安全监管职责是导致事故发生的重要间接原因。如：广东省惠州大亚湾经济技术开发区"9·20"较大高处坠落事故中，建设安全监督站对有关资料审查不严格，存在监管漏洞；

广东省中山市古镇"5·4"高处坠落较大事故中，建设管理所没有很好地履行监管职责，对该项目中心工程监管不力。

施工现场安全管理混乱、监理机构对施工单位审查走过场、安全教育培训不到位以及

建筑安全监管部门未认真履行安全监管职责是导致高空坠落事故的主要间接原因，如图13-37所示。

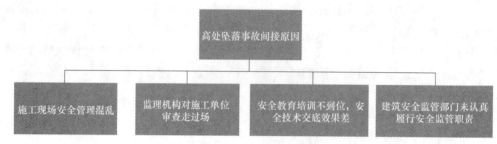

图 13-37　高处坠落事故间接原因

（3）高处坠落事故预防措施

从具体事故原因分析和调查情况来看，高处坠落事故多发，发生部位不确定，事故人员基本上覆盖全年龄段，不可能从单一技术手段或者单一管理手段就可以彻底预防高处坠落事故的发生。因此，仅能针对事故发生的一般规律和当前安全管理存在的薄弱环节，从技术上和管理上相对系统地提出预防高处坠落事故的对策及建议。

1）技术措施

① 对高处作业安全设施的主要受力构件，应进行详细的受力分析与计算，确认无误后方可搭设和使用；

② 施工前必须对高处作业的安全标志、工具、仪表、电器设备和其他各种设备，进行全面检查，确认无误后方可投入使用；

③ 施工过程中，对高处作业应制定安全技术措施，当发现有缺陷和隐患时，必须及时解决；危及人身安全的必须停止作业；

④ 因作业需要，临时拆除或变动安全防护设施时，必须进行安全分析，经施工负责人书面批准，并采取相应的可靠措施后实施。作业完成后应立即恢复。

⑤ 井架、施工电梯等垂直运输设备与建筑物通道的两侧边，必须设防护栏杆；地面通道上部应搭设安全防护棚，双笼井架通道间，应予以分隔封闭。各种垂直运输接料平台，除两侧设防护栏杆外，平台口还应设置安全门。

⑥ 起重吊装作业、塔吊、物料提升机及其他垂直运输设备的施工组织设计应详细编制，包括专项计算，装、拆施工顺序，安全技术措施与注意事项，特殊情况防范措施等，装、拆过程中应严格按有关标准、规范执行。

⑦ 施工作业场所所有存在坠落隐患的物件，应一律先行拆除或加以固定，高处作业所有的物料均应堆放平稳，不得妨碍通行及装、拆作业。保持施工现场的整洁，作业中的走道、通道不得随意乱放原料或丢弃废料。登高用具，应随时清扫，禁止作业人员抛掷传递物件。

⑧ 雨天和雪天进行高处作业时，必须采取可靠的防滑、防寒和防冻措施，遇强风、大雾等恶劣天气，不得进行露天攀登与悬空高处作业。

2）管理措施

① 施工企业应按规定应当进行的专项安全施工组织设计，对于高处坠落事故发生的重点部位，尤其要加强临时用电、脚手架工程、基坑支护与模板工程、起重吊装作业、塔

吊、物料提升机及其他垂直运输设施的安装、拆除作业施工组织设计，以及重点、大型工程的消防专项施工组织设计等。

② 高处作业人员上岗前应进行安全技术交底，使用机械设施、设备、安全防护设施前要经过检查、交底、验收。施工前，应逐级进行安全教育及安全作业技术交底，落实所有安全技术措施和个体防护用品，做到纵向到底，横向到边。严格把好进场人员的技术、文化、健康素质关，使管理和操作人符合高处作业相应的素质要求，并掌握相应的工艺、工序、安全操作规程和作业要点。加强安全教育，班前安全技术交底、分部分项作业及专项作业技术交底、工种操作技术规程等应结合高处坠落事故案例教育，使安全教育、交底具有针对性，保证有效性。

③ 建筑施工现场，特别是高处作业场所，由于高危险作业点多，影响安全工作的关键部位多，应在危险区域设置明显的安全色标、安全标志，传递安全信息，以利于高处作业人员辨别安全区和安全重点关键部位。

④ 施工企业要积极开发、引进并利用新技术，提高施工工艺水平，开发并引进先进的监测设备、仪器，保证各种机械设备安全监测的可靠性，加大对作业工人个人防护装备的配备。

⑤ 总包单位要加强对分包单位资质的审核。施工企业管理层与操作层及总包单位与分包单位之间要加强沟通。各方安全职责落实到人，确保对有高处坠落危险的危险点、关键部位进行标识。要建立健全现场安全管理网络，在高处作业的管理和控制方面做到关键部位有检查，危险部位有监护。

13.6　建筑施工火灾与触电事故案例

13.6.1　上海市静安区"11·15"火灾事故

（1）事故概况

2010 年 11 月 15 日 14 时 14 分，上海市静安区正在实施节能综合改造施工的胶州路728 号公寓大楼发生火灾，造成 58 人死亡、71 人受伤，建筑物过火面积 12000 平方米，直接经济损失 1.58 亿元。

2010 年 10 月中旬，监理、施工单位在对脚手架进行部分验收时，发现起火建筑 10层凹廊部位脚手架的悬挑支架缺少斜支撑，即要求对其进行加固。由于当时加固用工字钢部件缺货，安排电焊班组负责人在来料后进行加固。13 时左右，两名工人将电焊工具搬至起火建筑 10 层合用前室北墙西侧窗口内侧西北角，准备加固该部位的悬挑支架。14时 14 分许，工人将电焊机用来连接地线的角钢焊接到窗外的脚手架上后，突然发现下方9 层位置脚手架防护平台处起火，经使用干粉灭火器扑救无效后，两人逃生，如图 13-38、图 13-39 所示。

（2）事故原因

1）直接原因

在胶州路 728 号公寓大楼节能综合改造项目施工过程中，施工人员违规在 10 层电梯前室北窗外进行电焊作业，电焊溅落的金属熔融物引燃下方 9 层位置脚手架防护平台上堆积的聚氨酯保温材料碎块、碎屑引发火灾。

图 13-38　上海市静安区"11·15"火灾事故（Ⅰ）

图 13-39　上海市静安区"11·15"火灾事故（Ⅱ）

2）间接原因

① 建设单位、投标企业、招标代理机构相互串通、虚假招标，转包、违法分包

a. 教师公寓节能改造工程项目未经审批违规实施。该项目未经过静安区政府规定的程序审批，由静安区建交委擅自纳入全区既有建筑节能改造范围，属于未经审批的违规项目。

b. 项目虚假招投标、转包、违法分包。静安区建交委主任在邀标前私下承诺将工程项目施工交给施工公司，以具有一级资质的 A 公司名义参加邀标，并串通另外 B、C 两家公司围标陪标。A 公司中标后，违反规定将工程转包给该施工公司。施工公司又将该项目拆分成建筑保温、窗户改建、脚手架搭建、拆除窗户、外墙整修和门厅粉刷、线管整理等，分别违法分包给 7 家施工企业。

c. 招标代理在明知招标人、投标人串通投标的情况下，继续代理虚假招标。

② 工程项目施工组织管理混乱

a. 违规使用不符合国家规定的外墙保温材料。施工未按规定将提供的喷涂聚氨酯硬泡沫体保温材料进行产品质量检验；施工企业也未进行进货检验和质量检测，致使不符合国家规定的外墙保温材料用于建筑施工。

b. 施工现场管理混乱。工地现场脚手架搭设、聚氨酯喷涂上墙、电焊作业等工程违规交叉作业；管理制度和操作规程不落实，事故发生当天的电焊施工未按规定报批，现场也没有按照规定配置灭火器、使用接火盆；实施动火的电焊工所持特种作业人员操作证已过期，操作人员未经相应的安全培训。

③ 设计企业、监理机构工作失职

设计企业内部技术审核制度不健全，项目设计交底不清楚，设计文件不符合技术规范，也没有向施工单位提示外墙保温材料施工应当遵循的施工要求。监理机构对没有施工组织设计方案就已经开工、聚氨酯材料未经检验即使用等问题，没有及时采取停工等措施进行整改；对现场动火等安全风险点失察失管，对电焊作业等关键岗位施工人员的资格证书未审核把关。

④ 市、区两级建交委对工程项目监督管理缺失

a. 静安区建交委作为静安区既有建筑节能改造工程项目的建设单位和主管部门，对教师公寓节能改造工程项目未进行上报审批；未按规定组织公开招标而采取邀请招标，提前指定施工企业，且对工程项目实施疏于管理；个别领导和工作人员滥用职权、以权谋私、收受贿赂。

b. 上海市城乡建设和交通管理委员会（以下简称上海市建交委）作为上海市建设主管部门，未认真贯彻落实国家和上海市民用建筑节能有关法律法规，对静安区既有建筑节能改造工作业务指导不力、监督检查不到位。

⑤ 静安区公安消防机构对工程项目监督检查不到位

a. 江宁路派出所开展建筑消防专项治理工作不力，对教师公寓节能改造工程日常消防监督检查不到位。未及时督促物业公司整改教师公寓消防值班员人数配备不足的问题。

b. 静安区消防支队开展建筑消防设施专项治理工作不到位，对辖区内江宁路派出所消防工作指导不力，未及时督促物业公司整改教师公寓消防值班员人数配备不足的问题。

⑥ 静安区政府对工程项目组织实施工作领导不力

a. 江宁街道办事处对所属平安工作部、社会管理工作部等部门管理不到位，未认真落实整治高层建筑消防安全隐患等工作部署，对居委会上报的消防安全隐患没有引起足够重视，督促辖区内教师公寓节能改造项目施工现场消防隐患整改工作不力。

b. 静安区政府贯彻执行国家有关安全生产工作方针政策和法律法规不力，未认真督促有关部门正确履行职责、扎实开展消防安全隐患集中整治等工作；开展工程建设领域突出问题专项治理工作不到位，对教师公寓节能改造项目中存在的未经审批、围标串标、转包和违法分包、施工现场管理混乱等问题失察失管。

13.6.2　内蒙古乌中旗"7·5"触电事故

（1）事故概况

2011 年 7 月 5 日早晨 6 时多，7 名涂料工在南墙东侧上涂料，8 时多该处涂料完工后，将未拆卸的脚手架整体向南墙西侧搬迁（脚手架共四层，每层由高 1.7 米的六根套管组成，总高度 6.9 米）。由于施工现场堆放较多杂物，工人搬迁脚手架向南绕行过程中接触高压

线，发生事故。接触点为脚手架最上层西南角立杆与高压线北边架空线距地面 6.64 米处。

（2）事故原因

1）直接原因

工人安全意识差，安全素质低，未认真观察周边环境的情况下，盲目搬迁脚手架，导致事故的发生。

2）间接原因

① 施工单位未建立安全生产管理机构，施工现场未配备专职安全管理人员，无安全检查台账记录，导致现场存在的事故隐患（如：高压线重大危险源的防控要求、施工现场长时间堆放杂物等）未能及时整改、现场工人的违章行为没有得到及时有效制止。

② 施工单位虽建立安全生产责任制度、规章制度及操作规程，但不完善，且贯彻落实不到位，尤其是安全培训教育工作流于形式，公司无安全培训教育档案，新工人到场后未经任何安全培训教育直接上岗作业。

③ 施工单位对承包工程施工监督管理松懈，导致发包方将外墙保温工程肢解分包给不具备相应资质的个人进行施工，且公司对该工程专项施工方案也未按法律法规要求进行审批，安全技术交底工作执行差，导致施工安全无保障。

④ 建设单位其授权委托人直接参与工程的施工管理，将外墙保温工程肢解分包给不具备相应资质的个人进行施工。且公司内部管理存在漏洞，在签章时未严格审核。

⑤ 监理公司工作不到位，对外墙保温工程专项施工方案未按要求进行审查，且从进场到事故发生时对现场存在的问题及隐患未向施工方下达过书面整改通知书或停工令，导致存在的问题及隐患不能及时整改。

⑥ 乌拉特中旗住建局对该项目施工安全监督审查不严，审批程序混乱，《建设工程施工许可证》颁发 39 天后，填写了建筑工程施工安全监督审查书。且日常监管工作不到位，导致施工现场存在的问题及隐患不能及时整改。

⑦ 乌拉特中旗人民政府对本行政区域内安全生产工作领导、督促力度不够。

附录一　建筑施工企业主要负责人、项目负责人和专职安全生产管理人员安全生产管理规定

建筑施工企业主要负责人、项目负责人和专职安全生产管理人员安全生产管理规定

中华人民共和国住房和城乡建设部令第 17 号

《建筑施工企业主要负责人、项目负责人和专职安全生产管理人员安全生产管理规定》已经第 13 次部常务会议审议通过，现予发布，自 2014 年 9 月 1 日起施行。

住房城乡建设部部长　姜伟新

2014 年 6 月 25 日

建筑施工企业主要负责人、项目负责人和专职安全生产管理人员安全生产管理规定

第一章　总则

第一条　为了加强房屋建筑和市政基础设施工程施工安全监督管理，提高建筑施工企业主要负责人、项目负责人和专职安全生产管理人员（以下合称"安管人员"）的安全生产管理能力，根据《中华人民共和国安全生产法》、《建设工程安全生产管理条例》等法律法规，制定本规定。

第二条　在中华人民共和国境内从事房屋建筑和市政基础设施工程施工活动的建筑施工企业的"安管人员"，参加安全生产考核，履行安全生产责任，以及对其实施安全生产监督管理，应当符合本规定。

第三条　企业主要负责人，是指对本企业生产经营活动和安全生产工作具有决策权的领导人员。

项目负责人，是指取得相应注册执业资格，由企业法定代表人授权，负责具体工程项目管理的人员。

专职安全生产管理人员，是指在企业专职从事安全生产管理工作的人员，包括企业安全生产管理机构的人员和工程项目专职从事安全生产管理工作的人员。

第四条　国务院住房城乡建设主管部门负责对全国"安管人员"安全生产工作进行监督管理。

级以上地方人民政府住房城乡建设主管部门负责对本行政区域内"安管人员"安全生产工作进行监督管理。

第二章　考核发证

第五条　"安管人员"应当通过其受聘企业，向企业工商注册地的省、自治区、直辖市人民政府住房城乡建设主管部门（以下简称考核机关）申请安全生产考核，并取得安全生产考核合格证书。安全生产考核不得收费。

第六条　申请参加安全生产考核的"安管人员"，应当具备相应文化程度、专业技术职称和一定安全生产工作经历，与企业确立劳动关系，并经企业年度安全生产教育培训合格。

第七条　安全生产考核包括安全生产知识考核和管理能力考核。

安全生产知识考核内容包括：建筑施工安全的法律法规、规章　制度、标准规范，建筑施工安全管理基本理论等。

安全生产管理能力考核内容包括：建立和落实安全生产管理制度、辨识和监控危险性较大的分部分项工程、发现和消除安全事故隐患、报告和处置生产安全事故等方面的能力。

第八条　对安全生产考核合格的，考核机关应当在20个工作日内核发安全生产考核合格证书，并予以公告；对不合格的，应当通过"安管人员"所在企业通知本人并说明理由。

第九条　安全生产考核合格证书有效期为3年，证书在全国范围内有效。

证书式样由国务院住房城乡建设主管部门统一规定。

第十条　安全生产考核合格证书有效期届满需要延续的，"安管人员"应当在有效期届满前3个月内，由本人通过受聘企业向原考核机关申请证书延续。准予证书延续的，证书有效期延续3年。

对证书有效期内未因生产安全事故或者违反本规定受到行政处罚，信用档案中无不良行为记录，且已按规定参加企业和县级以上人民政府住房城乡建设主管部门组织的安全生产教育培训的，考核机关应当在受理延续申请之日起20个工作日内，准予证书延续。

第十一条　"安管人员"变更受聘企业的，应当与原聘用企业解除劳动关系，并通过新聘用企业到考核机关申请办理证书变更手续。考核机关应当在受理变更申请之日起5个工作日内办理完毕。

第十二条　"安管人员"遗失安全生产考核合格证书的，应当在公共媒体上声明作废，通过其受聘企业向原考核机关申请补办。考核机关应当在受理申请之日起5个工作日内办理完毕。

第十三条　"安管人员"不得涂改、倒卖、出租、出借或者以其他形式非法转让安全生产考核合格证书。

第三章　安全责任

第十四条　主要负责人对本企业安全生产工作全面负责，应当建立健全企业安全生产管理体系，设置安全生产管理机构，配备专职安全生产管理人员，保证安全生产投入，督促检查本企业安全生产工作，及时消除安全事故隐患，落实安全生产责任。

第十五条　主要负责人应当与项目负责人签订安全生产责任书，确定项目安全生产考核目标、奖惩措施，以及企业为项目提供的安全管理和技术保障措施。

工程项目实行总承包的，总承包企业应当与分包企业签订安全生产协议，明确双方安全生产责任。

第十六条　主要负责人应当按规定检查企业所承担的工程项目，考核项目负责人安全生产管理能力。发现项目负责人履职不到位的，应当责令其改正；必要时，调整项目负责人。检查情况应当记入企业和项目安全管理档案。

第十七条　项目负责人对本项目安全生产管理全面负责，应当建立项目安全生产管理体系，明确项目管理人员安全职责，落实安全生产管理制度，确保项目安全生产费用有效使用。

第十八条　项目负责人应当按规定实施项目安全生产管理，监控危险性较大分部分项工程，及时排查处理施工现场安全事故隐患，隐患排查处理情况应当记入项目安全管理档案；发生事故时，应当按规定及时报告并开展现场救援。

工程项目实行总承包的，总承包企业项目负责人应当定期考核分包企业安全生产管理情况。

第十九条　企业安全生产管理机构专职安全生产管理人员应当检查在建项目安全生产管理情况，重点检查项目负责人、项目专职安全生产管理人员履责情况，处理在建项目违规违章行为，并记入企业安全管理档案。

第二十条　项目专职安全生产管理人员应当每天在施工现场开展安全检查，现场监督危险性较大的分部分项工程安全专项施工方案实施。对检查中发现的安全事故隐患，应当立即处理；不能处理的，应当及时报告项目负责人和企业安全生产管理机构。项目负责人应当及时处理。检查及处理情况应当记入项目安全管理档案。

第二十一条　建筑施工企业应当建立安全生产教育培训制度，制定年度培训计划，每年对"安管人员"进行培训和考核，考核不合格的，不得上岗。培训情况应当记入企业安全生产教育培训档案。

第二十二条　建筑施工企业安全生产管理机构和工程项目应当按规定配备相应数量和相关专业的专职安全生产管理人员。危险性较大的分部分项工程施工时，应当安排专职安全生产管理人员现场监督。

第四章　监督管理

第二十三条　县级以上人民政府住房城乡建设主管部门应当依照有关法律法规和本规定，对"安管人员"持证上岗、教育培训和履行职责等情况进行监督检查。

第二十四条　县级以上人民政府住房城乡建设主管部门在实施监督检查时，应当有两名以上监督检查人员参加，不得妨碍企业正常的生产经营活动，不得索取或者收受企业的财物，不得谋取其他利益。

有关企业和个人对依法进行的监督检查应当协助与配合，不得拒绝或者阻挠。

第二十五条　县级以上人民政府住房城乡建设主管部门依法进行监督检查时，发现"安管人员"有违反本规定行为的，应当依法查处并将违法事实、处理结果或者处理建议告知考核机关。

第二十六条　考核机关应当建立本行政区域内"安管人员"的信用档案。违法违规行为、被投诉举报处理、行政处罚等情况应当作为不良行为记入信用档案，并按规定向社会公开。

"安管人员"及其受聘企业应当按规定向考核机关提供相关信息。

第五章　法律责任

第二十七条　"安管人员"隐瞒有关情况或者提供虚假材料申请安全生产考核的，考核机关不予考核，并给予警告；"安管人员"1年内不得再次申请考核。

"安管人员"以欺骗、贿赂等不正当手段取得安全生产考核合格证书的，由原考核机关撤销安全生产考核合格证书；"安管人员"3年内不得再次申请考核。

第二十八条　"安管人员"涂改、倒卖、出租、出借或者以其他形式非法转让安全生产考核合格证书的，由县级以上地方人民政府住房城乡建设主管部门给予警告，并处1000元以上5000元以下的罚款。

第二十九条　建筑施工企业未按规定开展"安管人员"安全生产教育培训考核，或者未按规定如实将考核情况记入安全生产教育培训档案的，由县级以上地方人民政府住房城乡建设主管部门责令限期改正，并处2万元以下的罚款。

第三十条　建筑施工企业有下列行为之一的，由县级以上人民政府住房城乡建设主管部门责令限期改正；逾期未改正的，责令停业整顿，并处2万元以下的罚款；导致不具备《安全生产许可证条例》规定的安全生产条件的，应当依法暂扣或者吊销安全生产许可证：

（一）未按规定设立安全生产管理机构的；

（二）未按规定配备专职安全生产管理人员的；

（三）危险性较大的分部分项工程施工时未安排专职安全生产管理人员现场监督的；

（四）"安管人员"未取得安全生产考核合格证书的。

第三十一条　"安管人员"未按规定办理证书变更的，由县级以上地方人民政府住房城乡建设主管部门责令限期改正，并处1000元以上5000元以下的罚款。

第三十二条　主要负责人、项目负责人未按规定履行安全生产管理职责的，由县级以上人民政府住房城乡建设主管部门责令限期改正；逾期未改正的，责令建筑施工企业停业整顿；造成生产安全事故或者其他严重后果的，按照《生产安全事故报告和调查处理条例》的有关规定，依法暂扣或者吊销安全生产考核合格证书；构成犯罪的，依法追究刑事责任。

主要负责人、项目负责人有前款违法行为，尚不够刑事处罚的，处2万元以上20万元以下的罚款或者按照管理权限给予撤职处分；自刑罚执行完毕或者受处分之日起，5年内不得担任建筑施工企业的主要负责人、项目负责人。

第三十三条　专职安全生产管理人员未按规定履行安全生产管理职责的，由县级以上地方人民政府住房城乡建设主管部门责令限期改正，并处1000元以上5000元以下的罚款；造成生产安全事故或者其他严重后果的，按照《生产安全事故报告和调查处理条例》的有关规定，依法暂扣或者吊销安全生产考核合格证书；构成犯罪的，依法追究刑事责任。

第三十四条　县级以上人民政府住房城乡建设主管部门及其工作人员，有下列情形之一的，由其上级行政机关或者监察机关责令改正，对直接负责的主管人员和其他直接责任人员依法给予处分；构成犯罪的，依法追究刑事责任：

（一）向不具备法定条件的"安管人员"核发安全生产考核合格证书的；

（二）对符合法定条件的"安管人员"不予核发或者不在法定期限内核发安全生产考核合格证书的；

（三）对符合法定条件的申请不予受理或者未在法定期限内办理完毕的；

（四）利用职务上的便利，索取或者收受他人财物或者谋取其他利益的；

（五）不依法履行监督管理职责，造成严重后果的。

第六章　附　　则

第三十五条　本规定自 2014 年 9 月 1 日起施行。

附录二 本书引用的法律法规、部门规章、规范性文件、技术标准、规范和规程

法律

1.《中华人民共和国建筑法》（中华人民共和国主席令第 91 号）2011

2.《中华人民共和国安全生产法》（中华人民共和国主席令第 13 号）2014

3.《中华人民共和国特种设备安全法》（中华人民共和国主席令第 4 号）2013

行政法规

1.《建设工程安全生产管理条例》（中华人民共和国国务院令第 393 号）

2.《生产安全事故报告和调查处理条例》（中华人民共和国国务院令第 493 号）

3.《安全生产许可证条例》（中华人民共和国国务院令第 397 号）

4.《特种设备安全监察条例》（中华人民共和国国务院令第 373 号）

部门规章及主要规范性文件

1.《建筑施工企业安全生产许可证管理规定》（中华人民共和国建设部令第 128 号）

2.《建筑施工安全生产标准化考评暂行办法》（建质 [2014]111 号）

3.《建筑施工企业主要负责人、项目负责人和专职安全生产管理人员安全生产管理规定》（中华人民共和国住房和城乡建设部令第 17 号）

4.《建筑施工特种作业人员管理规定》（建质 [2008]75 号）

5.《危险性较大的分部分项工程安全管理规定》（住建部 [2018]37 号）

6.《建筑工程安全防护、文明施工措施费用及使用管理规定》（建办 [2005]89 号）

7.《建筑施工企业负责人及项目负责人施工现场带班暂行办法》（建质 [2011]111 号）

8.《房屋市政工程生产安全重大隐患排查治理挂牌督办暂行办法》（建质 [2011]158 号）

9.《建筑起重机械安全监督管理规定》（中华人民共和国建设部令第 166 号）

10.《建筑起重机械备案登记办法》（建质 [2008]76 号）

11.《房屋市政工程生产安全和质量事故查处督办暂行办法》（建质 [2011]66 号）

12.《房屋市政工程生产安全事故报告和查处工作规程》（建质 [2013]4 号）

13.《房屋建筑和市政基础设施工程施工安全监督规定》（建质 [2014]153 号）

14.《房屋建筑和市政基础设施工程施工安全监督工作规程》（建质 [2014]154 号）技术标准、规范和规程

1.《施工企业安全生产评价标准》JGJ/T 77—2010

2.《建筑施工安全检查标准》JGJ 59—2011

3.《建设工程施工现场环境与卫生标准》JGJ 146—2013

4.《企业职工伤亡事故分类》GB 6441—1986

5.《施工企业安全生产管理规范》GB 50656—2011

6.《建筑施工企业信息化评价标准》JGJ/T 272—2012

7.《建筑施工安全技术统一规范》GB 50870—2013

8.《建筑结构荷载规范》GB 50009—2012

9.《建筑工程可持续性评价标准》JGJ/T 222—2011

10.《企业安全生产标准化基本规范》AQ/T 9006—2010

11.《建筑施工土石方工程安全技术规范》JGJ 180—2009

12.《岩土锚杆与喷射混凝土支护工程技术规范》GB 50086—2015

13.《建筑边坡工程技术规范》GB 50330—2013

14.《建筑基坑工程监测技术规范》GB 50497—2009

15.《建筑基坑支护技术规程》JGJ 120—2012

16.《建筑深基坑工程施工安全技术规范》JGJ 311—2013

17.《建筑地基处理技术规范》JGJ 79—2012

18.《用电安全导则》GB/T 13869—2017

19.《建设工程施工现场供用电安全规范》GB 50194—2014

20.《施工现场临时用电安全技术规范》JGJ 46—2005

21.《手持式电动工具的管理、使用、检查和维修安全技术规程》GB/T 3787—2006

22.《建筑物防雷设计规范》GB 50057—2010

23.《剩余电流动作保护装置安装和运行》GB/T 13955—2017

24.《建筑施工高处作业安全技术规范》JGJ 80—2016

25.《建筑外墙清洗维护技术规程》JGJ 168—2009

26.《油漆与粉刷作业安全规范》AQ 5205—2008

27.《座板式单人吊具悬吊作业安全技术规范》GB 23525—2009

28.《高处作业分级》GB/T 3608—2008

29.《建筑施工门式钢管脚手架安全技术规范》JGJ 128—2010

30.《建筑施工扣件式钢管脚手架安全技术规范》JGJ 130—2011

31.《建筑施工碗扣式钢管脚手架安全技术规范》JGJ 166—2016

32.《建筑施工工具式脚手架安全技术规范》JGJ 202—2010

33.《建筑施工木脚手架安全技术规范》JGJ 164—2008

34.《液压升降整体脚手架安全技术规程》JGJ 183—2009

35.《建筑施工竹脚手架安全技术规范》JGJ 254—2011

36.《建筑施工临时支撑结构技术规范》JGJ 300—2013

37.《建筑施工承插型盘扣式钢管支架安全技术规程》JGJ 231—2010

38.《承插型盘扣式钢管支架构件》JG/T 503—2016

39.《建筑施工模板安全技术规范》JGJ 162—2008

40.《液压滑动模板施工安全技术规程》JGJ 65—2013

41.《租赁模板脚手架维修保养技术规范》GB 50829—2013

42.《钢管满堂支架预压技术规程》JGJ/T 194—2009

43.《起重机安全标志和危险图形符号总则》GB/T 15052—2010

44.《起重机 吊装工和指挥人员的培训》GB/T 23721—2009

45.《起重机司机（操作员）、吊装工、指挥人员和评审员的资格要求》GB/T 23722—2009

46.《高处作业吊篮》GB/T 19155—2017

47.《建筑机械使用安全技术规程》JGJ 33—2012

48.《大型塔式起重机混凝土基础工程技术》JGJ/T 301—2013

49.《高处作业吊篮安装、拆卸、使用技术规程》JB/T 11699—2013

50.《重要用途钢丝绳》GB/T 8918—2006

51.《起重机械定期检验规则》TSG Q7015—2016

52.《建筑施工升降机安装、使用、拆卸安全技术规程》JGJ 215—2010

53.《吊笼有垂直导向的人货两用施工升降机》GB/T 26557—2011

54.《建筑施工机械与设备钻孔设备安全规范》GB 26545—2011

55.《建筑施工机械与设备　旋挖钻机成孔施工通用规程》GB/T 25695—2010

56.《建筑施工升降设备设施检验标准》JGJ 305—2013

57.《钢丝绳用压板》GB/T 5975—2006

58.《建筑施工起重吊装工程安全技术规范》JGJ 276—2012

59.《起重机械安装改造重大修理监督检验规则》TSG Q7016—2016

60.《施工现场机械设备检查技术规程》JGJ 160—2016

61.《机械设备安装工程施工及验收通用规范》GB 50231—2009

62.《起重吊钩 第1部分：力学性能、起重量、应力及材料》GB/T 10051.1—2010

63.《钢丝绳用楔形接头》GB/T 5973—2006

64.《起重机设计规范》GB/T 3811—2008

65.《施工现场机械设备检查技术规范》JGJ 160—2016

66.《建筑拆除工程安全技术规范》JGJ 147—2016

67.《缺氧危险作业安全规程》GB 8958—2006

68.《焊接与切割安全》GB 9448—1999

69.《爆破安全规程》GB 6722—2014

70.《高温作业分级》GB/T 4200—2008

71.《危险化学品重大危险源辨识》GB 18218—2009

72.《常用化学危险品贮存通则》GB 15603—1995

73.《生产过程危险和有害因素分类与代码》GB/T 13861—2009

74.《高层建筑岩土工程勘察规程》JGJ 72—2004

75.《建筑深基坑工程施工安全技术规范》JGJ 311—2013

76.《建筑地基基础设计规范》GB 50007—2011

77.《建筑涂装安全通则》AQ 5210—2011

78.《安全网》GB 5725—2009

79.《安全带》GB 6095—2009

80.《安全带测试方法》GB/T 6069—2009

81.《安全帽》GB 2811—2007

82.《安全帽测试方法》GB/T 2812—2006

83.《建筑施工作业劳动防护用品配备及使用标准》JGJ 184—2009

84.《坠落防护安全绳》GB 24543—2009

85.《坠落防护装备安全使用规范》GB/T 23468—2009

86.《个体防护装备选用规范》GB/T 11651—2008

87.《建筑施工场界环境噪声排放标准》GB 12523—2011

88.《安全标志及其使用导则》GB 2894—2008

89.《安全色》GB 2893—2008

90.《生产经营单位生产安全事故应急预案编制导则》GB/T 29639—2013

91.《生产经营单位安全生产事故应急预案编制导则》AQ/T 9002—2006

92.《建筑施工组织设计规范》GB/T 50502—2009

93.《建设工程施工现场安全资料管理规程》CECS 266—2009

94.《建设工程施工现场消防安全技术规范》GB 50720—2011

95.《建筑工程用索》JG/T 330—2011

96.《钢结构工程施工规范》GB 50755—2012